高职高专规划教材

数控加工工艺

汪荣青　邱建忠　主　编
许　倩　刘正平　副主编
王怀奥　主　审

化学工业出版社

·北京·

本书共分 7 章，第 1～3 章主要讲述数控加工工艺知识，涉及刀具、夹具、数控加工工艺基础等方面知识；第 4～7 章主要讲述数控车削加工工艺、数控铣削加工工艺、加工中心及数控线切割等的加工工艺。

本书内容突出实用性，以典型零件的加工工艺入手，通俗易懂、图文并茂，使学习者容易理解和掌握。为方便教学，本书配套有电子教案。

本书适合于高职高专数控加工等相关专业使用，也可供从事相关行业的工程技术人员阅读参考。

图书在版编目（CIP）数据

数控加工工艺/汪荣青，邱建忠主编. —北京：化学工业出版社，2010.7（2020.2 重印）
高职高专规划教材
ISBN 978-7-122-09045-4

Ⅰ. 数…　Ⅱ.①汪…②邱…　Ⅲ. 数控机床-加工工艺-高等学校：技术学院-教材　Ⅳ. TG659

中国版本图书馆 CIP 数据核字（2010）第 128485 号

责任编辑：韩庆利　　　　　　　　　　　　　　文字编辑：张绪瑞
责任校对：吴　静　　　　　　　　　　　　　　装帧设计：韩　飞

出版发行：化学工业出版社（北京市东城区青年湖南街 13 号　邮政编码 100011）
印　　装：北京七彩京通数码快印有限公司
787mm×1092mm　1/16　印张 13½　字数 352 千字　2020 年 2 月北京第 1 版第 4 次印刷

购书咨询：010-64518888　　　　　　　　　　售后服务：010-64518899
网　　址：http://www.cip.com.cn
凡购买本书，如有缺损质量问题，本社销售中心负责调换。

定　　价：38.00 元

本书编写人员

主　　编　汪荣青　邱建忠
副 主 编　许　倩　刘正平
编写人员　汪荣青　邱建忠　许　倩　刘正平
　　　　　胡　茜　戴乃昌　林　萍　陈　银
主　　审　王怀奥

前言

随着科学技术的进步，数控技术也飞速发展，与之相结合的从事数控加工的技术人员也越来越多。数控技术应用的日趋广泛，对数控技术专业技能型人才的需求越来越多。数控技术包括数控加工工艺、数控编程、数控机床的操作和维护等内容。数控机床的加工工艺与普通机床的加工工艺有许多相同之处，遵循的原则基本一致。也有许多不同，最大的不同表现在切削刀具轨迹的控制方式上。同时由于数控机床本身自动化程度较高，设备费用较高，因此数控机床加工相应形成了工艺的设计更加严密、机床的应用更加合理等特点。因此进行数控加工工艺的设计要求更高。本书涉及的数控加工工艺是数控技术的核心，配以相应的实训和数控编程，即可掌握数控加工技术。

本书在内容选择上，突出实用性，以典型零件的加工工艺入手。在编写方式上，力求通俗易懂、图文并茂，使学习者容易理解和掌握。

本书共分7章，第1～3章主要讲述数控加工工艺知识，涉及刀具、夹具、数控加工工艺基础等方面知识；第4～7章主要讲述数控车削加工工艺、数控铣削加工工艺、加工中心及数控线切割等的加工工艺。

本书由浙江机电职业技术学院汪荣青和温州机电技师学院邱建忠担任主编，嘉兴市高级技工学校许倩、浙江工商职业技术学院刘正平担任副主编，浙江机电职业技术学院胡茜，浙江工贸职业技术学院戴乃昌，中国计量学院林萍，浙江经贸职业技术学院陈银参与编写工作。

本书由浙江工商职业技术学院王怀奥博士主审，他为本书提出了许多宝贵的意见和建议。本书在编写过程中参阅了国内同行的相关文献资料，得到了许多专家和同行的支持与帮助，在此一并表示衷心的感谢。

本书有配套电子教案，可赠送给用本书作为授课教材的院校和老师，如果需要，可发邮件至 hqlbook@126.com 索取。

由于编者水平有限，书中难免存在不足，望读者和各位同仁提出宝贵意见。

编　者

目　　录

绪　　论

0.1　数控加工

（1）数控加工概念　随着社会生产和科学技术的快速发展，对机械产品零配件的精度要求越来越高，也日趋精密复杂，同时对机械产品的质量和生产率也提出了越来越高的要求。尤其在一些特殊的行业，为了实现某些特殊的功能，对机械零配件的形状和精度都有了更高的要求。在这样的背景下，数控加工制造得到了广泛的应用。

数控技术最早应用于军事领域，它是军备竞赛的产物。1949 年美国 Parson 公司与麻省理工学院开始合作，于 1952 年研制出能进行三轴控制的数控铣床样机，取名"Numerical Control"。1953 年麻省理工学院开发出只需确定零件轮廓、指定切削路线，即可生成 NC 程序的自动编程语言。1959 年美国 Keaney&Trecker 公司开发成功了带刀库，能自动进行刀具交换，一次装夹中即能进行铣、钻、镗、攻螺纹等多种加工功能的数控机床，这就是数控机床的新种类——加工中心。1968 年英国首次将多台数控机床、无人化搬运小车和自动仓库在计算机控制下连接成自动加工系统，这就是柔性制造系统 FMS。1974 年微处理器开始用于机床的数控系统中，从此 CNC（计算机数控系统）随着计算机技术的发展得以快速发展。1976 年美国 Lockhead 公司开始使用图像编程。利用 CAD（计算机辅助设计）绘出加工零件的模型，在显示器上"指点"被加工的部位，输入所需的工艺参数，即可由计算机自动计算刀具路径，模拟加工状态，获得 NC 程序。DNC（直接数控）技术始于 20 世纪 60 年代末期，它是使用一台通用计算机，直接控制和管理一群数控机床及数控加工中心，进行多品种、多工序的自动加工。DNC 群控技术是 FMS 柔性制造技术的基础，现代数控机床上的 DNC 接口就是机床数控装置与通用计算机之间进行数据传送及通信控制用的，也是数控机床之间实现通信用的接口。随着 DNC 数控技术的发展，数控机床已成为无人控制工厂的基本组成单元。20 世纪 90 年代，出现了包括市场预测、生产决策、产品设计与制造和销售等全过程均由计算机集成管理和控制的计算机集成制造系统 CIMS。其中，数控是其基本控制单元。20 世纪 90 年代，基于 PC-NC 的智能数控系统开始得到发展，它打破了原数控厂家各自为政的封闭式专用系统结构模式，提供开放式基础，使升级换代变得非常容易。充分利用现有 PC 机的软硬件资源，使远程控制、远程检测诊断能够得以实现。

我国早在 1958 年就开始研制数控机床，但直到 20 世纪 90 年代末，华中数控自主开发出基于 PC-NC 的 HNC 数控系统，才真正意义上拥有了自己的系统，而且也达到了国际先进水平，加大了我国数控机床在国际上的竞争力度。

（2）数控加工过程　在数控机床上完成零件数控加工的过程如下：

① 根据零件加工图样进行工艺分析，确定加工方案，进行工艺参数的选择和位移数据点的计算。

② 程序编制或传输。手工编程时，可以通过数控机床的操作面板直接编制输入程序；由编程软件生成的程序，通过计算机的串行通信接口直接传输到数控机床的数控系统部分。

③ 进行程序的模拟校验，对刀及首件试切工作。

④ 运行程序，操作机床，完成零件加工。

数控加工过程是按照事先编制的零件加工程序，借助于数控加工工艺系统自动完成零件加工的过程。数控加工工艺系统由数控机床、刀具、夹具和工件构成。

（3）数控加工的特点　数控加工的特点与数控机床的性能是分不开的，数控机床的高性能、高精密特性使得数控加工具有以下的特点：

① 自动化程度高，对操作人员在手动操作技术方面要求不高。

② 加工精度高、结构形状复杂的零件，如箱体类，曲线、曲面类零件。

③ 生产效率高，或价值昂贵的零件，这种零件虽然生产量不大，但是如果加工中因出现差错而报废，将产生巨大的经济损失。

④ 可以进行组网加工，易于企业的网络化管理。

（4）数控加工的发展方向　现代数控加工正在向高速化、高精度化、高柔性化、高一体化、网络化和智能化等方向发展。

① 高速切削　受高生产率的驱使，高速化已是现代机床技术发展的重要方向之一。高速切削可通过高速运算技术、快速插补运算技术、超高速通信技术和高速主轴等技术来实现。高主轴转速可减少切削力，减小切削深度，有利于克服机床振动，传入零件中的热量大大减低，排屑加快，热变形减小，加工精度和表面质量得到显著改善。因此，经高速加工的工件一般不需要精加工。

② 高精度控制　高精度化一直是数控机床技术发展追求的目标。它包括机床制造的几何精度和机床使用的加工精度控制两方面。提高机床的加工精度，一般是通过减少数控系统误差，提高数控机床基础大件结构特性和热稳定性，采用补偿技术和辅助措施来达到的。目前精整加工精度已提高到 $0.1\mu m$，并进入了亚微米级，不久超精度加工将进入纳米时代（加工精度达 $0.01\mu m$）。

③ 高柔性化　柔性是指机床适应加工对象变化的能力。目前，在进一步提高单机柔性自动化加工的同时，正努力向单元柔性和系统柔性化发展。数控系统在 21 世纪将具有最大限度的柔性，能实现多种用途。具体是指具有开放性体系结构，通过重构和编辑，视需要系统的组成可大可小；功能可专用也可通用，功能价格比可调；可以集成用户的技术经验，形成专家系统。

④ 高一体化　CNC 系统与加工过程作为一个整体，实现机电光声综合控制，测量造型、加工一体化，加工、实时检测与修正一体化，机床主机设计与数控系统设计一体化。

⑤ 网络化　实现多种通信协议，既满足单机需要，又能满足 FMS（柔性制造系统）、CIMS（计算机集成制造系统）对基层设备的要求。配置网络接口，通过 Internet 可实现远程监视和控制加工，进行远程检测和诊断，使维修变得简单。建立分布式网络化制造系统，可便于形成"全球制造"。

⑥ 智能化　21 世纪的 CNC 系统将是一个高度智能化的系统。具体是指系统应在局部或全部实现加工过程的自适应、自诊断和自调整；多媒体人机接口使用户操作简单，智能编程使编程更加直观，可使用自然语言编程；加工数据的自生成及智能数据库；智能监控；采用专家系统以降低对操作者的要求等。

0.2　数控加工工艺

（1）数控加工工艺概念　数控加工工艺，就是指用数控机床加工零件的一种工艺方法。数控机床是用数字化信号对机床的运动及其加工过程进行控制的机床。它是一种技术密集度及自动化程度很高的机电一体化加工设备。数控加工则是根据被加工零件的图样和工艺要求，编制成以数码表示的程序，输入到机床的数控装置或控制计算机中，以控制工件和工具的相对运动，使之加工出合格零件的方法。在数控加工过程中，如果数控机床是硬件，数控工艺和数控程序则相当于软件，两者缺一不可。可见数控加工工艺是伴随着数控机床的产生、发展而逐步完善的一种应用技术。

数控加工工艺规程是工人在加工时的指导性文件。由于普通机床受控于操作工人，因此，在通用机床上用的工艺规程实际上只是一个工艺过程卡，机床的切削用量、走刀路线、工序、工步等往往都是由操作工人自行选定。而数控加工工艺则不是这样的。

(2) 数控加工工艺的特点　　数控加工与通用数控机床加工在方法和内容上的不同主要表现在机床运动的控制方式。数控机床加工的程序是数控机床的指令性文件，数控机床受控于程序指令，加工的全过程都是按程序指令自动进行的。因此，数控机床加工工艺规程与普通机床工艺规程有较大差别，涉及的内容也较广。数控机床加工程序不仅包括零件的工艺过程，而且还要包括切削用量、走刀路线、刀具数据及机床的运动过程，因此，要求编程人员对数控机床的性能、特点、运动方式、刀具系统、切削规范以及工件的装夹方法都要非常熟悉。工艺方案的好坏不仅会影响机床效率的发挥，而且将直接影响零件的加工质量。

① 数控加工的工艺内容十分明确而且具体　　进行数控加工时，数控机床是接受数控系统的指令，完成各种运动实现加工的。因此，在编制加工程序之前，需要对影响加工过程的各种工艺因素，如切削用量、进给路线、刀具的几何形状，甚至工步的划分与安排等一一作出定量描述，对每一个问题都要给出确切的答案和选择，而不能像用通用机床加工时，在大多数情况下对许多具体的工艺问题，由操作工人依据自己的实践经验和习惯自行考虑和决定。也就是说，本来由操作工人在加工中灵活掌握并可通过适时调整来处理的许多工艺问题，在数控加工时就转变为编程人员必须事先具体设计和明确安排的内容。

② 数控加工的工艺工作相当准确而且严密　　数控加工不能像通用机床加工时可以根据加工过程中出现的问题由操作者自由地进行调整。比如加工内螺纹时，在数控机床上操作者于一个字符、一个小数点或一个逗号的差错都有可能酿成重大机床事故和质量事故。因为数控机床比同类的普通机床价格高得多，其加工的也往往是一些形状比较复杂、价值也较高的工件，万一损坏机床或工件报废都会造成较大损失。

根据大量加工实例分析，数控工艺考虑不周和计算与编程时粗心大意是造成数控加工失误的主要原因。因此，要求编程人员除必须具备较扎实的工艺基本知识和较丰富的实际工作经验外，还必须具有耐心和严谨的工作作风。

③ 数控加工的工序相对集中　　一般来说，在普通机床上加工是根据机床的种类进行单工序加工。而在数控机床上加工往往是在工件的一次装夹中完成工件的钻、扩、铰、铣、镗、攻螺纹等多工序的加工。这种"多序合一"现象也属于"工序集中"的范畴，极端情况下，在一台加工中心上可以完成工件的全部加工内容。

0.3　本课程学习的主要内容及学习方法

(1) 本课程学习的主要内容　　本课程是以研究数控机床加工中有关工艺问题为主要对象的应用技术。但由于数控机床的加工工艺与普通机床的加工工艺有许多相同之处，加之数控加工的工艺路线不是指从毛坯到成品的整个工艺过程，而仅是穿插于零件加工的整个工艺过程中间的几道数控加工工艺过程的具体描述，这就要求数控加工工艺要与普通加工工艺衔接好。因而要真正学好数控加工工艺，必须首先掌握好普通机床的加工工艺。

　　由于在数控机床加工前，要将机床的运动过程、零件的工艺过程、刀具的形状、切削用量和走刀路线等都编入程序，这就要求程序设计人员要有多方面的知识基础。因此，本课程的内容主要有：金属切削原理、机械制造工艺理论基础、机械加工工艺装备（刀具与夹具）、典型零件加工工艺及工艺分析等。

　　数控加工工艺设计的主要内容包括以下几个方面。

　　① 分析被加工零件的图样，明确加工内容及技术要求。

　　② 确定零件的加工方案，制订数控加工工艺路线，如划分工序、安排加工顺序等。

　　③ 加工工序的设计。选取零件的定位基准、确定装夹方案、工步的划分、刀具选择和确定切削用量等。

　　④ 数控加工程序的调整。如选取对刀点和换刀点、确定刀具补偿及确定坐标系和加工路线等。

　　通过学习本课程，既要能解决数控加工现场施工中的一般工艺技术问题，又要初步具备编制中等复杂程度零件的普通机械加工工艺和数控机床加工工艺的能力。

　　（2）本课程的特点和学习方法　　数控加工工艺是一门典型的专业技术课，其特点是涉及面广、实践性强、灵活性大。它不仅包括金属切削原理、刀具、夹具和机械加工工艺等，还要运用到以前学过的"数控编程"、"机械制图"、"金属材料与热处理"、"公差配合"、"机械设计"、"机械制造基础"和"数控机床"等有关知识，而且需要综合运用、灵活掌握。

　　由于数控加工工艺同生产实际精密相连，其理论是前人长期生产实践的总结。因此，学习中必须和生产实际相结合，只有通过生产实际和实践性教学环节的配合，才能掌握有关知识，提高解决实际问题的能力。

　　数控加工工艺具有很大的灵活性。同一个问题，加工同一个零件，不同的人有不同的解决办法；即使是同一个人，随着生产条件的不同，解决问题的方法也不一样。因此，对本课程的所有内容，都必须牢固掌握，熟练应用，才能做到熟能生巧，达到灵活运用的目的。

第1章 金属切削加工基础

教学目标

对金属切削基础知识有一个基本的了解，能运用切削用量三要素的知识分析常见的切削运动。掌握正交平面参考系统中各刀具角度的标注方法。了解切屑的种类，掌握积屑瘤的形成及削除积屑瘤的措施。会通过常见的加工运动，分析刀具磨损的基本因素及解决办法。会一些常见的切削用量选择。

1.1 金属切削基本知识

1.1.1 切削运动和切削要素

在机床上用金属切削刀具切除工件上多余的金属，从而使工件的形状、尺寸精度及表面质量都符合预定要求的加工，称为金属切削加工。在金属切削过程中，刀具与工件必须有相对的切削运动，它是由金属切削机床来完成的。在数控切削过程中，这也是由数控机床来完成的。

（1）切削运动 为了实现前面的切削加工，刀具与被加工材料间必须有一定的相对运动，这种运动通常分为主运动和进给运动。

① 主运动 主运动是切除毛坯上的金属使之变成切屑的必不可少的运动，对于车削加工来说，主运动是工件的旋转运动，而铣削加工来说，主运动是机床主轴的旋转运动。主运动是切削加工中速度最高，消耗功率最大的运动。主运动只有一个。

② 进给运动 进给运动是不断将被切削金属投入切削的运动。进给运动消耗功率较小，其运动形式一般为直线、旋转或两者的合成运动。车削进给是工件每转一转刀具相对于工件移动的距离。铣削时的进给运动是工作台的横向和纵向的直线运动。

③ 合成切削运动 一般主运动和进给运动同时进行，这种由主运动和进给运动合成的切削运动称为合成切削运动。刀具切削刃上选定点相对工件的瞬时合成运动方向称为合成切削运动方向，其速度称为合成切削速度，这就是主运动速度和进给运动速度的向量和。

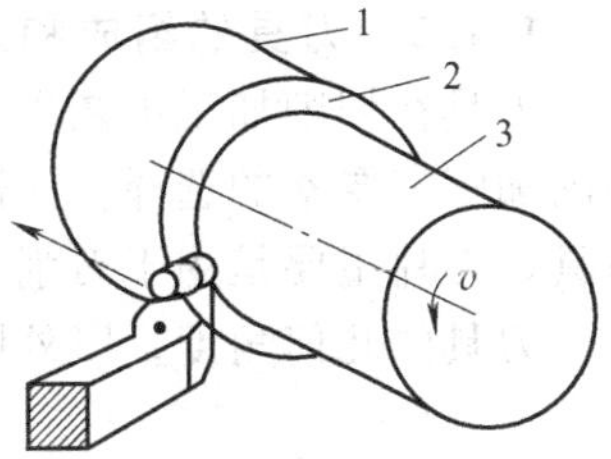

图 1-1 车削运动和加工表面
1—待加工表面；2—过渡表面；
3—已加工表面

（2）加工表面 在切削加工过程中，在主运动和进给运动的作用下，工件上有逐渐变化的三个表面，如图 1-1 所示。其中待加工表面为工件上有待切除的表面。已加工表面为工件上经刀具切削后产生的表面。过渡表面为工件上由切削刃形成的那部分表面。

（3）切削要素 切削要素主要指切削时的切削用量和切削层的相关参数。对于切削要素主要是指切削用量三要素。图 1-2 所示为切削用量三要素。

切削用量三要素主要是调整切削参数，使之达到较好的表面质量，满足相关加工工艺的需求。它是指背吃刀量 a_p、切削速度 v_c 和进给量 f。

① 背吃刀量 a_p 背吃刀量 a_p 是指每一刀的切深程度，是指已加工表面和待加工表面之

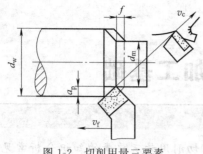

图 1-2　切削用量三要素

间的相对距离。单位一般为 mm。当外圆车削时

$$a_p = \frac{d_w - d_m}{2}$$

式中　d_w——待加工表面直径，mm；

d_m——已加工表面直径，mm。

② 切削速度 v_c　在切削加工时，切削刃选定点相对于工件主运动的瞬时速度称为切削速度。即在单位时间内，工件表面某点和刀具沿主运动方向的相对位移，单位为 m/min。

一般的切削加工的主运动是回转运动（数控车、数控铣、加工中心）时，其切削速度为加工表面的相应线速度，公式为

$$v_c = \frac{\pi d_w n}{1000}$$

式中　d_w——切削刃选定点所对应的工件的回转直径，mm；

n——主运动的旋转速度，r/min。

③ 进给量 f　在主轴旋转一圈，刀具在进给方向上相对于工件移动一定的距离，这就是进给量，一般用刀具或工件每转或每移动量来表达（图 1-2）。其单位为 mm/r（如数控车削、数控铣削等）。

数控车削时的进给速度 v_f（单位为 mm/min）是指切削刃上刀尖点相对于工件的进给运动的相应速度，与进给量之间的关系为

$$v_f = nf$$

对于数控铣刀和机用铰刀等刀具，其含义为刀具每转或每行程中每齿相对于工件在进给运动方向上的位移，进给量 f_z（单位为 mm/z）公式为

$$f_z = \frac{f}{z}$$

式中　z——刀具的刀齿数。

1.1.2　刀具的组成和几何角度

刀具在切削加工工艺里面很重要，刀具的好差直接影响着切削加工工艺的安排，影响着切削加工三要素的选择。一般的，刀具都是由刀杆和刀片组成。刀杆主要用于切削时的夹紧刀具，刀片主要是用于刀削。图 1-3 所示为外圆车刀切削部分的名称。

刀具的几何角度，以外圆车刀为例，如图 1-4 所示，几何角度的定义和作用见表 1-1。

表 1-1　刀具主要角度的定义和作用

名　称	定　义	作　用
前角 γ_0	在正交平面 P_0 中，前刀面与基面间的夹角	减少切削变形和切削时摩擦。影响切削力、刀具寿命。前角稍大，切削刃锋利，利于切削，但寿命短。前角稍小，刀具较钝，但寿命长，一般应用于粗加工的刀具
后角 α_0	在正交平面 P_0 中，后刀面与切削平面间的夹角	减少刀具后刀面和已加工表面间的摩擦。影响刀具刃口的锐利和强度，一般后角不宜过大
主偏角 κ_γ	在基面 P_r 中，主切削平面与假定工作平面间的夹角	主偏角直接影响工件的轴向受力，适应系统刚度和零件外形需要，改变刀具散热情况
副偏角 κ_r'	在基面 P_r 中，副切削平面与假定工作平面间的夹角	影响副切削刃与工件间的摩擦，影响工件表面粗糙度和刀具散热情况
刃倾角 λ_s	在主切削平面 P_s 中，主切削刃与基面间的夹角	能改变切屑流出的方向，影响刀尖强度和刃口锋利

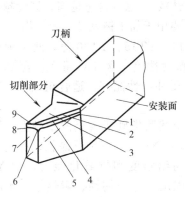

图 1-3　外圆车刀切削部分的名称

1—主切削刃；2—第一前刀面（倒棱）；3—第二前刀面；
4—第一后刀面；5—第二后刀面；6—刀尖；7—第二副
后刀面；8—第一副后刀面；9—副切削刃

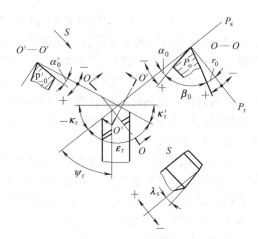

图 1-4　车刀角度

γ_0—前角；α_0—后角；β_0—楔角；κ_r—主偏角
κ_r'—副偏角；ε_r—刀尖角；ψ_r—余偏角；
λ_s—刃倾角；α_0'—副后角

1.1.3　刀具材料及其选用

（1）刀具材料　刀具材料很重要，其实刀具材料主要是指刀片材料。因为它是影响切削效率、加工表面质量及刀具寿命的基本因素。通常刀片材料必须具备以下性能。

① 高硬度。通常刀片材料的硬度要高于工件材料的硬度，这样才能够切削。一般的在室温下，刀片硬度应高于 60HRC。刀片材料硬度高和低决定着刀具能否适用高切削速度、高进给量，从而影响着数控加工的高效率。

② 高耐磨性。刀具磨损一直是切削加工中不可避免的问题，所以刀片耐磨性的高和低也直接影响着刀具寿命。刀片的耐磨性通常取决于刀片硬度。通常刀片材料的硬度越高，耐磨性越好。

③ 较好热硬性。刀具材料的热硬性也称红硬性，是指刀具在高温下仍能保持上述硬度、强度和耐磨性基本不变的能力。一般是指在高温下刀片材料保持常温时硬度的性能，用红硬性和高温硬度表示。

④ 足够的强度和韧性。刀具材料必须有足够的强度和韧性，以便承受振动和冲击时，防止刀片崩刃和碎裂。

⑤ 良好的工艺性。刀片材料应具有较好的被加工性能，具有良好的锻造、焊接、热处理和磨削加工等性能，以便于加工成形。

⑥ 抗黏结性和化学稳定性。抗黏结性是防止工件与刀片材料分子间在高温高压作用下互相吸附产生黏结。化学稳定性是指刀片材料在高温下，不易与周围介质发生化学反应。

（2）刀具材料的种类及其选用　数控机床刀具从制造所采用的材料上不同，可以分为硬质合金刀具、高速钢刀具、陶瓷刀具、立方氮化硼刀具、聚晶金刚石刀具等。一般的，目前数控机床普遍使用的刀具是硬质合金刀具。

① 硬质合金刀具　硬质合金刀具具有高硬度（74～81HRC）、高熔点（800～1000℃）、化学稳定性和热稳定性好等特点，但其韧性差、脆性大、承受冲击和振动能力低、切削效率高。因此，目前硬质合金是主要的刀具材料。一般将硬质合金分为普通硬质合金和新型硬质合金两种。

a. 普通硬质合金。常用的有 WC＋Co（YG）类和 TiC＋WC＋Co（YT）类两类。

WC+Co 类（YG）：常用牌号有 YG3、YG3X、YG6、YG6X、YG8 等。其中的数字表示 Co 的百分含量，此类硬质合金强度好，硬度和耐磨性较差。Co 含量越高，韧性越好，适合粗加工；含 Co 量少者用于精加工。这类硬质合金主要用于加工铸铁及有色金属。

TiC+WC+Co 类（YT）：常用牌号有 YT5、YT14、YT15、YT30 等。此类硬质合金硬度、耐磨性、耐热性都明显提高，但韧性、抗冲击振动性差。含 TiC 量多，含 Co 量少，耐磨性好，适合精加工；含 TiC 量少，含 Co 量多，承受冲击性能好，适合粗加工。这类硬质合金主要用于加工钢材。

b. 新型硬质合金。通常也叫高硬度硬质合金。在上述两类硬质合金的基础上，添加某些碳化物可以使其性能提高。如在 YG 类中添加 TaC（或 NbC），可细化晶粒、提高硬度和耐磨性，而韧性不变，还可提高合金的高温硬度、高温强度和抗氧化能力，如 YG6A、YG8N、YG8P3 等。在 YT 类添加合金，可提高抗弯强度、冲击韧性、耐热性、耐磨性及高温强度、抗氧化能力等。可用于加工铸铁和有色金属，被称为通用合金（代号 YW）。此外，还有 TiC（或 TiN）基硬质合金（又称金属陶瓷）、超细晶粒硬质合金（如 YS2、YM051、YG610、YG643）等。

② 高速钢刀具　高速钢是一种含钨（W）、钼（Mo）、铬（Cr）、钒（V）等合金元素较多的工具钢，它具有较好的力学性能和良好的工艺性，可以承受较大的切削力和冲击。高速钢的品种繁多，按切削性能可分为普通高速钢和高性能高速钢；按化学成分可分为钨系、钨钼系和钼系高速钢；按制造工艺不同，分为熔炼高速钢和粉末冶金高速钢。

a. 普通高速钢。国内外使用最多的普通高速钢。这类高速钢应用最为广泛，约占高速钢总量的 75%，含碳量为 0.7%～0.9%，硬度为 63～66HRC，不适于高速和硬材料切削。通常分为钨系、钨钼系。

W6Mo5Cr4V2（钨钼系高速钢），主要用于制造热轧刀具如扭制麻花钻等，主要不足是淬火温度范围窄，脱碳过热敏感性大。

W18Cr4V（钨系高速钢），具有较好的综合性能，具有较好的刃磨工艺性，淬火时过热倾向小，热处理比较好控制。不足是碳化物分布不均匀，不宜制作大截面的刀具。刀具的热塑性差。

W9Mo3Cr4V（钨钼系高速钢）是含钨量较多、含钼量较少的钨钼钢。其硬度为 65～66.5HRC，有较好硬度和韧性的配合，热塑性、热稳定性都较好，焊接性能、磨削加工性能都较高，磨削效率比 M2 高 20%，表面粗糙度值也小。

b. 高性能高速钢。高性能高速钢是指在普通高速钢中加入一些合金，如 Co、Al 等，使其耐热性、耐磨性又有进一步提高，能用于不锈钢、耐热钢和高强度钢的加工。热稳定性高，但综合性能不如普通高速钢。

c. 粉末冶金高速钢。粉末冶金高速钢是通过高压惰性气体或高压水雾化高速钢水而得到细小高速钢粉末，然后压制或热压成形，再经烧结而成的高速钢。其强度、韧性比熔炼钢有很大提高。可用于加工超高强度钢、不锈钢、钛合金等难加工材料。用于制造大型拉刀和齿轮刀具，特别是切削时受冲击载荷的刀具效果更好。但是其价格较高，相当于硬质合金，所以目前的应用尚少。

③ 新型材料刀具

a. 涂层刀具。使用涂层刀具，可缩短切削时间，降低成本，减少换刀次数，提高加工精度，且刀具寿命长。它是采用化学气相沉积（CVD）或物理气相沉积（PVD）法，在硬质合金或其他材料刀具基体上涂覆一薄层耐磨性高的难熔金属（或非金属）化合物而得到的刀具材料。这样就较好地解决了材料硬度及耐磨性与强度及韧性的矛盾。涂层刀具可减少或取消切削液的使用，可基本用于干切削。

但 CVD 工艺也有其先天的缺陷：一是工艺处理温度高，易造成刀具材料的抗弯强度下降；二是薄膜始终造成应力集中，易导致裂纹。PVD 技术普遍应用于硬质合金的各类刀具，普遍应用于各类刀具的涂层。

b. 陶瓷刀具材料。可用于高速切削加工的陶瓷刀具包括金属陶瓷、氧化铝陶瓷、氮化硅陶瓷等。常用的陶瓷刀具材料是以 Al_2O_3 或 Si_3N_4 为基体成分，在高温下烧结而成的。其硬度可达 91～95HRA，耐磨性比硬质合金高十几倍，适于加工冷硬铸铁和淬硬钢；在 1200℃高温下仍能切削，高温硬度可达 80HRA，在 540℃时为 90HRA，切削速度比硬质合金高 2～10 倍；具有良好的抗黏结性能，使它与多种金属的亲和力小；另外，化学稳定性好，即使在熔化时，与钢也不起相互作用；抗氧化能力强。但其最大的缺点是脆性大、强度低、导热性差，不宜用切削液。近年来，国内外在改进陶瓷刀具的切削工艺上有了很大的进步，使陶瓷刀具的性能有了很大的提高。例如出现了晶须强化陶瓷刀具，其韧性有很大提高，而且保持了陶瓷材料的高硬度、热硬性及耐磨等优点，使其加工性能更好。

c. 超硬刀具材料。它是有特殊功能的材料，是金刚石和立方氮化硼的统称，用于超精加工及硬脆材料加工。随着现代制造业的快速发展，超硬刀具的生产及应用也有了很大的增长。它们可用来加工任何硬度的工件材料，包括淬火硬度达 65～67HRC 的工具钢；有很高的切削性能，切削速度比硬质合金刀具提高 10～20 倍，且切削时温度低，超硬材料加工的表面粗糙度值很小，部分切削加工可代替磨削加工，经济效益显著提高。其中 CBN 的涂层硬度仅次于金刚石，是一种很有前途的刀具涂层材料。

1.2　刀具失效与磨损

1.2.1　刀具失效

刀具在切削加工过程中丧失切削能力的现象称为刀具失效。在加工过程中，刀具的失效是经常发生的，常见的失效形式有刀具的破损和磨损两种。

（1）刀具破损　刀具破损通常称之为打刀，是由于刀具使用不当及操作失误而造成的。刀具破损包括两种形式：一是脆性破损，由于切削过程中的冲击振动而造成的刀具崩刃、碎断现象和由于刀具表面受交变力作用引起表面疲劳而造成的刀面裂纹、剥落现象；二是塑性破损，是指由于高温切削塑性材料或超负荷切削难切削材料时，因剧烈的摩擦及高温作用使得刀具产生固态相变和塑性变形。一旦发生打刀，一般很难修复，常常造成刀具报废，属于非正常失效，所以应尽量避免。

（2）刀具磨损　刀具的磨损属于正常失效形式，可以通过重新刃磨来修复，主要表现为刀具的前面磨损、后面磨损及边界磨损三种形式，如图 1-5 所示。由于涂层硬质合金刀具不能被刃磨，所以磨损了的刀片，应进行更换。但是刀杆不会损坏，所以它的破坏形式要比刀具破损好很多。通常在机械生产加工过程中，根据自己的经验值可以对加工中的刀片，在其将要剧烈磨损前进行更换。

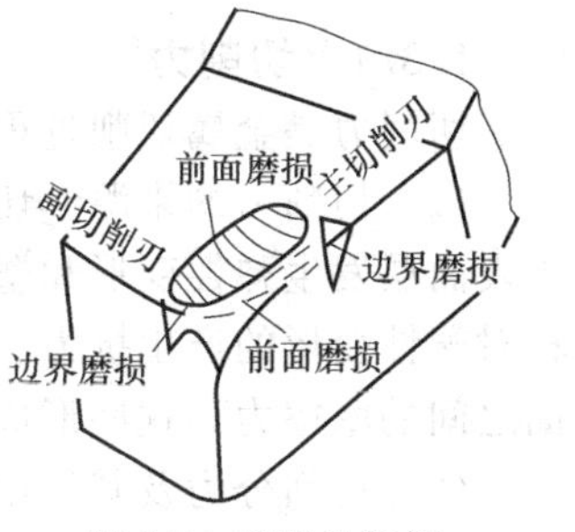

图 1-5　刀具的磨损

1.2.2　刀具磨损过程与磨钝标准

（1）刀具磨损过程　在一定切削加工条件下，不论何种磨损形态，其磨损量都将随切削时间的增长而增长。由图 1-6 所示，一般的刀具的磨损过程可分为初期、正常和剧烈磨损三个阶段。

① 初期磨损阶段（图 1-6 中 OA 段）　初期磨损阶段，磨损较快，主要机理是：新刀具较为锋利，切削过程中容易快速磨损其中的锋利部分。同时也使新刀具表面粗糙不平，刀削时被很快磨去。初期的磨损量较小，一般产生在 0.05～0.1mm 的磨损量。

② 正常磨损阶段（图 1-6 中 AB 段）　经初期磨损之后，刀具表面已磨平，磨损的速度变的较为缓慢。磨损量随着切削时间的增长而按一定比例增加。正常磨损速度减慢，是刀具正常切削作用的主要阶段。这时刀具的磨损值最能反映刀具正常工作时的磨损率。它是比较刀具切削性能的重要指标之一。

③ 剧烈磨损阶段（图 1-6 中 BC 段）　当磨损量增加到一定程度后，机械摩擦加剧，切削力加大，切削温度急剧升高，已加工表面出现明显振纹，出现振动、噪声等。这时无法保证加工质量，随着磨损的加剧，甚至导致刀具报废，所以应在此阶段到达之前及时地更换或刃磨刀具。

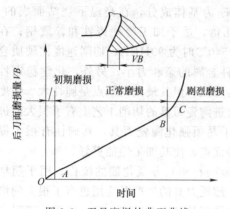

图 1-6　刀具磨损的典型曲线

（2）刀具的磨钝标准　刀具磨损到一定限度就不能继续使用，这个磨损限度称为磨钝标准。磨钝标准可依加工条件不同而异。为了充分利用刀具材料，减少换刀次数，保证工件加工精度和表面质量，提高生产率，所以要在刀具磨钝之前进行更换刀具。根据生产实践的经验，硬质合金车刀磨钝标准 VB 值可以查表（如表1-2）所得。

表 1-2　硬质合金车刀的磨钝标准

加工条件	精车	合金钢粗车、粗车刚性较差工件	碳素钢粗车	铸铁件粗车	钢及铸铁大件低速粗车
主后面 VB 值/μm	0.1～0.3	0.4～0.5	0.6～0.8	0.8～0.12	1.0～1.5

1.3　金属切削过程及控制

金属的切削过程是切削加工工件及切屑的形成过程。在金属切削加工过程中直接对加工质量和生产率有很大影响的是切削力、切削热、加工硬化和刀具磨损等。

1.3.1　切削力

切削力是金属切削过程中的主要物理现象之一，它直接影响着刀具寿命。

（1）切削力的来源　切削过程中，变形抗力作用在刀具上，在刀具的作用下切削层与加工表面层发生弹性变形和塑性变形。克服被加工材料对弹性变形产生的抗力，克服被加工材料对塑性变形的产生抗力、克服切屑对前刀面的摩擦力和刀具后刀面对过渡表面与已加工表面之间的摩擦力，这些形成了作用在刀具上的合力 F，如图 1-7 所示。

（2）切削分力及其作用　作用在刀具上的合切削力 F，其方向、大小和作用点随加工条件的变化而变化。一般通常将它分解成相互垂直的 F_x（国标为 F_f）、F_y（国标为 F_p）和 F_z（国标为 F_c）三个分力，如图 1-8 所示。

在车削时：

F_z：主切削力或切向力。它切于过渡表面并与基面垂直。它是指合力 F 在切削速度方向上的分力。它削耗功率是最多的。

F_x：进给抗力、轴向力或走刀力。它是作用在进给方向上的切削分力，是处于基面内并与工件轴线平行与走刀方向相反的力。F_x 是设计、计算进给机构强度的依据。

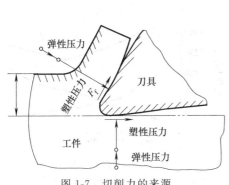

图 1-7　切削力的来源

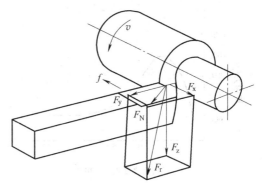

图 1-8　切削力示意图

F_y：背向力、切深抗力或径向力、吃刀力。它是处于基面内并与工件轴线垂直的力。F_y 用来确定与工件加工精度有关的工件挠度，计算机床零件和车刀强度。它与工件在切削过程中产生的振动有关。它能使工件弯曲和引起振动，对加工精度和表面粗糙度影响较大。

由图 1-8 可知：

$$F_y = \sqrt{F_{xy}^2 + F_z^2} = \sqrt{F_x^2 + F_y^2 + F_z^2}，其中 F_y = F_{xy}\cos\kappa_r，F_z = F_{xy}\sin\kappa_r$$

实践证明，三个分力的比值随着具体的切削条件不同可存在很大的变化。

（3）影响切削力的因素　切削力的影响因素很多，主要有工件材料、切削用量、刀具几何参数、刀具材料刀具磨损状态和切削液等的影响。

① 工件材料的影响　工件材料的物理、力学性能决定着切屑形成的变形及摩擦，因此它对切削力的影响最大。工件材料的硬度和强度越高，变形抗力就越大，切削力就越大。

a. 硬度或强度提高，剪切屈服强度增加，切削力增大。

b. 塑性或韧性提高，切屑不易断裂，切屑与前刀面摩擦增大，切削力增大。

例如，钢的强度与塑性变形大于铸铁，因此同样情况下切钢时产生的切削力将大于切削铸铁时产生的切削力。

② 切削用量的影响　切削用量的影响就是指切削用量三要素也就是切削深度 a_p、进给量 f 和切削速度 v_c 对切削力的影响。其中在一定的条件下切削速度 v_c 的影响最大、进给量 f 次之、切削深度 a_p 影响最小，但是随着切削条件的改变，各因素的影响也会随之变化。

a. 背吃刀量（切削深度）a_p、进给量增大，切削层面积增大，变形抗力和摩擦力增大，切削力增大。由于背吃刀量 a_p 对切削力的影响比进给量对切削力的影响大，所以在实践中，为了提高生率率，采用大进给切削比大切深切削较省力又省功率。

b. 切削速度 v_c。切削速度对切削力的影响主要体现在加工塑性材料的情况下（图 1-9），可以根据积屑瘤的有无确定为两个阶段。在中等切削速度的情况下，随着切削速度的增大，积屑瘤增大，刀具实际切削前角也逐渐增大，切削力就减小了。切削速度 v_c 对切削力的影响规律如同对切削变形影响一样，它们都是通过积屑瘤与摩擦的作用造成的。

切削脆性金属时，由于其切削变形较小，切削和前刀面的摩擦很小，所以，切削速度 v_c 对切削力的影响很小。

1.3.2　刀具几何形状的影响

① 前角：刀具前角对切削力的影响较大，当前角增大时，切屑容易从前面排出，变形

减小，切削力减小。反之，当前角减小时，切削力增大。

② 主偏角：主偏角 κ_r 在 $30°\sim60°$ 范围内增大，由切削厚度的影响起主要作用，使主切削力 F_z 减小；主偏角 κ_r 在 $60°\sim90°$ 范围内增大，刀尖处圆弧和副前角的影响更为突出，所

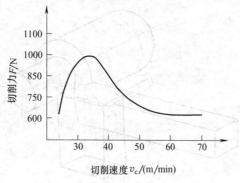

图 1-9   切削速度对切削力的影响

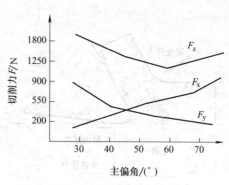

图 1-10   主偏角对切削力的影响

以，主切削力 F_z 增大（图 1-10）。一般地，主偏角 κ_r 增大，主切削力 F_z 增大。

实践中，在车削轴类零件，尤其是细长轴，为了减小切深抗力 F_y 的作用，往往采用较大的主偏角车刀切削，以减少刀具的轴向受力。

此外，切削时也不宜选用过大的负刃倾角 λ_s，特别是在工艺系统刚度较差的情况下，往往因负刃倾角 λ_s 增大了切深抗力 F_y 的作用而产生振动。

1.3.3　切削功率及主切削力的估算

切削功率 P_m 是指在切削区域内消耗的功率，单位为 kW，切削功率为力 F_z 和 F_x 所消耗的功率之和，因 F_y 方向没有位移，所以不消耗功率。

$$P_m = (F_z v_c + F_x n_w f/1000) \times 10^{-3}$$

式中　P_m——切削功率，kW；

　　　　F_z——切削力，N；

　　　　v_c——切削速度，m/s；

　　　　F_x——进给力，N；

　　　　n_w——工件转速，r/s；

　　　　f——进给量，mm/s。

上式中 $(F_x n_w f/1000)$ 是消耗在进给运动中的功率，它相对于 F 所消耗的功率来说，一般很小（<1%～2%），可以略去不计，于是公式为

$$P_m = F_z v \times 10^{-3}$$

按上式求得切削功率后，如要计算机床电动机的功率 (P_E) 以便选择机床电动机时，还应考虑到机床传动效率。

$$P_E \geqslant P_m / \eta_m$$

式中　η_m——机床的传动效率，一般取为 $0.75\sim0.85$，大值适用于新机床，小值适用于旧机床。

单位切削功率 P_s 是指单位时间内切除单位体积金属 Z_w 所消耗的功率。

$$P_s = \frac{P_m}{Z_w} = \frac{p a_p f v_c}{1000 a_p f v_c} \times 10^{-3} = p \times 10^{-6} \quad \text{kW}/(\text{mm}^3 \cdot \text{s}^{-1})$$

切削力可用下式表示

$$p = \frac{F_z}{A_D} = \frac{C_{F_z} a_p^{x_{F_z}} f^{y_{F_z}}}{a_p f} = \frac{C_{F_z}}{f^{1-y_{F_z}}} \quad \text{N/mm}^2$$

1.3.4　切屑的形成及种类

金属的切削过程是被切削金属在刀具切削刃和前面的挤压作用下而产生剪切、滑移变形的过程。金属被切削时，随着刀具的推进金属层逐渐被切去，当金属层被挤裂而形成切屑掉落时，便形成了切屑。

由于工件材料不同，切削条件不同，刀具几何角度不同，切削过程中的变形程度也就不同。常见的切屑分为四种不同的形态，如图 1-11 所示。

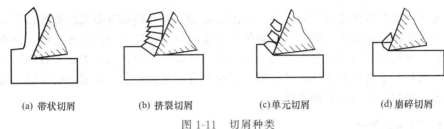

| (a) 带状切屑 | (b) 挤裂切屑 | (c) 单元切屑 | (d) 崩碎切屑 |

图 1-11　切屑种类

（1）带状切屑　带状切屑如图 1-11（a）所示。一般在加工塑性金属材料，选择的切削厚度较小、速度较高、刀具前角较大时，容易得到这种切屑。形成带状切屑时，切削力波动较小，切削过程较平稳，加工表面质量高。主要缺点是切屑连续不断，会缠在工件或刀具上，影响工件质量且不安全。

（2）挤裂切屑　挤裂切屑如图 1-11（b）所示，又称节状切屑。挤裂切屑大多在加工塑性较低的金属材料，切削速度较低、厚度较大、刀具前角较小时产生；特别当工艺系统刚性不足、加工碳素钢材料时，也容易得到这种切屑。产生挤裂切屑时，切削力波动也较大，切削过程不太稳定，加工表面质量较低。

（3）单元切屑　单元切屑如图 1-11（c）所示。当采用小前角或负前角，以极低的切削速度和大的切削厚度切削塑性金属时，会产生这种切屑。产生单元切屑时，切削过程不平稳，切削力波动较大，加工表面质量较差。

（4）崩碎切屑　崩碎切屑如图 1-11（d）所示。切削脆性金属时，工件材料越硬脆、刀具前角越小、切削厚度越大时，越易产生崩碎切屑。产生崩碎切屑时，切削力波动大，加工表面凹凸不平，刀刃容易损坏。

1.3.5　积屑瘤

在中速或较低切削速度范围内，切削一般钢料或其他塑性金属材料，而又能形成带状切屑时，紧靠切削刃的前面上粘结一硬度很高的楔状金属块，它包围着切削刃且覆盖部分前刀面，这种楔状金属块称为积屑瘤，俗称刀瘤。它的硬度比切削材料硬。

（1）积屑瘤对切削过程的影响　产生积屑瘤后，会增大刀具的前角，使切削厚度增大，影响已加工工件的表面质量，影响刀具耐用度等。

（2）影响积屑瘤产生的主要因素及防止措施

① 切削速度的影响。切削速度是通过切削温度对前刀面的最大摩擦因数和工件材料性质的影响而产生积屑瘤的。所以控制切削速度使切削温度控制在 300℃ 以下或 380℃ 以上，就可以减少积屑瘤的生成。

② 进给量的影响。进给量增大，则切削厚度增大。切削厚度越大，刀与刀屑的接触长度越长，越容易形成积屑瘤。若适当减小进给量，则可抑制积屑瘤的生成。

③ 前角的影响。若增大刀具前角，切屑变形减小，则切削力减小，从而使前刀面上的摩擦减小，不易产生积屑瘤。一般前角增大到 35° 时，不易产生积屑瘤。反之，则易产生积

屑瘤。

④ 工件材料硬度的影响。当工件材料硬度很低、塑性很高时，可进行适当的热处理，以提高硬度，降低塑性，抑制积屑瘤的产生。

⑤ 切削液的影响。采用润滑性能好的切削液可以减少或消除积屑瘤的产生。

1.4　刀具几何角度的选择

刀具几何角度对切削变形、切削力、切削温度和刀具磨损都有很大的影响，从而影响切削效率、刀具寿命、表面质量等。因此必须十分重视刀具几何角度的合理选择，以充分发挥刀具的性能。刀具几何参数可分为两类，一类是刀具角度参数，另一类是刀具切削刃尺寸参数。这些参数是一个有机的整体，各参数之间存在着相互依赖、相互制约的作用，所以需要整体考虑各种参数以便进行合理的选择。

1.4.1　前角的选择

（1）前角的作用　刀具前角增大，将减少前刀面对金属层的挤压，减少切削变形，从而减少切削力和切削热，降低切削功率，提高刀具的使用寿命。增大前角，能减小切削变形、加工硬化程度及深度，可抑制积屑瘤的产生。同时前角太大，刀刃和刀头的强度下降、散热条件差、刀具寿命降低。前角太小，切削力和切削温度增高，也将使刀具寿命降低。同时，切屑变形越严重，切屑比较容易折断。

因此，在一定切削条件下，存在一个合理前角，见图 1-12 和图 1-13。

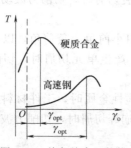

图 1-12　前角的合理数值

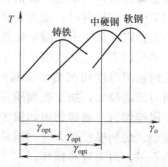

图 1-13　加工不同材料刀具的合理数值

（2）合理选择刀具前角的原则

① 根据刀具材料的种类和性质选择。高速钢刀具的抗弯强度和冲击韧性比硬质合金要高得多，因此高速钢刀具可选择的角度比硬质合金刀具的前角大。陶瓷刀具时，可选较小前角。

② 根据工件材料的种类和性质选择。当加工脆性材料（如铸铁）时，切屑呈崩碎状，切削力带有冲击性，为防止崩刀，一般应选较小前角。加工塑性材料时，切屑呈带状，切削力的作用中心远离刀刃，为了减少切削变形和切削力，应选较大的前角。

③ 根据不同的加工条件选择前角。

a. 粗加工，特别是断续切削，有冲击载荷时，为增强刀具强度，可以选较小前角。

b. 精加工或工艺系统刚性差，机床动力不足，应该选较大前角。

1.4.2　后角的选择

后角也是刀具的主要几何参数之一。

（1）后角的作用　增大后角，能减少后刀面与工件加工表面间的摩擦，从而降低切削力和切削温度，改善已加工表面质量。同时可减小刃口圆钝半径，使刃口更为锋利，摩擦降低，刀具寿命提高，加工表面质量得到了改善。但增大后角也会使切削刃和刀头的强度降低，减少了散热面积和容热体积，加速刀具磨损。

增大后角，在同样的磨钝标准 VB 的情况下，刀具由新刃磨加工到磨钝的情况下，允许磨去的体积较大。见图 1-14，可使刀具使用寿命提高，但是加大了刀具的磨损值 NB，这会影响工件的尺寸精度。

当后角过大时，楔角减小，则将削弱刀具寿命，减少了散热体积，磨损加剧，容易发生振动。

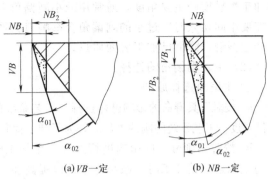

图 1-14　后角大小对刀具磨损体积的影响

（2）合理选择后角的原则　通常后角的合理数值主要根据切削厚度来选择。切削厚度越小，后角可选择越大；反之，切削厚度越大，后角应选择越小。

① 粗加工或承受冲击载荷时，切削刃应该有足够强度，应取较小后角；精加工时可适当增大后角，增大后角能减少刀具后刀面与工件表面间的摩擦，从而减少了刀具的磨损，提高了刀具使用寿命和加工表面质量。

② 工件材料强度、硬度高时，宜取较小后角；工件材料软而塑性大时，为了减少后刀面与工件的摩擦磨损，就取较大的后角。对于有尺寸精度要求的刀具，则宜减小后角，以减小 NB 值（图 1-14）。硬质合金车刀合理后角的参考值见表 1-3。副后角的作用与后角的作用相类似，它是用来减少副后刀面与工件之间的摩擦。

表 1-3　硬质合金车刀合理后角参考值

工件材料种类	合理后角参考范围/(°)		合理后角参考范围/(°)	
	粗车	粗车	精车	精车
低碳钢	20～25	25～30	10～12	10～12
中碳钢	10～15	15～20	6～8	6～8
合金钢	10～15	15～20	6～8	6～8
淬火钢	-15～-5		8～10	
不锈钢（奥氏体）	15～20	20～25	8～10	8～10
灰铸铁	10～15	5～10	6～8	6～8
铜及铜合金（脆）	10～15	5～10	6～8	6～8
铝及铝合金	30～35	35～40	10～12	10～12
钛合金 $\sigma_b \leqslant 1.177\mathrm{GPa}$	5～10		10～15	

注：粗加工用的硬质合金车刀，通常都磨有负倒棱及负刃倾角。

1.4.3　主偏角及副偏角的选择

（1）主、副偏角的作用

① 主偏角的作用　主偏角 κ_r 的大小影响刀头强度、径向分力大小、传散热量面积、残留面积高度，因而主偏角是影响刀具寿命和加工表面质量的重要角度。主偏角越小，刀刃参加切削的长度和刀尖角越大，作用在单位刀刃上的切削力减小，切削温度降低，刀尖强度提

高。因此，在工艺系统刚性足够而不引起相应振动的前提下，主偏角越小，刀具寿命越高。

② 副偏角的作用　副偏角 κ_{r}' 的主要功用是减少副刀刃与已加工表面间的摩擦。它是影响加工粗糙度的主要角度，通常用减小副偏角来减小理论粗糙度的高度。当工艺系统刚性差或需要中间切入时，过小的副偏角会影响刀头强度和散热速度，还会引起与已加工表面摩擦和产生振动，降低已加工表面质量。

（2）主、副偏角的选择

① 主偏角选择原则

a. 按对刀具寿命的影响进行选择。工艺系统的刚性较好时，可以选择较小的主偏角以增加工件强度。工艺系统的刚性不足时，为了减小背向力，可选择较大的主偏角（75°～90°）。

b. 按各切削分力的影响进行选择。粗加工时，为减小刀具变形和切削分力，应选取较大的主偏角。精加工时，减小主偏角以提高加工表面质量。

c. 按加工材料要求进行选择。选取较小的主偏角，可以减轻刀刃的负荷，提高刀具寿命。

d. 考虑工件表面形状进行选择。尽量选择某些特殊角度值主偏角的刀具，这样可以用同一把刀具加工更多的表面，以减少换刀次数，提高生产率。当主切削刃的直线部分参与形成残留面积时，减小主偏角可减小表面粗糙度。

② 副偏角选择原则

a. 根据工艺系统刚性选取。工艺系统刚性较好时，应选择较小的副偏角，反之选择较大的副偏角。

b. 根据加工性质选取。粗加工时选取较大的副偏角，以提高生产率和刀具的耐用度。精加工时选取较小的副偏角，以提高加工的表面质量。

c. 根据工件材料选取。选取较小的副偏角，以增加刀尖强度。当加工塑性或韧性较大的材料时，应选择较大的副偏角。硬质合金刀具在加工不同材料时，主、副偏角的选择也不同，可参考表 1-4 所示。

除了前角、后角和主、副偏角的重要选择以外，刃倾角的选择也非常重要，合理的刃倾角的选用可参考表 1-5。

表 1-4　硬质合金车刀合理主、副偏角参考值

加工情况		偏角数值/(°)	
		主偏角 κ_{r}	副偏角 κ_{r}'
粗车,无中间切入	工艺系统刚度好	45,60,75	5～10
	工艺系统刚度差	60,75,90	10～15
车削细长轴,薄壁件		90,93	6～10
精车,无中间切入	工艺系统刚度好	45	0～5
	工艺系统刚度差	60,75	0～5
车削冷硬铸铁,淬火钢		10～30	4～10
从工件中间切入		45～60	30～45
切断刀、切槽刀		60～90	1～2

表 1-5　刃倾角数值选用

$\lambda_{\mathrm{s}}/(°)$	0～5	5～10	-5～0	-10～-5	-15～-10	-45～-10	-75～-45
应用范围	精车钢,车细长轴	精车有色金属	粗车钢和灰铸铁	粗车余量不均匀钢	断续车削钢和灰铸铁	带冲击切削淬硬钢	大刃倾角刀具薄切削

1.5　切削用量及切削液的选择

1.5.1　切削用量的选择

切削用量三要素的选择对切削力、切削功率、刀具磨损、加工质量和加工成本均有显著影响。选择切削用量时，应考虑在保证加工质量和刀具耐用度的前提下，充分发挥机床性能和刀具切削性能，使切削效率最高，加工成本最低。

数控加工中的切削用量均应在机床给定的允许范围内选取。

（1）切削用量的选择原则

粗加工时，应尽量保证较高的金属切除率和必要的刀具耐用度。选择切削用量时应首先选取尽可能大的背吃刀量 a_p，其次根据机床动力和刚性的限制条件，选取尽可能大的进给量 f，然后根据刀具耐用度要求，确定合适的切削速度 v_c。增大背吃刀量 a_p 可使走刀次数减少，增大进给量 f 有利于断屑。

精加工时，对加工精度和表面粗糙度要求较高，加工余量不大且较均匀。选择精加工的切削用量时，应着重考虑如何保证加工质量，并在此基础上尽量提高生产率。因此，精加工时应选用稍小的背吃刀量和进给量，并选用性能高的刀具材料和合理的几何参数，以尽可能提高切削速度。

（2）切削用量的选取方法

① 切削速度的选择。切削速度 v_c 可根据已经选定的背吃刀量、进给量及刀具耐用度进行选取。实际加工过程中，也可根据生产实践经验和查表的方法来选取。粗加工或工件材料的加工性能较差时，宜选用较低的切削速度。精加工或刀具材料、工件材料的切削性能较好时，宜选用较高的切削速度。

② 进给速度（进给量）的选择。粗加工时，由于对工件的表面质量没有太高的要求，这时主要根据机床进给机构的强度和刚性、刀杆的强度和刚性、刀具材料、刀杆和工件尺寸以及已选定的背吃刀量等因素来选取进给速度。精加工时，则按表面粗糙度要求、刀具及工件材料等因素来选取进给速度。

$$v_f = fn$$

式中，f 为每转进给量。

③ 背吃刀量的选择。粗加工时，除留下精加工余量外，一次走刀尽可能切除全部余量。也可分多次走刀。精加工的加工余量一般较小，可一次切除。

合理选用切削用量，可参阅有关工艺手册，并根据生产经验、实际生产条件确定。在工厂的实际生产过程中，切削用量一般根据经验并通过查表的方式进行选取。常用硬质合金或涂层硬质合金切削不同材料时的切削用量推荐值见表 1-6，表 1-7 为常用切削用量参考表。

1.5.2　切削液的选用

在金属切削过程中合理选用切削液，可以改善刀具与工件、刀具与切屑的摩擦情况。改善散热条件，从而降低刀具磨损和切削温度，提高表面质量。通常切削液具有冷却、润滑、清洗、防锈等作用。

粗加工时，加工余量大，所以切削用量大，产生大量的切削热。采用高速钢刀具切削时，使用切削液的主要目的是降低切削温度，减少刀具磨损。硬质合金刀具耐热性好，一般不用切削液，必要时可采用低浓度乳化液或水溶液。但必须连续、充分地浇注，以免处于高

表 1-6　硬质合金刀具切削用量推荐表

刀具材料	工件材料	粗加工			精加工		
		切削速度 /(m/min)	进给量 /(mm/r)	背吃刀量 /mm	切削速度 /(m/min)	进给量 /(mm/r)	背吃刀量 /mm
硬质合金或涂层硬质合金	碳钢	220	0.2	3	260	0.1	0.4
	低合金钢	180	0.2	3	220	0.1	0.4
	高合金钢	120	0.2	3	160	0.1	0.4
	铸铁	80	0.2	3	120	0.1	0.4
	不锈钢	80	0.2	2	60	0.1	0.4
	钛合金	40	0.2	1.5	150	0.1	0.4
	灰铸铁	120	0.2	2	120	0.15	0.5
	球墨铸铁	100	0.2 0.3	2	120	0.15	0.5
	铝合金	1600	0.2	1.5	1600	0.1	0.5

表 1-7　常用切削用量推荐表

工件材料	加工内容	背吃刀量 a_p/mm	切削速度 v_c/(m/min)	进给量 f/(mm/r)	刀具材料
碳素钢 σ_b>600MPa	粗加工	5-7	60～80	0.2～0.4	YT 类
	粗加工	2-3	80～120	0.2～0.4	
	精加工	2-6	120～150	0.1～0.2	
碳素钢 σ_b>600MPa	钻中心孔		500～800r/min	钻中心孔	W18Cr4V
	钻孔		25～30	钻孔	
	切断(宽度<5mm)	70～110	0.1～0.2	切断(宽度<5mm)	YT 类
铸铁 HBS<200	粗加工		50～70	0.2～0.4	YG 类
	精加工		70～100	0.1～0.2	
	切断(宽度<5mm)	50～70	0.1～0.2		
	切断(宽度<5mm)	50～70	0.1～0.2	切断(宽度<5mm)	

温状态的硬质合金刀片出现裂纹。

精加工时，要求表面粗糙度值较小，一般选用润滑性能较好的切削液，如高浓度的乳化液或含极压添加剂的切削油。

此外，要根据工件材料的性质选用切削液。切削塑性材料时需用切削液，切削铸铁、黄铜等脆性材料时，一般不用切削液，以免崩碎切屑黏附在机床的运动部件上。加工高强度钢、高温合金等难加工材料时，应选用含极压添加剂的切削液。切削有色金属和铜、铝合金时，可采用 10%～20% 的乳化液、煤油或煤油与矿物油的混合物，以得到较高的表面质量和精度。

思考与练习

1. 金属切削过程的实质是什么？切屑有哪几种类型？相互转化的条件是什么？研究切屑有何实际意义？

2. 切削加工由哪些运动组成？简单分析各自的作用。

3. 刀具的主要标注角度是如何定义的？主要作用是什么？

4. 在同样的切削条件下，切削铜、铝、碳素结构钢、不锈钢、钛合金等材料，试按刀具磨损的速度将它们排列出来。

    5. 什么是积屑瘤? 分析其产生的原因、影响及避免措施。

    6. 刀具磨损有哪些基本形式? 是如何产生的?

    7. 试分析刀具磨损的 3 个阶段。

    8. 切削用量的三要素分别是什么?

    9. 切削液的主要作用是什么? 怎样合理选用切削液?

    10. 主、副偏角有什么作用? 说明合理选取主、副偏角的基本原则。

    11. 常用的高速钢都有哪些牌号?

    12. 刀具磨损都有哪些规律和特点?

第2章 数控加工工艺基础

熟悉数控加工对刀具的要求，理解掌握刀具基本几何参数及选用，理解掌握数控加工刀具的材料，了解可转位刀具和数控工具系统。掌握工序安排的原则及其特点。掌握制订数控加工工艺过程的步骤及方法。掌握简单工艺尺寸链的计算。掌握影响机械加工精度的因素及控制方法。掌握数控加工过程中简单节点的计算。

2.1 数控机床刀具的种类及特点

2.1.1 数控刀具的种类

数控刀具是指与数控机床相配套使用的各种刀具的总称，是数控机床不可缺少的关键配套产品。数控加工刀具必须适应数控机床高速、高效和自动化程度高的特点，一般包括刀具及连接刀柄两部分。刀柄要连接刀具并装在机床动力头上，因此已逐渐标准化和系列化。数控刀具的分类有多种方法，按刀具材料分为高速钢刀具、硬质合金刀具、金刚石刀具、陶瓷刀具、涂层刀具等；按刀具结构分为整体式、机夹可转位式、镶嵌式、焊接式、特殊形式等；按切削加工工艺分为车削刀具、钻削刀具、铣削刀具、镗削刀具等。加工中心所使用的刀具属铣削刀具，它的刀具由刃具和刀柄两部分组成。刃具有面加工用的各种铣刀和孔加工用的钻头、扩孔钻、镗刀、铰刀及丝锥等。刀柄要满足机床主轴的自动松开和拉紧定位，并能准确地安装各种切削刀具和适应换刀机械手的夹持等。

近几年，机夹式可转位刀具在数控加工中得到了广泛应用，在数量上已达到整个数控刀具的30%～40%，金属切除量占总数的80%～90%。

(1) 数控加工铣刀的种类 常用铣刀的种类很多，通常有面铣刀、立铣刀、模具铣刀、键槽铣刀和鼓形铣刀等。

① 面铣刀 面铣刀的圆周表面和端面上都有切削刃，端部切削刃为副切削刃，常用于端铣较大的平面。面铣刀多制成套式镶齿结构，刀齿为高速钢或硬质合金，刀体为40Cr。

高速钢面铣刀按国家标准规定，直径 $d=80\sim250\text{mm}$，螺旋角 $\beta=10°$，刀齿数 $Z=10\sim26$。

硬质合金面铣刀与高速钢铣刀相比，铣削速度较高、加工表面质量也较好，并可加工带有硬皮和淬硬层的工件，故得到广泛应用。硬质合金面铣刀按刀片和刀齿的安装方式不同，可分为整体式、机夹-焊接式和可转位式三种。

② 立铣刀 立铣刀是数控铣削中最常用的一种铣刀。立铣刀的圆柱表面和端面上都有切削刃，圆柱表面的切削刃为主切削刃，端面上的切削刃为副切削刃。主切削刃一般为螺旋齿，这样可以增加切削平稳性，提高加工精度。由于普通立铣刀端面中心处无切削刃，所以立铣刀不能作轴向进给，端面刃主要用来加工与侧面相垂直的底平面。

为了改善切屑卷曲情况，增大容屑空间，防止切屑堵塞，刀齿数比较少，容屑槽圆弧半径则较大。一般粗齿立铣刀齿数 $Z=3\sim4$，细齿立铣刀齿数 $Z=5\sim8$，套式结构 $Z=10\sim20$，容屑槽圆弧半径 $r=2\sim5\text{mm}$。当立铣刀直径较大时，还可制成不等齿距结构，以增强抗振作用，使切削过程平稳。

标准立铣刀的螺旋角 β 为 $40°\sim45°$（粗齿）和 $30°\sim35°$（细齿），套式结构立铣刀的 β 为 $15°\sim25°$。

直径较小的立铣刀，一般制成带柄形式。$\phi2\sim71mm$ 的立铣刀为直柄；$\phi6\sim63mm$ 的立铣刀为莫氏锥柄；$\phi25\sim80mm$ 的立铣刀为带有螺孔的 $7:24$ 锥柄，螺孔用来拉紧刀具。直径大于 $\phi40\sim160mm$ 的立铣刀可做成套式结构。

③ 模具铣刀　模具铣刀由立铣刀发展而成，适用于加工空间曲面零件，有时也用于平面类零件上有较大转接凹圆弧的过渡加工。模具铣刀可分为圆锥形立铣刀（圆锥半角 $\frac{\alpha}{2}=3°、5°、7°、10°$）、圆柱形球头立铣刀和圆锥形球头立铣刀三种，其柄部有直柄、削平型直柄和莫氏锥柄。它的结构特点是球头或端面上布满了切削刃，圆周刃与球头刃圆弧连接，可以作径向和轴向进给。铣刀工作部分用高速钢或硬质合金制造。国家标准规定直径 $d=4\sim63mm$。

④ 键槽铣刀　键槽铣刀有两个刀齿，圆柱面和端面都有切削刃，端面刃延至中心，既像立铣刀，又像钻头。加工时先轴向进给达到槽深，然后沿键槽方向铣出键槽全长。

国家标准规定，直柄键槽铣刀直径 $d=2\sim22mm$，锥柄键槽铣刀直径 $d=14\sim50mm$。键槽铣刀直径的偏差有 e8 和 d8 两种。键槽铣刀的圆周切削刃仅在靠近端面的一小段长度内发生磨损，重磨时，只需刃磨端面切削刃，因此重磨后铣刀直径不变。

⑤ 鼓形铣刀　主要用于对变斜角类零件的变斜角面的近似加工。它的切削刃分布在半径为 R 的圆弧面上，端面无切削刃。

（2）孔加工刀具的种类　孔加工类刀具很多，有钻孔刀具、镗孔刀具和铰孔刀具等。钻孔刀具有普通麻花钻、可转位浅孔钻及扁钻等。根据工件材料、加工尺寸及加工质量要求等有不同的孔加工类刀具。

① 麻花钻　在加工中心上钻孔，大多是采用普通麻花钻。麻花钻有高速钢和硬质合金两种。

麻花钻的切削部分有两个主切削刃、两个副切削刃和一个横刃。两个螺旋槽是切屑流经的表面，为前刀面；与工件过渡表面（即孔底）相对的端部两曲面为主后刀面；与工件已加工表面（即孔壁）相对的两条刃带为副后刀面。前刀面与主后刀面的交线为主切削刃，前刀面与副后刀面的交线为副切削刃，两个主后刀面的交线为横刃。横刃与主切削刃在端面上投影之间的夹角称为横刃斜角，横刃斜角 $\psi=50°\sim55°$；主切削刃上各点的前角、后角是变化的，外缘处前角约为 $30°$，钻心处前角接近 $0°$，甚至是负值；两条主切削刃在与其平行的平面内的投影之间的夹角为顶角，标准麻花钻的顶角为 $118°$。

根据柄部不同，麻花钻有莫氏锥柄和圆柱柄两种。直径为 $8\sim80mm$ 的麻花钻多为莫氏锥柄，可直接装在带有莫氏锥孔的刀柄内，刀具长度不能调节。直径为 $0.1\sim20mm$ 的麻花钻多为圆柱柄，可装在钻夹头刀柄上。中等尺寸麻花钻两种形式均可选用。

麻花钻有标准型和加长型。

在加工中心上钻孔，因无夹具钻模导向，受两切削刃上切削力不对称的影响，容易引起钻孔偏斜，故要求钻头的两切削刃必须有较高的刃磨精度。

② 扩孔刀具　标准扩孔钻一般有 $3\sim4$ 条主切削刃，切削部分的材料为高速钢或硬质合金，结构形式有直柄式、锥柄式和套式等。

扩孔直径较小时，可选用直柄式扩孔钻；扩孔直径中等时，可选用锥柄式扩孔钻；扩孔直径较大时，可选用套式扩孔钻。

扩孔钻的加工余量较小，主切削刃较短，因而容屑槽浅、刀体的强度和刚度较好。它无麻花钻的横刃，加之刀齿多，所以导向性好，切削平稳，加工质量和生产率都比麻花钻高。

扩孔直径在 $20\sim60mm$ 之间，且机床刚性好、功率大时，可选用可转位扩孔钻。这种扩孔钻的两个可转位刀片的外刃位于同一个外圆直径上，并且刀片径向可作微量（±0.1mm）调整，以控制扩孔直径。

③ 镗孔刀具　镗孔所用刀具为镗刀。镗刀种类很多，按切削刃数量可分为单刃镗刀和双刃镗刀。

单刃镗刀刚性差，切削时易引起振动，所以镗刀的主偏角选得较大，以减小径向力。镗铸铁孔或精镗时，一般取 $\kappa_r = 90°$；粗镗钢件孔时，取 $\kappa_r = 60° \sim 75°$，以提高刀具的耐用度。

镗孔径的大小要靠调整刀具的悬伸长度来保证，调整麻烦，效率低，只能用于单件小批生产。但单刃镗刀结构简单，适应性较广，粗、精加工都适用。

在孔的精镗中，目前较多地选用精镗微调镗刀。这种横刀的径向尺寸可以在一定范围内进行微调，调节方便，且精度高。调整尺寸时，先松开拉紧螺钉，然后转动带刻度盘的调整螺母，等调至所需尺寸，再拧紧螺钉，使用时应保证锥面靠近大端接触（即镗杆 90° 锥孔的角度公差为负值），且与直孔部分同心。键与键槽配合间隙不能太大，否则微调时就不能达到较高的精度。

镗削大直径的孔可选用双刃镗刀。这种镗刀头部可以在较大范围内进行调整，且调整方便，最大镗孔直径可达 1000mm。

双刃镗刀的两端有一对对称的切削刃同时参加切削，与单刃镗刀相比，每转进给量可提高一倍左右，生产效率高。同时，可以消除切削力对镗杆的影响。

④ 铰孔刀具　加工中心上使用的铰刀多是通用标准铰刀。此外，还有机夹硬质合金刀片单刃铰刀和浮动铰刀等。

加工精度为 IT7～IT10 级、表面粗糙度 Ra 为 0.8～1.6μm 的孔时，多选用通用标准铰刀。

通用标准铰刀如图 2-1 所示，有直柄、锥柄和套式三种。锥柄铰刀直径为 10～32mm，直柄铰刀直径为 6～20mm，小孔直柄铰刀直径为 1～6mm，套式铰刀直径为 25～80mm。

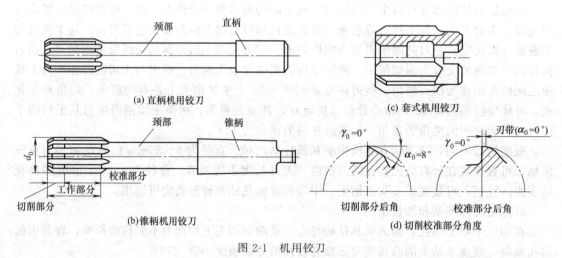

图 2-1　机用铰刀

铰刀工作部分包括切削部分与校准部分。切削部分为锥形，担负主要切削工作。切削部分的主偏角为 5°～15°，前角一般为 0°，后角一般为 5°～8°。校准部分的作用是校正孔径、修光孔壁和导向。为此，这部分带有很窄的刃带（$\gamma_0 = 0°$，$\alpha_0 = 0°$）。校准部分包括圆柱部分和倒锥部分。圆柱部分保证铰刀直径和便于测量，倒锥部分可减少铰刀与孔壁的摩擦和减小孔径扩大量。

标准铰刀有 4～12 齿。铰刀的齿数除与铰刀直径有关外，主要根据加工精度的要求选择。齿数过多，刀具的制造重磨都比较麻烦，而且会因齿间容屑槽减小，而造成切屑堵塞和划伤孔壁以致使铰刀折断的后果。齿数过少,则铰削时的稳定性差,刀齿的切削负荷增大,且容易产生几何形状误差。铰刀齿数可参照表 2-1 选择。

表 2-1　铰刀齿数选择

铰刀直径/mm		1.5～3	3～14	14～40	>40
齿数	一般加工精度	4	4	6	8
	高加工精度	4	6	8	10～12

加工 IT 5～IT7 级、表面粗糙度 Ra 为 $0.7\mu m$ 的孔时,可采用机夹硬质合金刀片的单刃铰刀。这种铰刀的结构如图 2-2 所示,刀片 3 通过楔套 4 用螺钉 1 固定在刀体上,通过螺钉7、销子 6 可调节铰刀尺寸。导向块 2 可采用粘接和铜焊固定。机夹单刃铰刀应有很高的刃磨质量。因为精密铰削时,半径上的铰削余量是在 $10\mu m$ 以下,所以刀片的切削刃口要磨得异常锋利。

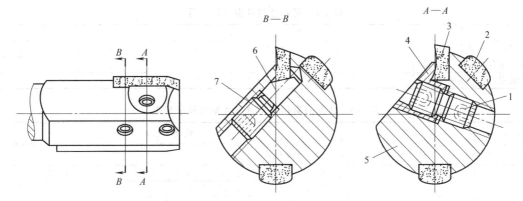

图 2-2　硬质合金单刃铰刀
1,7—螺钉;2—导向块;3—刀片;4—楔套;5—刀体;6—销子

铰削精度为 IT6～IT7 级、表面粗糙度 Ra 为 $0.8～1.6\mu m$ 的大直径通孔时,可选用专为加工中心设计的浮动铰刀。

2.1.2　数控刀具的特点

数控刀具以其高效、精密、高速、耐磨、长寿命和良好的综合性能取代了传统的刀具。二者进行比较,除刀具材料上的不同以外,主要表现在以下几个方面。

① 刀具的硬度比传统刀具硬度有了很大提高。也由传统的机械工具实现了向高科技产品的飞跃,刀具的切削性能也有了质的飞跃。切削刀具从低值易耗品过渡到全面进入了高效率、高精度、高可靠性和专用化的数控刀具时代。

② 被加工工件的硬度也远远高于传统刀具所能加工的工件硬度。

③ 切削速度有显著提高,如加工钢、铸铁,可转位涂层刀片切削速度可达到 380m/min,PCBN 刀片切削速度可达 1000～2000m/min。数控切削刀具技术已成为现代数控加工技术的关键技术,刀具工业由脱离使用、脱离用户的低级阶段向面向用户、面向使用的高级阶段的改变。

④ 数控刀具与现代科学的发展紧密相连,是应用材料科学、制造科学、信息科学等领域的高科技成果的结晶。

数控加工刀具一般应包括通用刀具、通用连接刀柄及少量专用刀柄。刀柄要连接刀具并装在机床动力头上,因此已逐渐标准化和系列化。

2.1.3　可转位刀片及其代码

（1）可转位刀具的概念　可转位刀具是使用可转位刀片的机夹刀具。当刀片的一个切削刃用钝以后，只要把夹紧元件松开，将刀片转一个角度，换另一个新切削刃，并重新夹紧就可以继续使用。当所有切削刃用钝后，换一块新刀片即可继续切削，不需要更换刀体。

由于可转位刀具切削效率高，辅助时间少，所以提高了工效，而且可转位刀具的刀体可重复使用，节约了钢材和制造费用，因此其经济性较好。

（2）可转位刀片的型号及表示方法　按国家标准规定，不同用途的可转位刀具，型号的表示也有所不同，如果型号中不加前缀，即指装有硬质合金可转位刀片的可转位刀具；可转位刀具可以根据被加工材料的需要装夹其他材料的可转位刀片，但必须加前缀。如装夹陶瓷可转位刀片的车刀，称为陶瓷可转位车刀。

可转位刀片的型号由代表一定意义的字母和数字代号按一定顺序排列所组成，共有10个号位，其格式见表2-2，各号位代号表示规则见表2-3。

表 2-2　可转位刀片型号和代号

号　位	特定字母	1	2	3	4	5	6	7	8	9	10
车削用刀片型号		D	C	M	T	07	02	04	E	N	-FV
铣削用刀片型号		S	P	A	N	12	03	ED	T	R	
铣削用刀片毛坯型号	X	S	P	U	N	13	03	08			

表 2-3　切削刀具用可转位刀片型号表示规则

号位	示例	表示特征	代号规定
1	T	刀片形状	用一个字母表示
2	N	刀片法后角	A　B　C　D　E　F　G　N　P　O 3°　5°　7°　15°　20°　25°　30°　0°　11°　其余
3	U	刀片的极限偏差等级	用一个字母表示主要尺寸(d,s,m)的极限偏差等级
4	M	刀片有无断屑槽和中心固定孔	用一个字母表示
5	22	刀片边长	用一个字母表示，取刀片理论边长的整数部分，如边长为16.5mm的刀片代号为16；若舍去小数部分后只剩一位数，则在数字前加"0"，如边长为9.525mm的刀片代号为09
6	04	刀片厚度	取舍去小数值的刀片厚度作为代号，若舍去小数部分后只剩一位数字，则在该数字前加"0"；当刀片厚度的整数值相同，小数部分值不同时，则将小数部分值大的刀片代号用"T"代替"0"，如刀片厚度分别为3.18和3.97时，前者代号为"03"、后者为"T3"
7	08	刀片转角形状或刀尖圆角半径	刀片刀尖转角为圆角时，用放大10倍的刀尖圆弧半径作代号。对于铣刀片，则用两个字母作代号，前一字母表示主偏角大小，后一个字母表示修光刃法后角大小。尖角刀片和圆刀片的数字代号为"00"
8	E	切削刃截面形状	用一个字母表示切削刃形状
9	N	切削方向	用一个字母表示切削方向
10	A2	切屑槽形式及槽宽	用一个字母和一个数字表示刀片断屑槽形式及槽宽

标准规定，任何一个型号的刀片都至少采用前7个号位表示，后3个号位在必要时才使用。但对于车刀刀片，第10号位属于标准要求标注的部分。不论有无第8、9两个号位，第10号位都必须用短横线"-"与前面号位隔开，并且其字母不得使用第8、9两个号位已使用过的7个字母（F、E、T、S、R、L、N），当第8、9号位为只使用其中一位时，则写在第8号位上，且中间不需空格。第5、6、7号位使用不符合标准规定的尺寸代号时，第4号

位要用 x 表示，并需用略图或详细的说明书加以说明。

如表 2-2 中车削用刀具可转位刀片 D、C、M、T、07、02、04、E、N、-FV 的含义查国际标准 ISO 1832—1985 可知如下。

D：菱形顶角 55°刀片；

C：法后角为 7°；

M：刀尖转位尺寸公差±0.08～±0.15mm、内切圆公差±0.05～±0.10mm、刀片厚度公差±0.13mm；

T：圆柱孔且单面倒角（40°～60°）单面断屑槽；

07：切削刃长 7.94cm；

02：厚度 2.38mm；

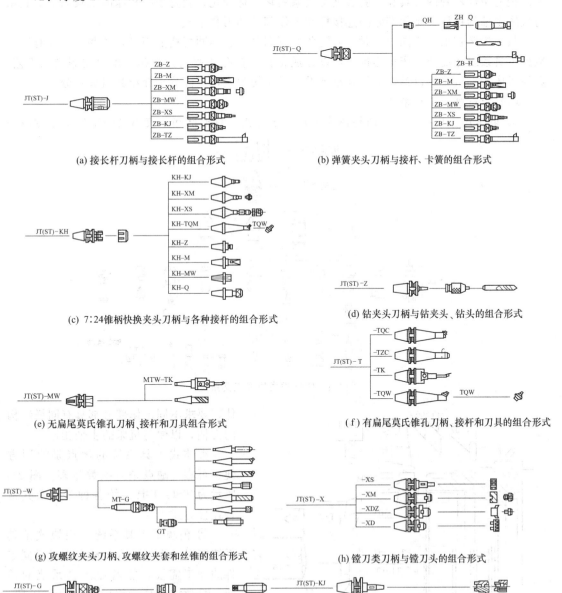

(a) 接长杆刀柄与接长杆的组合形式

(b) 弹簧夹头刀柄与接杆、卡簧的组合形式

(c) 7:24 锥柄快换夹头刀柄与各种接杆的组合形式

(d) 钻夹头刀柄与钻夹头、钻头的组合形式

(e) 无扁尾莫氏锥孔刀柄、接杆和刀具组合形式

(f) 有扁尾莫氏锥孔刀柄、接杆和刀具的组合形式

(g) 攻螺纹夹头刀柄、攻螺纹夹套和丝锥的组合形式

(h) 镗刀类刀柄与镗刀头的组合形式

(i) 铣刀类刀柄与铣刀的组合形式

(j) 套式扩孔钻、铰刀刀柄与刀具的组合形式

图 2-3　TSG 工具系统各种工具及其组合连接方式

04：刀尖圆角半径 0.4mm；

E：倒圆刀刃；

N：左右切；

FV：刀片断屑槽代号。

根据零件的材料、表面粗糙度和加工余量等条件选用可转位刀片的类型。选择时，主要考虑刀片材料、刀片尺寸、形状及刀尖圆角半径等几方面。

2.1.4 工具系统

由于数控机床上要加工多种工件，并完成工件上多道工序的加工，因此需要使用的刀具品种、规格和数量就较多，并要求刀具更换迅速。因此，刀辅具的标准化和系列化十分重要。把通用性较强的刀具和配套装夹工具系列化、标准化，就是数控机床的工具系统。它由与机床主轴的锥柄、延伸部分的连接杆和工作部分的刀具组成。

数控机床在加工不同内容时，要配备有不同品种、不同规格的刀具，这些刀具只有通过数控工具系统才能与机床相连接，可以完成钻孔、扩孔、铰孔、镗孔、攻螺纹等加工工艺。数控机床的工具系统以镗铣削类和车削类工具系统为主，下面分别介绍其组成及分类。

（1）镗铣削类工具系统

① 整体式工具系统 所谓整体式工具系统是指工具柄部和装夹刀具的工作部分做成一

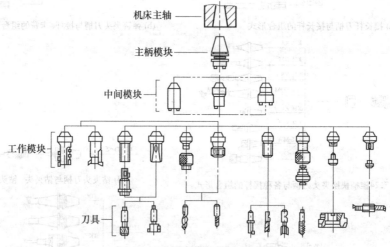

图 2-4 镗铣类模块式工具系统

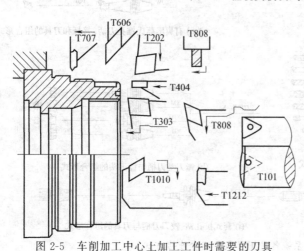

图 2-5 车削加工中心上加工工件时需要的刀具

体，要求不同工作部分都具有同样结构的刀柄，以便与机床的主轴相连。

整体式工具系统的优点是使用方便、可靠，缺点是刀柄数量多。图 2-3 所示为 TSG 工具系统各种工具及其组合连接方式。

② 模块式工具系统 模块式工具系统能以最少的工具数量来满足不同零件的加工需要，能增加工具系统的柔性，是数控工具系统发展的高级阶段，也是目前应用较为普通的。其特点是把整体式刀具分解成柄部、中间连接块、

工作头 3 个部分，各模块之间借助圆锥（或圆柱）配合，通过组合 3 个模块和刀具，组装成具有特定加工要求的各种成套刀具。图 2-4 所示为镗铣类模块式工具系统。

（2）车削类工具系统　数控车削加工用工具系统的构成和结构，与机床刀架的形式、刀具类型及刀具是否需要动力驱动等因素有关。数控车床常采用立式或卧式转塔刀架作为刀库，刀库容量一般为 4～8 把刀具，常按加工工艺顺序布置，由程序控制实现自动换刀。其特点是结构简单，换刀快速，每次换刀仅需 1～2s。图 2-5 所示数控车削加工用工具系统的一般结构体系。目前广泛采用的德国 DIN69880 工具系统具有重复定位精度高、夹持刚性好、互换性强等特点。

2.2　数控加工工艺规程概述

2.2.1　生产过程和工艺过程

（1）生产过程　生产过程是指把原材料转变为产品的全过程。机械产品的生产过程包括原材料的运输、仓库保管、生产技术准备、毛坯的制造、零件的加工（含机械加工、热处理）、产品的装配、检验和包装等。

（2）工艺过程　改变生产对象的形状、尺寸、相对位置和性质，使其成为成品或半成品的过程，称为工艺过程。它是生产过程的主要部分，包括机械加工工艺过程、热处理工艺过程和装配工艺过程等。数控加工工艺主要是指在数控机床上完成的机械加工工艺，如：采用数控机床，按照合理的加工方法，改变毛坯的形状、尺寸和表面质量等，使其成为零件的过程。

在机械加工工艺过程中，根据被加工工件的结构特点和技术要求采用不同的加工方法及设备，按照一定的顺序依次进行才能完成由毛坯到零件的转变过程。因此，机械加工工艺过程是由一个或若干个顺序排列的工序组成的，每个工序又可分为安装、工位、工步和走刀。

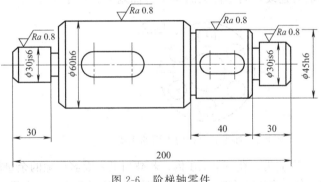

图 2-6　阶梯轴零件

① 工序。工序是指由一个或一组工人在一个工作地点对一个或几个工件连续完成的那一部分工艺过程。划分工序的依据是工作地是否发生变化和工作是否连续。若改变其中任意一项就构成另一个工序。

根据生产条件和生产批量的不同，同一零件的工序划分及每道工序所包含的内容将不同。如图 2-6 所示的阶梯轴零件，单件小批生产和大批大量生产时，分别按表 2-4、表 2-5 划分工序。

表 2-4　单件小批生产工艺过程

工序号	工序内容	设备	工序号	工序内容	设备
1	车两端面、钻两中心孔	车床	3	铣键槽、去毛刺	铣床、钳工台
2	车外圆、车槽、倒角	车床	4	磨外圆	磨床

表 2-5　大批大量生产工艺过程

工序号	工序内容	设备	工序号	工序内容	设备
1	两端同时铣端面、钻中心孔	专用机床	4	铣键槽	铣床
2	车一端外圆、车槽、倒角	车床	5	去毛刺	钳工台或专门去毛刺机
3	车另一端外圆、车槽、倒角	车床	6	磨外圆	磨床

工序是工艺过程的基本组成单元，是安排生产作业计划、指定劳动定额和配备工人的基本计算单元。

② 安装。工件经一次装夹后所完成的那一部分工序，称为安装。在一道工序中，工件可能只需安装一次，也可能需要安装几次。如表 2-4 中的工序 2，至少需要安装两次；而表 2-5 中的工序 4 仅需安装一次即可铣出键槽。

安排加工工艺时，应尽可能减少安装次数，这样既可以减小安装误差，也可以减少装卸工件消耗的时间。例如，生产中常采用一些专用夹具及回转工作台等调整工件的加工位置，以减少安装次数，提高加工精度和效率。

③ 工位。利用回转工作台（或夹具）、移动工作台（或夹具），使工件在一次安装中先后处于几个不同的加工位置，每个加工位置称为一个工位。图 2-7 所示为利用回转工作台，在一次安装中顺次完成装卸工件、钻孔、扩孔和铰孔 4 个工位的加工。

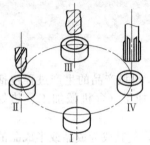
图 2-7　多工位加工

④ 工步。在加工表面和加工工具不变的情况下，所连续完成的那一部分工序内容，称为工步。划分工步的依据是加工表面和工具是否变化。如表 2-4 中的工序 1 有 4 个工步，表 2-5 中的工序 4 仅有一个工步。

为了简化工艺文件，将在一次安装中连续进行的若干个相同的工步看作一个工步。如图 2-8 所示零件，钻削 6 个 ϕ20 孔，可看成为一个工步。有时，为了提高生产率，用几把不同刀具或复合刀具同时加工一个工件上的几个表面，通常称此工步为复合工步，如图 2-9 所示。数控加工中，通常将一次安装下用一把刀连续切削零件上的多个表面划分为一个工步。

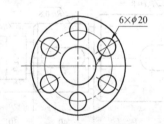

图 2-8　加工 6 个相同表面的工步

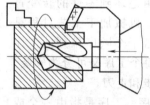

图 2-9　复合工步

⑤ 走刀。在一个工步内，若被加工表面需切除的余量较大，可以用同一把刀分几次进行切削，每一次切削称为一次走刀。图 2-10 所示为工序、安装、工位、工步和走刀的关系示意图。

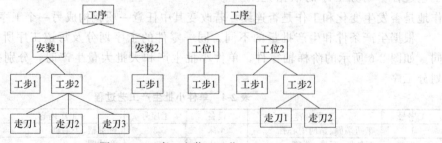

图 2-10　工序、安装、工位、工步和走刀的关系

2.2.2　生产纲领和生产类型

机械产品的制造工艺不仅取决于产品的结构、技术要求，而且与企业的生产类型有关，而企业的生产类型又由企业的生产纲领决定。

（1）生产纲领 企业在计划期内应当生产的产品产量和进度计划称为生产纲领。计划期通常为一年，因此生产纲领也常称为年生产纲领。零件的生产纲领应包括一定的备品和废品数，其计算公式为

$$N=Qn(1+\alpha)(1+\beta)$$

式中 N——零件的年生产纲领，件/年；

　　　Q——产品的年生产纲领，台/年；

　　　n——每台产品中该零件的数量，件/台；

　　　α——备品率；

　　　β——废品率。

（2）生产类型 生产类型是指工厂（或车间、工段、班组、工作地）生产专业化程度的分类。生产类型的划分需由生产纲领、产品结构特点及大小等因素决定。机械加工生产类型可分为 3 类。

① 单件生产。单件生产是指产品品种多，每一种产品的结构、尺寸不同且产量少，各个工作地点的加工对象经常改变且很少重复的生产类型，如新产品试制、重型机械和专用设备的制造等均属于单件生产。

② 大量生产。大量生产是指产品种类已经固定，产品数量大，大多数厂家长期按一定的生产节拍进行某种零件的某道工序的加工，如汽车、轴承、柴油机等的生产均属于大量生产。

③ 成批生产。成批生产是指产品品种基本固定，但数量少、品种多，一年中分批轮流地生产几种不同的产品，工作地点的加工对象周期性地重复，如机床、电动机等的制造均属于成批生产。

同一产品（或零件）每批投入生产的数量称为批量。在成批生产中，按照批量大小与产品特征，又可分为小批生产、中批生产和大批生产。从工艺特点看，小批生产与单件生产相似，大批生产与大量生产相似。因此，生产中一般按单件小批生产、中批生产、大批大量生产 3 种来划分生产类型。产品的不同生产类型和生产纲领的关系见表 2-6。

表 2-6　生产类型和生产纲领的关系

生产类型		生产纲领（台/年或件/年）		
		重型零件（30kg 以上）	中型零件（4～30kg）	轻型零件（4kg 以下）
单件生产		≤5	≤10	≤100
成批生产	小批生产	>5～100	>10～150	>100～500
	中批生产	>100～300	>150～500	>500～5000
	大批生产	>300～1000	>500～5000	>5000～50000
大量生产		>1000	>5000	>50000

生产类型不同，产品和零件的制造工艺、工装设备、技术措施及经济效果不同。大批大量生产采用专用机床和工艺装备，生产效率高、成本低；单件小批生产通常采用通用设备及工装，机床调整时间长、生产效率低、成本高。

随着科学技术的发展和市场需求的变化，生产类型的划分也在发生变化。多品种，中、小批量生产的产品逐渐增加，生产类型正向着数控加工等自动化加工方式转变。数控加工主要用于单件生产和小批生产，其适用的产品加工范围越来越广泛。各种生产类型的工艺特点见表 2-7。

表 2-7　各种生产类型的工艺特点

工艺特征	单件小批生产	成批生产	大批大量生产
加工对象	不固定、经常改变	周期性变换	固定不变
零件互换性	无互换性，钳工修配	多数有互换性，少数钳工修配	有互换性
毛坯的制造方法及加工余量	木模手工铸造或自由锻造，毛坯精度低，加工余量大	部分金属模铸造或模锻，毛坯精度与加工余量适中	采用金属模铸造和模锻，毛坯精度高，加工余量小

续表

工艺特征	单件小批生产	成批生产	大批大量生产
机床设备及布局	通用机床、数控机床，机群式布置	通用、专用及数控机床，按工件类别分工段排列	专用机床和自动机床，按流水线或自动线排列
工艺装备	通用夹具、刀具和量具	广泛采用专用夹具、通用刀具和万能量具，部分采用专用刀具和量具	高效率的专用夹具、量具和专用高效复合刀具
获得规定尺寸的加工方法	划线、试切法	多用调整法，有时用试切法	调整法
装夹方法	找正或用通用夹具装夹	多用专用夹具装夹，部分找正装夹	用高效专用夹具装夹
工人技术水平要求	熟练	比较熟练	对操作工人技术要求低，对调整工人技术要求高
工艺文件	简单工艺过程卡、关键工序卡、数控加工工序卡和程序单	工艺过程卡、关键零件的工序卡、数控加工工序卡和程序单	详细编制工艺过程卡、工序卡、关键工序调整卡和检验卡
生产率	低	中	高
成本	高	中	低

2.2.3　零件的工艺分析

（1）机械加工工艺规程的制订　在机械产品的生产中，用来规定产品或零件制造工艺过程和操作方法的工艺文件，称为工艺规程。机械加工工艺规程包括：工件加工的工艺路线，各工序的具体加工内容、要求及说明，切削用量，时间定额及使用的机床设备与工艺装备等。

①　机械加工工艺规程的作用　工艺规程是指导生产的主要技术文件，合理的工艺规程是在工艺理论和实践的基础上制订的，按照工艺规程组织生产可以保证产品质量和生产效率；工艺规程是生产组织和管理工作的基本依据，也是生产准备和技术准备的基本依据。

②　机械加工工艺规程的基本要求　在保证产品质量的前提下，尽量提高生产效率、降低成本；充分利用本企业现有的生产条件的基础上，尽可能采用国内外先进的工艺技术和经验；保证工人良好的工作条件；要正确、完整、统一和清晰；所用术语、符号、单位、编号等符合相应标准，尽量采用国际标准。

③　制订机械加工工艺规程的主要依据　产品的全套装配图和零件图；产品的技术设计说明书；产品的生产纲领和类型；产品的验收质量标准；现有生产条件和资料，包括毛坯的生产条件或协作关系、工艺装备及专用设备的规格、性能和制造能力、工人的技术水平及各种工艺资料（工艺手册、图册）和标准等；国内外同类产品的有关工艺资料。

④　制订机械加工工艺规程的步骤

a. 根据零件的年生产纲领确定生产类型，作为制订工艺规程的依据。

b. 根据产品的零件图和装配图，分析、检查零件图上的视图、尺寸、形位公差及表面粗糙度是否齐全，技术要求及工艺结构是否合理。

c. 依据生产纲领、零件的尺寸结构特点，合理确定毛坯类型及制造方法。

d. 选择定位基准，拟订工艺路线。

e. 确定各工序的设备和工艺装备。选择机床时，要考虑各工序加工方法；零件的外形尺寸及精度要求；零件的生产类型等因素。刀具、夹具及量具的选择应考虑生产类型。

f. 确定各工序的加工余量，计算工序尺寸及其公差。

g. 确定各工序的切削用量及时间定额。

h. 确定主要工序的技术要求及检验方法。

i. 进行技术经济分析，选择最佳工艺方案。

j. 填写工艺文件。

⑤ 机械加工工艺规程的格式

a. 机械加工工艺规程的一般格式。

机械加工工艺过程卡片是描述整个零件加工所经过的工艺路线（包括毛坯、机械加工和热处理等）的一种工艺文件。它是制订其他工艺文件的基础，也是生产准备、编制计划和组织生产的依据。这种卡片由于对各工序的说明不具体，一般不能指导工人操作，多作为生产管理使用。机械加工工艺过程卡片格式见表 2-8。

表 2-8　机械加工工艺过程卡片

（工厂名）	机械加工工艺过程卡片	产品名称及型号			零件名称			零件图号			
		材料	名称		毛坯	种类		工件重量/kg	毛重		第　页
			牌号			尺寸			净重		共　页
			性能		每料件数		每台件数		每批件数		
工序号	工序内容				加工车间	设备名称及编号	工艺装备名称及编号			技术等级	时间定额/min
							夹具	刀具	量具		单件 准备-终结时间
更改内容											
编制		抄写			校对			审批		批准	

机械加工工艺卡片是用于普通机床加工的卡片，它是以工序为单位详细说明零部件机械加工过程的工艺文件。它是指导工人生产和帮助车间技术人员掌握工件加工过程的主要工艺文件，广泛用于成批生产的零件和小批量生产中的重要零件。工艺卡片的内容包括零件的材料、重量、毛坯性质、各道工序的具体内容及加工要求。机械加工工艺卡片格式见表 2-9。

表 2-9　机械加工工艺卡片

（工厂名）	机械加工工艺卡片	产品名称及型号		零件名称		零件图号				
		材料	名称	毛坯	种类	工件重量/kg	毛重		第　页	
			牌号		尺寸			每批件数	共　页	
			性能	每台件数		工艺装备名称及编号			时间定额/min	
工序	安装	工步	工序内容	同时加工零件数	切削用量			设备名称及编号		技术等级	
					背吃刀量/mm	切削速度/(m/min)	转速/(r/min)	进给量/(mm/r)或(mm/min)		夹具 刀具 量具	单件 准备-终结时间
更改内容										
编制		抄写		校对		审核		批准		

　　机械加工工序卡片是在工艺过程卡片或工艺卡片的基础上，按每道工序编制的、用来具体指导操作者进行操作的工艺文件。该卡片中要有工序简图，该工序每个工步的加工内容、工艺参数、操作要求、工件的装夹方式、所用设备及工艺装备等。机械加工工序卡片格式见表2-10。

表 2-10　机械加工工序卡片

（工厂名）	机械加工工序卡片	产品名称及型号	工件名称	零件图号	工序名称	工序号	第　页
							共　页
（工序简图）			车间	工段	材料名称	材料牌号	力学性能
			同时加工件数	每台件数	技术等级	单件时间	准备-终结时间
			设备名称	设备编号	夹具名称	夹具编号	切削液
			更改内容				

工步号	工步内容	计算数据/mm			走刀次数	切削用量				工时定额/mm		刀具、量具及辅助工具			
		直径或长度	进给长度	单边余量		背吃刀量/mm	切削速度/(m/min)	主轴转速/(r/min)	进给量/(mm/r)或(mm/min)	基本时间	辅助时间	工作地点服务时间	工步号	名称	规格	编号	数量
编制		抄写		校对		审核		批准									

　　b. 数控加工专用技术文件的格式。数控加工专用技术文件是编制数控加工程序的依据，也是数控加工工艺设计的内容之一。它可以让操作者更加明确程序的内容、装夹方式、各个加工部位所选用的刀具等问题。下面介绍几种数控加工专用技术文件。

　　数控加工工序卡是编制数控加工程序的主要依据和操作人员配合数控程序进行数控加工的主要指导性工艺文件。数控加工工序卡与普通加工工序卡有许多相似之处，区别是：草图中应注明编程原点和对刀点，要进行编程简要说明（机床型号、程序介质、程序编号、刀具半径补偿方式、镜像加工对称方式等）及切削参数（主轴转速、进给速度、最大背吃刀量或宽度等）的设定。当工序加工内容不十分复杂时，也可把工序简图画在工序卡片上。数控加工工序卡见表2-11，主要包括工步顺序、工步内容、各工步所用刀具及切削用量等。

表 2-11　轴承套数控加工刀具卡片

产品名称或代号		数控车工艺分析实例	零件名称	轴承套	零件图号	Lathe-01
序号	刀具号	刀具规格名称	数量	加工表面	刀尖半径/mm	备注
1	T01	45°硬质合金端面车刀	1	车端面	0.5	25×25
2	T02	φ5 中心钻	1	钻 φ5mm 中心孔		
3	T03	φ26mm 钻头	1	钻底孔		
4	T04	镗刀	1	镗内孔各表面	0.4	20×20
5	T05	93°右偏刀	1	自右至左车外表面	0.2	25×25
6	T06	93°左偏刀	1	自左至右车外表面		
7	T07	60°外螺纹车刀	1	车 M45 螺纹		
编制	×××　　审核	×××	批准	×××	×××年×月×日	共1页　第1页

注意：车削外轮廓时，为防止副后刀面与工件表面发生干涉，应选择较大的到偏角，必要时可作图检验。

数控加工刀具卡是组装刀具和调整刀具的依据，主要内容包括刀具号、刀具名称、刀具数量、规格、尺寸及刀柄型号等。数控加工刀具卡见表 2-12。

表 2-12　轴承套数控加工工序卡

工厂名称		产品名称或代号		零件名称		零件图号
		数控车工艺分析实例		轴承套		Lethe-01
工序号	程序编号	夹具名称		使用设备		车间
001	Letheprg-01	三爪卡盘和自制心轴		CJK6240		数控中心
工步号	工步内容		刀具号	刀具规格/mm	主轴转速/(r/min)	进给速度/(mm/min)	背吃刀量/mm	备注
---	---	---	---	---	---	---	---	---
1	平端面		T01	25×25	320		1	手动
2	钻 φ5 中心孔		T02	φ5	950		2.5	手动
3	钻底孔		T03	φ26	200		13	手动
4	粗镗 φ32 内孔、15°斜面及 C0.5 倒角		T04	20×20	320	40	0.8	自动
5	精镗 φ32 内孔、15°斜面及 C0.5 倒角		T04	20×20	400	25	0.2	自动
6	掉头装夹粗镗 1∶20 锥孔		T04	20×20	320	40	0.8	自动
7	精镗 1∶20 锥孔		T04	20×20	400	20	0.2	自动
8	心轴装夹自右至左粗车外轮廓		T05	25×25	320	40	1	自动
9	自左至右粗车外轮廓		T06	25×25	320	40	1	自动
10	自右至左精车外轮廓		T05	25×25	400	20	0.1	自动
11	自左至右精车外轮廓		T06	25×25	400	20	0.1	自动
12	卸心轴改为三爪装夹粗车 M45 螺纹		T07	25×25	320	480	0.4	自动
13	精车 M45 螺纹		T07	25×25	320	480	0.1	自动
编制	×××	审核	×××	批准	×××	×××年×月×日	共1页	第1页

数控加工走刀路线图主要反映加工过程中刀具的运动轨迹，其作用一方面是方便编程人员编程；另一方面是帮助操作人员了解刀具的运动轨迹，以便确定夹紧位置和控制夹紧元件的高度。数控加工走刀路线见图 2-11。

数控加工工序卡片、数控加工刀具卡片及数控加工走刀路线图目前还没有统一的标准。因此，有时为方便操作者加工，还需对加工程序进行必要的说明。

（2）零件的工艺分析　制订零件的机械加工工艺规程之前，应对零件进行详细的工艺分析。其主要内容包括产品的零件图样分析、结构工艺性分析和零件安装方式的选择等内容。

① 零件图分析　首先应明确零件在产品中的作用、位置、装配关系和工作条件，了解各项技术要求对零件装配质量和使用性能的影响，然后再对零件图样进行分析。

a. 零件图的完整性与正确性分析。构成零件轮廓的几何元素（点、线、面）的条件（如相切、相交、垂直和平行等），是数控编程的重要依据。在分析零件图样时，必须首先分析几何元素的给定条件是否充分，若发现问题及时修改完善。

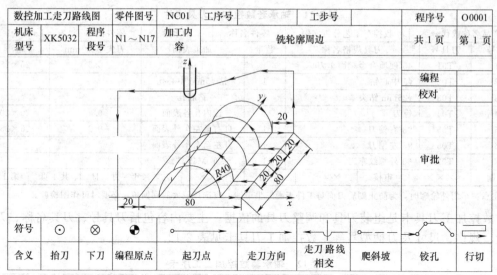

数控加工走刀路线图		零件图号	NC01	工序号		工步号		程序号	O0001
机床型号	XK5032	程序段号	N1～N17	加工内容		铣轮廓周边		共 1 页	第 1 页

符号	⊙	⊗	◕	•—•					•—•	▭
含义	抬刀	下刀	编程原点	起刀点	走刀方向		走刀路线相交	爬斜坡	铰孔	行切

图 2-11　数控加工走刀路线图

b. 尺寸标注方法分析。零件图上尺寸标注方法应适应数控加工的特点。零件设计人员一般在尺寸标注中较多地考虑装配等使用方面特性，一般采用如图 2-12（a）所示的局部分散的标注方法，不利于工序安排和数控加工。在数控加工零件图上，最好直接给出坐标尺寸，或尽量统一基准标注尺寸，如图 2-12（b）所示。

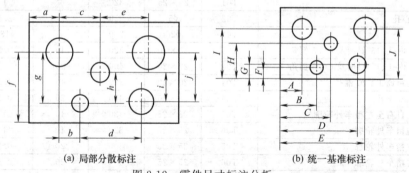

(a) 局部分散标注　　　　　　　(b) 统一基准标注

图 2-12　零件尺寸标注分析

c. 零件技术要求分析。零件的技术要求主要是指尺寸精度、形状精度、位置精度、表面粗糙度及热处理等。这些要求在保证零件使用性能的前提下，应经济合理。

d. 零件材料分析。在满足零件使用要求的前提下，应选择切削性能好、成本低的材料。而且，材料选择应立足国内，不要轻易选用贵重或紧缺的材料。

② 零件的结构工艺性分析　零件的结构工艺性是指所设计的零件在满足使用要求的前提下制造的可行性和经济性，即零件的结构应方便加工时工件的装夹、对刀、测量。良好的结构工艺性，可以使零件易于数控加工，提高切削效率。结构工艺性不好会使加工困难，浪费材料和工时，甚至无法加工。如发现零件结构不合理，应与设计人员一起分析，按规定手续对图样进行必要的修改和补充。表 2-13 所例为常见零件结构的工艺性分析。

此外，在分析零件结构工艺性时还要与生产类型相联系。图 2-13 所示的车床进给箱箱体，单件小批生产时，其同轴孔的直径应设计成单向递减的，如图 2-13（a）所示，以便在镗床上通过一次安装就能逐步加工出分布在同一轴线上的所有孔。但在大批量生产中，为提高生产率，一般用双面联动组合机床加工，这时应用双向递减的孔径设计，用左、右两镗杆各镗两端孔，如图 2-13（b）所示，以缩短加工工时，提高效率。

表 2-13　常见零件结构的工艺性分析及改进

提高工艺性方法	结构		优点
	分析	改进	
改进内壁形状	$R_2 < (\frac{1}{5}\cdots\frac{1}{6}H)$	$R_2 > (\frac{1}{5}\cdots\frac{1}{6}H)$	可采用较高刚性刀具
统一圆弧尺寸			减少刀具数和更换刀具次数,减少辅助时间
选择合适的圆弧半径 R 和 r			提高生产效率
用两面对称结构			减少编程时间,简化编程
合理改进凸台分布			减少加工劳动量
改进结构形状			减少加工劳动量

续表

提高工艺性方法	结构		优点
	分析	改进	
改进结构形状			减少加工劳动量
改进尺寸比例			可用较高刚度刀具加工,提高生产率
在加工和不加工表面间加入过渡			减少加工劳动量
改进零件几何形状			斜面筋代替阶梯筋,节约材料

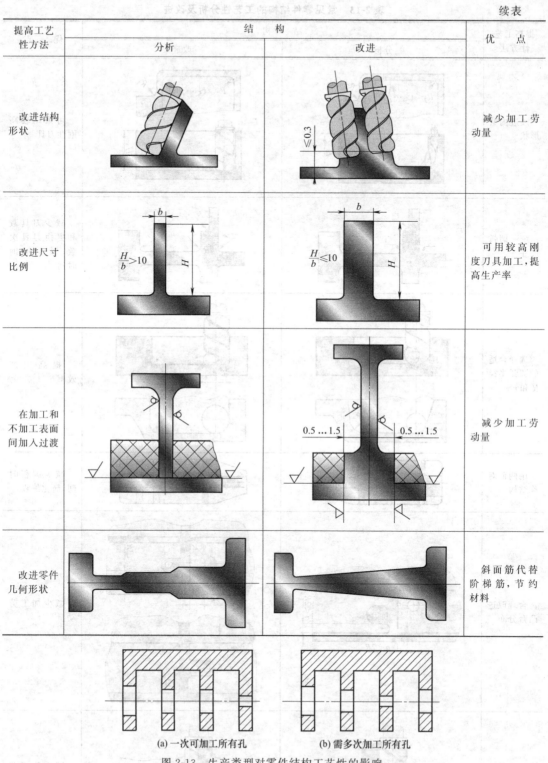

(a) 一次可加工所有孔   (b) 需多次加工所有孔

图 2-13　生产类型对零件结构工艺性的影响

③ 数控加工对零件结构工艺性的影响　数控加工的特点是高精度、高效率、高柔性,可以与计算机通信,实现计算机辅助设计与制造一体化及生产管理的现代化。因此,数控加工对传统的零件结构工艺性衡量标准有了更细致的要求。

2.3　工艺路线的拟订

工艺路线的拟订是制订工艺规程的关键,其主要任务是选择各个表面的加工方法和加工方案,确定各个表面的加工顺序及工序集中与分散等。关于工艺路线的拟订,多采取生产实践中总结出的一些综合性原则,结合具体的生产类型及生产条件灵活处理。

2.3.1　表面加工方法的选择

加工方法选择的原则是保证加工质量、生产率和经济性。为了正确选择加工方法,应了解各种加工方法的特点和掌握加工经济精度及经济粗糙度的概念。

(1)经济精度与经济粗糙度　在加工过程中,影响精度的因素很多。每种加工方法在不同的工作条件下所能达到的精度是不同的。例如,在一定的设备条件下,选择较低的进给量和切削深度,就能获得较高的加工精度和较小的表面粗糙度值。但是这必然使生产率降低,生产成本增加。反之,提高了生产率,虽然成本降低,但会增大加工误差,降低加工精度。

加工经济精度是指在正常的加工条件下(采用符合质量要求的标准设备、工艺装备和标准技术等级的工人,不延长加工时间)所能保证的加工精度。

(2)选择加工方法时考虑的因素　各种典型表面的加工方法所能达到的经济精度和表面粗糙度等级都已制订成表格,编制成机械加工手册。现将有关部分内容列于表2-14~表2-16中。一般,满足同样精度要求的加工方法有若干种,选择时还应考虑下列因素。

表 2-14　外圆表面加工方法

序号	加 工 方 案	经济精度公差等级	表面粗糙度值 $Ra/\mu m$	适 用 范 围
1	粗车	IT11 以下	50~12.5	适用于淬火钢以外的各种金属
2	粗车—半精车	IT8~IT10	6.3~3.2	
3	粗车—半精车—精车	IT7~IT8	1.6~0.8	
4	粗车—半精车—精车—滚压(或抛光)	IT7~IT8	0.2~0.025	
5	粗车—半精车—磨削	IT7~IT8	0.8~0.4	主要用于淬火钢,也可以用于未淬火钢,但不宜加工有色金属
6	粗车—半精车—粗磨—精磨	IT6~IT7	0.4~0.1	
7	粗车—半精车—粗磨—精磨—超精加工(或轮式超精磨)	IT5	0.1~0.012(或 Rz0.1)	
8	粗车—半精车—精车—金刚石车	IT7~IT7	0.4~0.025	主要用于要求较高的有色金属加工
9	粗车—半精车—粗磨—精磨—超精磨或镜面磨	IT5 以下	0.025~0.006(或 Rz0.05)	极高精度的外圆加工
10	粗车—半精车—粗磨—精磨—研磨	IT5 以上	0.1~0.006(或 Rz0.05)	

表 2-15　内孔加工方法

序号	加 工 方 案	经济精度公差等级	表面粗糙度值 $Ra/\mu m$	适 用 范 围
1	钻	IT11~IT12	12.5	加工未淬火钢及铸铁的实心毛坯,也可以用于加工有色金属(但表面粗糙度稍大,孔径小于 15~20mm)
2	钻—铰	IT8~IT10	3.2~1.6	
3	钻→粗铰→精铰	IT7~IT8	1.6~0.8	
4	钻→扩	IT10~IT11	12.5~6.3	同上,但孔径大于15~20mm
5	钻→扩→铰	IT8~IT9	3.2~1.6	
6	钻→扩→粗铰→精铰	IT7	1.6~0.8	
7	钻→扩→机铰→手铰	IT6~IT7	0.4~0.1	

续表

序号	加工方案	经济精度 公差等级	表面粗糙度 值 $Ra/\mu m$	适 用 范 围
8	钻→扩→拉	IT7～IT9	1.6～0.1	大批大量生产（精度由拉刀的精度而定）
9	粗镗→（或扩孔）	IT11～IT12	12.5～6.3	
10	粗镗（粗扩）→半精镗（精扩）	IT8～IT9	3.2～1.6	除淬火钢外的各种材料，毛坯有铸出孔或锻出孔
11	粗镗（粗扩）→半精镗（精扩）→精镗（铰）	IT7～IT8	1.6～0.8	
12	粗镗（粗扩）→半精镗（精扩）→精镗→浮动镗刀精镗	IT6～IT7	0.8～0.4	
13	粗镗（扩）→半精镗→磨孔	IT7～IT8	0.8～0.2	主要用于淬火钢，也可以用于未淬火钢，但不宜用于有色金属
14	粗镗（扩）→半精镗→粗磨→精磨	IT6～IT7	0.2～0.1	
15	粗镗→半精镗→精镗→精细镗（金刚镗）	IT6～IT7	0.4～0.05	主要用于精度要求高的有色金属加工
16	钻→（扩）→粗铰→精铰→珩磨；钻→（扩）→拉→珩磨；粗镗→半精镗→精镗→珩磨	IT6～IT7	0.2～0.025	精度要求很高的孔
17	以研磨代替上述方案中的珩磨	IT6 级以上	0.1～0.006	

表 2-16　平面加工方法

序号	加工方案	经济精度级	表面粗糙度值 $Ra/\mu m$	适 用 范 围
1	粗车→半精车	IT9	6.3～3.2	
2	粗车→半精车→精车	IT7～IT8	1.6～0.8	端面
3	粗车→半精车→磨削	IT8～IT9	0.8～0.2	
4	粗刨（或粗铣）→精刨（或精铣）	IT8～IT9	6.3～1.6	一般不淬硬平面（端铣表面粗糙度较细）
5	粗刨（或粗铣）→精刨（或精铣）→刮研	IT6～IT7	0.8～0.1	精度要求较高的不淬硬平面；批量较大时宜采用宽刃精刨方案
6	以宽刃刨削代替上述方案刮研	IT7	0.8～0.2	
7	粗刨（或粗铣）→精刨（或精铣）→磨削	IT7	0.8～0.2	精度要求较高的淬硬平面或不淬硬平面
8	粗刨（或粗铣）→精刨（或精铣）→粗磨→精磨	IT6～IT7	0.4～0.02	
9	粗铣→拉	IT7～IT9	0.8～0.2	大量生产，较小的平面（精度视拉刀精度而定）
10	粗铣→精铣→磨削→研磨	IT6 以上	0.1～0.006（或 $Rz0.05$）	高精度平面

① 工件的加工精度、表面粗糙度和其他技术要求。例如，加工精度为 IT7、表面粗糙度为 $Ra0.4\mu m$ 的外圆柱表面，通过精细车削是可以达到要求的，但不如磨削经济。

② 工件材料的性质。例如，淬火钢的精加工常用磨削；有色金属的精加工要用高速精细车（金钢车）或精细镗（金钢镗），以避免磨削时堵塞砂轮。

③ 工件的结构形状和尺寸。例如，对于加工精度为 IT7 级、表面粗糙度为 $Ra1.6\mu m$ 的孔采用镗、铰、拉或磨削等都可以；但对于箱体上同样要求的孔，常用镗孔（大孔）或铰孔（小孔），一般不采用拉削或磨削。

④ 结合生产类型考虑生产效率和经济性。大批大量生产时，采用高效的先进工艺。例如，用拉削方法加工孔和平面同时加工几个表面的组合铣削和磨削等。单件小批生产时采用刨削、铣削平面和钻、扩、铰孔等加工方法。

⑤ 现有生产条件。应该充分利用现有设备，挖掘企业潜力，发挥工人的创造性。

对于除平面、外圆、内孔以外的结构，如平面轮廓常用的加工方法有数控铣、线切割及磨削等。对如图 2-14（a）所示的内平面轮廓，当曲率半径较小时，可采用数控线切割方法加工。若选择铣削的方法，因铣刀直径受最小曲率半径的限制，直径太小，刚性不足，会产生较大的加工误差。对图 2-14（b）所示的外平面轮廓，可采用数控铣削方法加工，常用粗铣→精铣方案，也可采用数控线切割方法加工。

对精度及表面粗糙度要求较高的轮廓表面，在数控铣削加工之后，再进行数控磨削加工。数控铣削加工适用于除淬火钢以外的各种金属，数控线切割加工可用于各种金属，数控磨削加工适用于除有色金属以外的各种金属。

立体曲面加工方法主要是数控铣削，多用球头铣刀，以"行切法"加工，如图 2-15 所示。根据曲面形状、刀具形状及精度要求等通常采用二轴半联动或三轴半联动。对精度和表面粗糙度要求高的曲面，当用三轴联动的"行切法"加工不能满足要求时，可用模具铣刀，选择四坐标或五坐标联动加工。

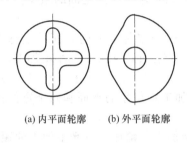

(a) 内平面轮廓　　(b) 外平面轮廓

图 2-14　平面轮廓类零件

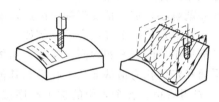

图 2-15　立体曲面的行切法加工示意

2.3.2　工序的划分

工件的加工质量要求较高时，应划分为粗加工、半精加工和精加工 3 个阶段。当精度要求特别高，表面粗糙度值很小时，还需增加光整加工和超精密加工。这样，有利于保证加工质量，合理使用设备，及时发现毛坯缺陷和便于安排热处理工序。

加工阶段的划分也不应绝对化，应根据零件的质量要求、结构特点和生产纲领灵活掌握。对于质量要求不高、刚性好、毛坯精度高、加工余量小的工件，可少划分几个阶段或不划分阶段；对刚性好的重型工件，由于装夹及运输很费时，也常在一次装夹下完成全部粗、精加工。

分析工艺过程时需将同一加工阶段中各表面的加工分成若干个工序，工序划分的原则分为工序集中原则和工序分散原则。工序集中原则是指每道工序包括尽可能多的加工内容，从而使工序的总数减少。工序分散原则就是将工件的加工分散在较多的工序内进行，每道工序的加工内容很少。

划分工序主要考虑生产纲领、零件结构特点、技术要求和机床设备等。大批大量生产中常采用高效设备及工艺装备，如多轴、多刀的高效加工中心，可按工序集中原则组织生产；有时由组合机床组成的自动线加工，则按工序分散原则划分。随着现代数控技术的发展，特别是加工中心的应用，工艺路线的安排更多地趋向于工序集中。单件小批生产时，通常采用工序集中原则；成批生产时，具体情况具体分析。

在数控机床上加工零件，一般按工序集中原则划分工序，要求在一次装夹中尽可能完成大部分或全部工序，一般有以下几种方法。

① 按安装次数划分。以一次安装完成的那部分工艺过程为一道工序。该法适用于加工内容不多的工件。

② 按刀具划分。同一把刀具完成的那部分工艺过程为一道工序。适用于工件的待加工表面较多、机床连续工作时间较长的情况，专用数控机床与加工中心常用此方法。

③ 按粗、精加工划分。考虑工件的加工精度要求、刚度和变形等因素来划分工序时，按此原则划分。这种划分方法适用于加工后变形较大，需粗、精加工分开的零件，如毛坯为铸件、焊接件或锻件。

④ 按加工部位划分。即以完成相同型面的那部分工艺过程为一道工序，对于加工表面多而复杂的零件，可按其结构特点（如内形、外形、曲面和平面等）划分成多道工序。

2.3.3　加工顺序的安排

在选定加工方法、划分工序后，工艺路线拟订的主要内容就是合理安排这些加工方法和加工工序的顺序。零件的加工工序通常包括切削加工工序、热处理工序和辅助工序（包括表面处理、清洗和检验等），这些工序的顺序直接影响到零件的加工质量、生产效率和加工成本。因此，在拟订工艺路线时，应合理安排切削加工、热处理和辅助工序之间的顺序。

（1）切削加工工序的安排原则

① 基面先行。用作精基准的表面，应首先加工出来。因为定位基准的表面精度越高，定位误差就越小，加工精度就高。因此，第一道工序一般为定位面的粗加工和半精加工，然后再以精基准定位加工其他表面。例如，加工轴类零件时，总是先加工中心孔，再以中心孔为精基准加工外圆表面和端面。又如，箱体类零件总是先加工定位用的平面和两个定位孔，再以平面和定位孔为精基准加工孔系和其他平面。

② 先粗后精。各个表面的加工顺序按照粗加工→半精加工→精加工→光整加工的顺序依次进行，逐步提高表面的加工精度和减小表面粗糙度。

③ 先主后次。零件的主要工作表面、装配基面应先加工，从而能及早发现毛坯中主要表面可能出现的缺陷，同时可作为次要表面的加工基准。次要表面一般指键槽、螺纹孔、销孔等表面，这些表面应以主要表面为基准，放在主要加工表面加工到一定程度后、最终精加工之前进行加工。

④ 先面后孔。对箱体、支架类零件，平面轮廓尺寸较大，一般先加工平面，再加工孔和其他尺寸。这样，一方面用加工过的平面定位，稳定可靠；另一方面有利于保证孔的加工精度。例如，钻孔加工之前，先将上表面加工好，可提高钻头的定位精度，从而提高孔的加工精度。

（2）热处理工序的安排　在切削加工过程中，通常安排一些热处理工序，以提高材料的力学性能、改善材料的切削加工性和消除工件的内应力。热处理方法有退火、正火、调质、淬火、时效、渗碳和氮化等。按照功用可分为以下几种。

① 预备热处理。目的是消除毛坯制造时的残余应力，改善材料的切削加工性能。一般安排在机械加工之前，常用的方法有退火、正火等。

② 消除残余应力热处理。目的是消除机械加工过程中产生的残余应力，减小变形，提高精度。一般安排在粗加工之后精加工之前。对精度要求不高的零件，一般在毛坯进入机加工车间之前，进行消除残余应力的人工时效和退火安排；对精度要求较高的复杂铸件，在机加工过程中通常安排两次时效处理：铸造→粗加工→时效→半精加工→时效→精加工；对高精度零件，如精密丝杠、精密主轴等，应安排多次消除残余应力热处理，甚至采用冰冷处理以稳定尺寸。

③ 最终热处理。目的是提高零件的强度、表面硬度和耐磨性，常安排在精加工工序（磨削加工）之前。常用的方法有淬火、渗碳、渗氮和碳氮共渗等。

零件的制造过程中还包含一些辅助工序，主要包括检验、去毛刺、清洗、防锈和平衡等。

（3）数控加工工序与普通工序的衔接　数控工序前后一般都穿插有其他普通工序，如衔接不好就容易产生矛盾，使加工无法顺利进行。最好的办法是建立工序间的相互状态要求，如要不要为后道工序留加工余量，留多少；定位面与孔的精度要求及形位公差等；对前道工序的技术要求；对毛坯的热处理要求等，都需要统筹兼顾。

2.4　工序设计与实施

当数控加工工艺路线确定之后，各道工序的加工内容基本确定，接着可以进行数控加工工序的设计。其主要任务是为每一道工序选择机床、夹具、刀具及量具，确定定位夹紧方案、走刀路线与工步顺序、加工余量、工序尺寸及其公差和切削用量等，为编制加工程序做好充分准备。

2.4.1　加工余量的确定

（1）加工余量的概念　加工余量指加工过程中，从加工表面所切去的金属层厚度。加工余量分为工序加工余量和加工总余量。

① 工序加工余量　指一道工序中所切除的金属层的厚度，其数值为相邻两工序的工序尺寸之差。

如图 2-16 所示，平面的加工余量是单边余量，等于所切除的金属层厚度。外圆和内孔等回转表面的加工余量为对称的双边加工余量，是沿直径方向计算的，实际切除的金属层厚度为加工余量的一半。

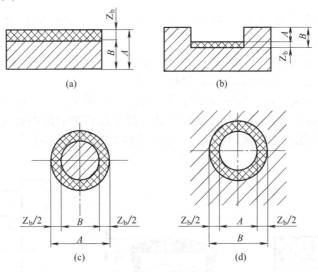

图 2-16　单边余量和双边余量

② 加工总余量　指工件从毛坯变为成品的加工过程中，从加工表面所切除金属层的总厚度，即工件上某一表面的毛坯尺寸与零件图样的设计尺寸之差。

显然，工件的总加工余量等于各工序余量之和，即

$$Z_\Sigma = Z_1 + Z_2 + \cdots + Z_n = \sum_{i=1}^{n} Z_i \tag{2-1}$$

式中　Z_Σ——加工总余量；

Z_i——第 i 道工序的工序余量；

n——该表面总的加工工序数。

由于工序尺寸有公差，所以实际切除的工序余量是一个变值。因此，工序余量分为基本余量 Z（公称余量）、最大工序余量 Z_{max} 和最小工序余量 Z_{min}。工序余量与工序尺寸及其公差的关系如图 2-17 所示。图中 L_a、T_a 分别为上道工序的基本尺寸与公差，L_b、T_b 分别为本工序的基本尺寸与公差。

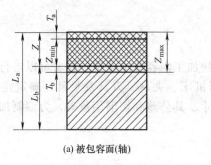 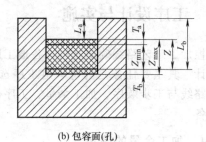

(a) 被包容面(轴)   (b) 包容面(孔)

图 2-17 工序余量与工序尺寸及其公差的关系

（2）影响加工余量的因素　加工余量对工件的加工质量和生产效率均有较大的影响。加工余量过小，无法消除上道工序的误差和缺陷，影响加工质量；加工余量过大，使切削工时、材料浪费，机床、刀具及动力消耗增大，成本提高，效率降低。因此，合理选择加工余量对生产非常重要。影响加工余量的主要因素如下。

① 上道工序的表面粗糙度 Ra 和表面缺陷层深度 D_a。如图 2-18 所示，本工序余量应切到正常组织层。

② 上道工序的尺寸公差 T_a。由图 2-17 可知，本工序余量应包含上道工序的尺寸公差 T_a。

③ 上道工序的形位误差 ρ_a。如图 2-19 所示的小轴，上道工序轴线的直线度误差 ω，需在本工序中消除，则直径方向的加工余量应增加 2ω。

④ 本工序的装夹误差 ε_b。装夹误差包括工件的定位误差、夹紧误差和夹具在机床上的安装误差。如图 2-20 所示，用三爪自定心卡盘夹持工件外圆磨削内孔时，由于三爪卡盘定心不准，使工件轴线偏离主轴回转轴线 e，为保证加工表面有足够的加工余量，孔的直径余量应增加 $2e$。

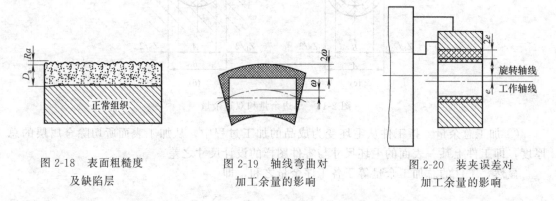

图 2-18 表面粗糙度 及缺陷层   图 2-19 轴线弯曲对 加工余量的影响   图 2-20 装夹误差对 加工余量的影响

（3）确定加工余量的方法

① 经验估算法。工艺人员根据生产经验确定加工余量的方法。为保证零件合格，所估算的加工余量一般偏大，此方法常用于单件小批生产。

② 查表修正法。根据机械加工工艺手册和企业的统计经验表，结合实际情况确定加工余量。此方法广泛应用于生产。

③ 分析计算法。根据加工余量的计算公式和一定的试验资料，对影响加工余量的各项因素进行综合分析，通过计算来确定加工余量。这种方法确定的加工余量经济合理，但必须有齐全而可靠的实验数据资料，且计算繁琐，适用于贵重材料和军工生产。

2.4.2　工序尺寸及偏差的确定

工序设计的一项重要任务是进行工序尺寸及偏差的计算。零件上的设计尺寸一般要经过几道加工工序才能得到，每道工序尺寸及其偏差的确定，不仅取决于设计尺寸、加工余量及各工序所能达到的经济精度，而且还与定位基准、工序基准、测量基准、编程原点的确定及基准的转换有关。因此，确定工序尺寸及其偏差时，应分两种情况分析。

（1）基准重合时工序尺寸及偏差的计算　当工艺基准与设计基准重合时，工序尺寸及其偏差直接由各工序的加工余量和所能达到的精度确定。其计算方法是由最后一道工序开始向前推算，具体步骤如下。

① 先确定各工序的加工余量。根据各工序的加工方法，参照有关机械加工工艺手册，查表得出各种加工方法的加工余量。

② 计算各工序的基本尺寸。根据查到的各工序的加工余量，从零件图上的设计尺寸开始向前推算，直至毛坯的基本尺寸。最终工序尺寸等于零件图的基本尺寸，其余工序尺寸等于后道工序基本尺寸加上或减去后道工序余量。

③ 确定各工序的尺寸公差和表面粗糙度。根据各工序的加工方法，查表并求出所能达到的经济精度和表面粗糙度，并查表转换成尺寸公差。

④ 标注各工序的尺寸公差和表面粗糙度。最终工序公差等于零件图上设计尺寸公差，其余工序尺寸公差按经济精度确定。最后一道工序的偏差按零件图设计尺寸标注，中间工序尺寸偏差按"入体原则"标注，毛坯尺寸偏差按"对称原则"标注。

例 2-1　图 2-21 （a）所示为法兰盘零件上的一个孔，孔径为 $\phi 60^{+0.03}_{0}$ mm，表面粗糙度值为 $Ra0.8\mu m$，毛坯采用铸钢件，进行淬火热处理。试确定其各工序尺寸及偏差。

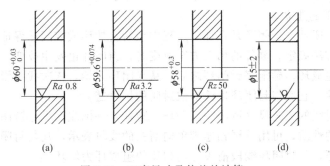

图 2-21　工序尺寸及偏差的计算

解：根据题意，已经铸造出 $\phi 60$mm 的毛坯孔，零件精度为 IT7 级，查表 2-15 孔加工方法确定工艺路线为：粗镗→半精镗→磨削。从机械加工工艺手册查出各工序的基本余量、加工经济精度和经济粗糙度，见表 2-17。按前面所述步骤②计算各工序基本尺寸并填入表中，再按公差分配原则安排各尺寸的偏差值，见表 2-17。

（2）基准不重合时工序尺寸及偏差的确定　当工艺基准（工序基准、测量基准、定位基准）或编程原点与设计基准不重合时，工序尺寸及偏差的确定，需要借助工艺尺寸链分析计算。

表 2-17 基准重合时工序尺寸及其偏差的计算

工序名称	工序加工余量 /mm	加工经济精度 /mm	经济粗糙度 /μm	工序基本尺寸 /mm	工序尺寸及偏差 /mm
磨削	0.4	H7($^{+0.03}_{0}$)	$Ra0.8$	60	$\phi 60^{+0.03}_{0}$
半精镗	1.6	H9($^{+0.074}_{0}$)	$Ra3.2$	$60-0.4=59.6$	$\phi 59.6^{+0.074}_{0}$
粗镗	7	H12($^{+0.3}_{0}$)	$Rz50$	$59.6-1.6=58$	$\phi 58^{+0.3}_{0}$
毛坯孔	—	±2		$58-7=51$	$\phi 51\pm 2$

① 工艺尺寸链的概念及计算

a. 工艺尺寸链的概念。在机器装配或零件加工过程中，由互相联系且按一定顺序排列

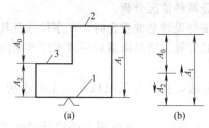

图 2-22 尺寸链概念及分析

的尺寸组成的封闭尺寸系统称为尺寸链。如图 2-22（a）所示，零件图样中已标注了 A_0、A_1 尺寸，当零件表面 1 和 2 已加工完成，欲使用 1 面定位加工 3 面时，需给出工序尺寸 A_2，以便按尺寸 A_2 对刀，A_2 尺寸与零件图标注的 A_0、A_1 尺寸相互联系，形成了尺寸链，如图 2-22（b）所示。

工艺尺寸链的主要特征是封闭性和关联性。封闭性是指尺寸链中的各个尺寸首尾相接组成封闭形式。关联性指任何一个直接保证的尺寸及其精度的变化，必将影响间接保证的尺寸及其精度，如图 2-22 所示尺寸链中 A_1、A_2 的变化，都将引起 A_0 的变化。

b. 工艺尺寸链的组成。尺寸链中的每一个尺寸称为尺寸链的环，尺寸链的环按性质分为组成环和封闭环两类。

组成环是加工过程中直接形成的尺寸，封闭环是由其他尺寸最终间接得到的尺寸。组成环按其对封闭环的影响可分为增环和减环。当某一组成环增大时，若封闭环也增大，则称该组成环为增环（图 2-22 中的 $\overrightarrow{A_1}$），在字母上方用"→"表示；反之，为减环（图 2-22 中的 $\overleftarrow{A_2}$），在字母上方用"←"表示。一个尺寸链中，只有一个封闭环（A_0）。

c. 工艺尺寸链的建立。

首先，确定封闭环。封闭环是在加工过程中最后自然形成或间接保证的尺寸，一般根据工艺过程或加工方法确定。零件的加工方案改变时，封闭环也发生改变。

然后，查找组成环。确定完封闭环之后，从封闭环开始，依次找出影响封闭环变动的相互连接的各个尺寸，它们与封闭环连接形成封闭的尺寸链。

最后，画出封闭的工艺尺寸链图，区分增、减环，并标注在尺寸链图中。

判别增减环的性质，可用首尾相连带单向箭头的线段表示，凡与封闭环线段箭头方向一致的组成环为减环，与封闭环线段箭头方向相反的组成环为增环。

d. 工艺尺寸链的计算公式。尺寸链计算的关键是正确判定封闭环，常用计算方法有极值法和概率法。生产中一般用极值法，其计算公式如下

$$A_0 = \sum_{i=1}^{m}\overrightarrow{A_i} - \sum_{i=m+1}^{n-1}\overleftarrow{A_i} \tag{2-2}$$

$$A_{0\max} = \sum_{i=1}^{m}\overrightarrow{A}_{i\max} - \sum_{i=m+1}^{n-1}\overleftarrow{A}_{i\min} \tag{2-3}$$

$$A_{0\min} = \sum_{i=1}^{m}\overrightarrow{A}_{i\min} - \sum_{i=m+1}^{n-1}\overleftarrow{A}_{i\max} \tag{2-4}$$

$$T_0 = \sum_{i=1}^{m} \vec{T_i} + \sum_{i=m+1}^{n-1} \overleftarrow{T_i} = \sum_{i=1}^{m} T_i \tag{2-5}$$

式中　A_{0max}——封闭环的最大极限尺寸，mm；

　　　A_{0min}——封闭环的最小极限尺寸，mm；

　　　T_0——封闭环的公差，mm；

　　　m——增环的环数；

　　　n——包括封闭环在内的总环数。

在极值算法中，封闭环的公差大于任一组成环的公差。当封闭环的公差一定时，若组成环数目较多，各组成环的公差就会过小，造成加工困难。因此，分析尺寸链时，应使尺寸链的组成环数目为最少，即遵循尺寸链最短原则。

②　工艺基准与设计基准不重合时，工序尺寸及偏差的计算

基准不重合包括：定位基准与设计基准不重合，测量基准与设计基准不重合，及编程原点与设计基准不重合等。

例 2-2　如图 2-23 (a) 所示零件，各平面及槽均已加工，求以侧面 K 定位钻 $\phi 10$mm 孔的工序尺寸及其偏差。

解　由于孔的设计基准为槽的中心线，钻孔的定位基准 K 与设计基准不重合，工序尺寸及其偏差应按工艺尺寸链进行计算。解算步骤如下。

确定封闭环：在零件加工过程中直接控制的是工序尺寸 (40 ± 0.05)mm 和 A，孔的位置尺寸 (100 ± 0.2)mm 是间接得到的，故尺寸 (100 ± 0.2)mm 为封闭环。工艺尺寸链如图 2-23 (b) 所示。

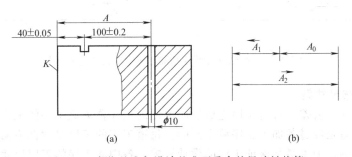

图 2-23　定位基准与设计基准不重合的尺寸链换算

判断组成环的性质：从封闭环开始，按顺时针方向环绕尺寸链，平行于各尺寸画箭头，尺寸 A_2 的箭头方向与封闭环相反为增环，尺寸 A_1 为减环，见图 2-23 (b)。

计算工序尺寸 A_2 及其上下偏差：

根据式 (2-2)，得：$A_0 = \vec{A_2} - \vec{A_1}$

　　　　　则：$\vec{A_2} = A_0 + \vec{A_1} = 100 + 40 = 140$ (mm)

根据式 (2-3)，得：$A_{0max} = \vec{A_{2max}} - \vec{A_{1min}}$

　　　　　则：$\vec{A_{2max}} = A_{0max} + \vec{A_{1min}} = 100.2 + 39.95 = 140.15$ (mm)

根据式 (2-4)，得：$A_{0min} = \vec{A_{2min}} - \vec{A_{1max}}$

　　　　　则：$\vec{A_{2min}} = A_{0min} + \vec{A_{1max}} = 99.8 + 40.05 = 139.85$ (mm)

所以　$A_2 = 140 \pm 0.15$ (mm)

可以看出，本工序尺寸公差 0.3mm 比设计尺寸 (100 ± 0.2)mm 的公差小 0.1mm，工序尺寸精度提高了。本工序尺寸公差减小的数值等于定位基准与设计基准之间距离尺寸的公

差（±0.05mm），它就是本工序的基准不重合误差。

数控加工中，要解决数控编程原点与设计基准不重合的问题，就需要进行尺寸链的换算。设计零件图时，从保证使用性能的角度考虑，尺寸标注多采用局部分散法。而在数控编程中，所有点、线、面的尺寸和位置都是以编程原点为基准的。当编程原点与设计基准不重合时，为方便编程，必须将分散标注的尺寸换算成以编程原点为基准的工序尺寸。

如图 2-24 所示阶梯轴，轴上部轴向尺寸 Z_1、Z_2、…、Z_6 为设计尺寸，编程原点在左端面与轴线的交点上，与尺寸 Z_2、Z_3、Z_4、Z_5 的设计基准不重合，编程时按工序尺寸 Z'_1、Z'_2…、Z'_6 编程。为此必须计算工序尺寸 Z'_2、Z'_3、Z'_4、Z'_5 及其偏差。所用尺寸链分别如图 2-24（b）、（c）、（d）、（e）所示，Z_2、Z_3、Z_4、Z_5 为封闭环，计算过程略，计算结果如下：

$$Z'_2 = 42^{-0.28}_{-0.6}, \quad Z'_3 = 142^{-0.6}_{-1.08},$$
$$Z'_4 = 164^{-0.28}_{-0.54}, \quad Z'_5 = 184^{-0.24}_{-0.58}$$

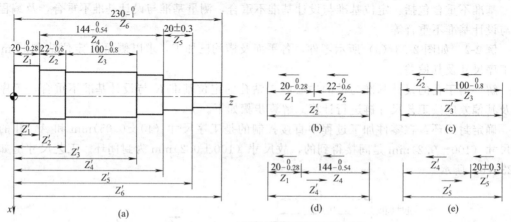

图 2-24　编程原点与设计基准不重合时的工艺尺寸链

2.4.3　工艺尺寸链

（1）工序尺寸及公差　每道工序完成后应保证的尺寸称为该工序的工序尺寸。工件上的设计尺寸及其公差是经过各加工工序后得到的。每道工序的工序尺寸都不相同，它们是逐步向设计尺寸接近的。为了最终保证工件的设计要求，各中间工序的工序尺寸及其公差需要计算确定。

工序余量确定后，就可计算工序尺寸。工序尺寸及其公差的确定，则要根据工序基准或定位基准与设计基准是否重合，采取不同的计算方法。

基准重合时，工序尺寸及其公差的计算。这是指加工的表面在各工序中，均采用设计基准作为工艺基准，其工序尺寸及其公差的确定比较简单。

计算顺序是：

① 确定工序余量；

② 确定各工序的基本尺寸；

③ 按各工序的经济精度，确定工序尺寸的公差；

④ 按"入体原则"确定上下偏差。

（2）工艺尺寸链

① 工艺尺寸链的定义　在机器装配或零件加工过程中，由相互连接的尺寸形成封闭的尺寸组称为尺寸链。加工中各有关工艺尺寸组成的尺寸链称为工艺尺寸链。组成尺寸链的各个尺寸称为尺寸链的环。

② 工艺尺寸链组成

a. 封闭环：加工间接获得（或装配中最后形成）的尺寸称为封闭环。除封闭环以外其余各个尺寸叫组成环。

b. 增环：组成环中，由于该环的变动引起封闭环同向变动（同向变动是指该环增大时封闭环也增大，该环减小时封闭环也减小）的环称为增环。

c. 减环：组成环中，由于该环的变动引起封闭环反向变动（反向变动是指该环增大时封闭环减小，该环减小时封闭环增大）的环则称为减环。

增环和减环的判断用箭头表示法。凡与封闭环箭头方向相同的环即为减环；与封闭环箭头方向相反的环即为增环。

③ 尺寸链简图 为简便起见，通常不绘出该零件（或装配部分）的具体结构，也不严格按比例，依次绘出各有关尺寸，排列出封闭尺寸图形叫尺寸链简图。除可用定义直接判定增环、减环外，还可在绘制尺寸链图时，用首尾相接的单箭头线顺序表示各环。

④ 尺寸链的计算公式 尺寸链的计算，是指计算封闭环与组成环的基本尺寸、公差及极限偏差之间的关系。计算方法分为极值法和统计（概率）法两类。极值法多用于环数少的尺寸链；统计（概率）法多用于环数多的尺寸链。极值法的特点是简单可靠，其基本公式如下。

a. 封闭环的基本尺寸 封闭环的基本尺寸等于所有增环基本尺寸之和减去所有减环基本尺寸之和。

$$A_i = \sum_{i=1}^{m} \vec{A}_i - \sum_{j=m+1}^{n-1} \overleftarrow{A}_j$$

b. 封闭环的上偏差 封闭环的上偏差等于所有增环的上偏差之和减去所有减环的下偏差之和。

$$\mathrm{ES}_0 = \sum_{i=1}^{m} ES\vec{A}_i - \sum_{j=m+1}^{n-1} EI\overleftarrow{A}_j$$

c. 封闭环的下偏差 封闭环的下偏差等于所有增环的下偏差之和减去所有减环的上偏差之和。

$$\mathrm{EI}_0 = \sum_{i=1}^{m} EI\vec{A}_i - \sum_{j=m+1}^{n-1} ES\overleftarrow{A}_j$$

d. 封闭环的公差 封闭环的公差组成环公差的代数和。

$$\mathrm{T}_0 = \sum_{j=1}^{n-1} T_i$$

（3）工艺尺寸链计算实例

例 2-3 图 2-25 所示轴承座，当以端面 B 定位车内孔端面 C 时，A^0 的尺寸不便测量，若先按尺寸 A^1 车出端面 A，再以 A 为测量基准车出 x，则可间接保证 A^0。显然，上述 A^0、A^1 和 x 构成的尺寸链中，A^0 是封闭环，为较全面地了解尺寸换算中的问题，我们设计尺寸 A^0 和 A^1 给出三种不同的公差，分别讨论。

解：当 $A^0 = 30^{0}_{-0.2}$ $A^1 = 10^{0}_{-0.1}$ 时，求 x 及其公差。

x 的基本尺寸 因为 $A^0 = x - A^1$

则 $x = A^0 + A^1 = 30 + 10 = 40$（mm）

x 的上下偏差 因为 $\mathrm{ES}_0 = ES_x - EI_1$

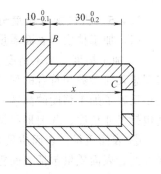

图 2-25 轴承座

则　　　　　　　　　　$ES_x = ES_0 + EI_1 = 0 + (-0.1) = -0.1$

因为$EI_0 = EI_x - ES_1$

则　　$EI_x = EI_0 + ES_1 = (-0.2) + 0 = -0.2$

得：$x = 40^{-0.1}_{-0.2}$mm。

2.4.4　机械加工精度概述

在机械加工中，机床、夹具、刀具和工件构成一个完整的工艺系统，这就是机械加工系统。提高机械加工工艺系统的精度，有利于提高机械加工零件的质量，即机械加工精度和加工误差。这些误差与工艺系统本身的结构和切削过程有关。

(1) 加工精度与加工误差　加工精度是指零件加工后的实际几何参数（尺寸、形状和位置）与理想几何参数的符合程度。符合程度越高，加工精度越高。

机械加工精度包括以下三方面的内容。

① 零件的尺寸精度：加工后零件的实际尺寸与零件理想尺寸相符的程度。

② 零件的形状精度：加工后零件的实际形状与零件理想形状相符的程度。

③ 零件的位置精度：加工后零件的实际位置与零件理想位置相符的程度。

(2) 获得加工精度的方法

① 试切法：即试切—测量—再试切—直至测量结果达到图纸给定要求的方法。

② 定尺寸刀具法：用刀具的相应尺寸来保证加工表面的尺寸。

③ 调整法：按零件规定的尺寸预先调整好刀具与工件的相对位置来保证加工表面尺寸的方法。

(3) 加工误差　实际加工不可能做得与理想零件完全一致，总会有大小不同的偏差，零件加工后的实际几何参数对理想几何参数的偏离程度，称为加工误差。加工误差的大小表示了加工精度的高低。生产实际中用控制加工误差的方法来保证加工精度。

(4) 误差的敏感方向　加工误差对加工精度影响最大的方向，为误差的敏感方向。例如：车削外圆柱面，加工误差敏感方向为外圆的直径方向。

(5) 原始误差　由机床、夹具、刀具和工件组成的机械加工工艺系统（简称工艺系统）会有各种各样的误差产生，这些误差在各种不同的具体工作条件下都会以各种不同的方式（或扩大、或缩小）反映为工件的加工误差。工艺系统中凡是能直接引起加工误差的因素都称为原始误差。工艺系统的原始误差主要有：

① 加工前的误差（原理误差、调整误差、工艺系统的几何误差、定位误差）；

② 加工过程中的误差（工艺系统的受力变形引起的加工误差、工艺系统的受热变形引起的加工误差）

③ 加工后的误差（工件内应力重新分布引起的变形以及测量误差）等。

2.4.5　机械加工精度分析

(1) 加工精度和表面质量的概念

① 加工精度　加工精度是指零件加工后的实际几何参数（尺寸、几何形状和相互位置）与理想几何参数相符合的程度，两者之间的不符合程度（偏差）称为加工误差。加工误差的大小反映了加工精度的高低。生产中加工精度的高低是用加工误差的大小来表示的，加工精度包括尺寸精度、几何形状精度和相互位置精度3个方面。

② 表面质量　表面质量是指零件加工后的表层状态，它是衡量机械加工质量的一个重要方面。表面质量包括表面粗糙度、表面波纹度、冷作硬化表层、残余应力、表层金相组织变化等几个方面。

表面质量对零件的工作性能有一定的影响。表面越粗糙，零件的耐磨性、抗疲劳强度越差，对零件配合性能的影响也较大。因此，应从加工精度及表面质量两方面分析，提高零件的加工质量。

（2）提高加工精度的措施　从工艺的角度考虑，产生加工误差的原因有加工原理误差、工艺系统的几何误差、工艺系统受力变形引起的误差、受热变形引起的误差、工件内应力引起的加工误差及测量误差等。因此，减少加工误差的措施可归纳如下。

① 减少工艺系统受力变形

a. 提高接触刚度，改善机床主要零件接触面的配合质量，如机床导轨及装配面进行刮研。

b. 设辅助支承，提高局部刚度，如细长轴加工时采用跟刀架，提高切削时的刚度。

c. 采用合理的装夹方法，在夹具设计或工件装夹时，必须尽量减少弯曲力矩。

d. 采用补偿或转移变形的方法。

② 减少和消除内应力

a. 合理设计零件结构，设计零件时尽量简化零件结构、减小壁厚差、提高零件刚度等。

b. 合理安排工艺过程，如粗、精加工分开，使粗加工后有充足的时间让内应力重新分布，保证工件充分变形，再经精加工后，就可减少变形误差。

c. 对工件进行热处理和时效处理。

③ 减少工艺系统受热变形

a. 机床结构设计采用对称式结构。

b. 采用主动控制方式均衡关键件的温度。

c. 采用切削液进行冷却。

d. 加工前先让机床空转一段时间，使之达到热平衡状态后再加工。

e. 改变刀具及切削参数。

f. 大型或长工件，在夹紧状态下应使其末端能自由伸缩。

（3）减小表面粗糙度的措施　零件在切削加工过程中，由于刀具几何形状和切削运动引起的残留面积、黏结在刀具刃口上的积屑瘤划出的沟纹、工件与刀具之间的振动引起的振动波纹以及刀具后刀面磨损造成的挤压与摩擦痕迹等原因，使零件表面上形成了粗糙度。影响表面粗糙度的工艺因素主要有工件材料、切削用量、刀具几何参数及切削液等。因此，提高表面质量可采取以下措施。

① 工件材料　在切削加工前，对材料进行调质或正火处理，改善其切削加工性能，并细化晶粒、提高硬度和耐磨性。

② 切削用量　首先减小进给量，可以减小残留面积的高度，从而减小表面粗糙度，如图 2-24 所示；其次，采用低速或高速切削塑性材料，可有效地避免积屑瘤的产生，从而减小表面粗糙度。

③ 刀具几何参数　在进给量一定的情况下，减小主偏角 κ_r 和副偏角 κ_r'，或增大刀尖圆弧半径 r_ε，可减小表面粗糙度，如图 2-26 所示；适当增大前角和后角，减小切削变形和前后刀面间的摩擦，抑制积屑瘤的产生，也可减小表面粗糙度。

④ 切削液　利用切削液可以降低切削加工时的温度，减小刀具和被加工表面之间的摩擦，使切削层金属表面的塑性变形程度下降并抑制积屑瘤的生长，从而减小表面粗糙度，提高表面质量。

2.4.6　影响加工误差的因素

（1）加工原理误差　由于采用近似的加工运动或近似的刀具轮廓所产生的加工误差，为

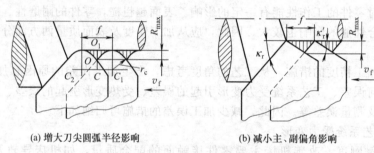

(a) 增大刀尖圆弧半径影响　　　　(b) 减小主、副偏角影响

图 2-26　切削层残留面积高度及影响因素

加工原理误差。

① 采用近似的刀具轮廓形状，例如模数铣刀铣齿轮。

② 采用近似的加工运动，例如车削蜗杆时，由于蜗杆螺距 $P_g = \pi m$，而 $\pi = 3.14$ 是近似值，所以螺距值只能用近似值代替。因而，刀具与工件之间的螺旋轨迹是近似的加工运动。

（2）机床调整误差　机床调整是指使刀具的切削刃与定位基准保持正确位置的过程。

① 进给机构的调整误差：主要指进刀位置误差。

② 定位元件的位置误差：使工件与机床之间的位置不正确，而产生误差。

③ 模板（或样板）的制造误差：使对刀不准确。

（3）装夹误差　工件在装夹过程中产生的误差，为装夹误差。装夹误差包括定位误差和夹紧误差。定位误差是指一批工件采用调整法加工时因定位不正确而引起的尺寸或位置的最大变动量。定位误差由基准不重合误差和定位副制造不准确误差造成。

① 基准不重合误差　在零件图上用来确定某一表面尺寸、位置所依据的基准称为设计基准。在工序图上用来确定本工序被加工表面加工后的尺寸、位置所依据的基准称为工序基准。一般情况下，工序基准应与设计基准重合。在机床上对工件进行加工时，须选择工件上若干几何要素作为加工（或测量）时的定位基准（或测量基准），如果所选用的定位基准（或测量基准）与设计基准不重合，就会产生基准不重合误差。基准不重合误差等于定位基准相对于设计基准在工序尺寸方向上的最大变动量。

基准不重合误差分析如图 2-27 所示，设 e 面已加工好，需在铣床上用调整法加工 f 面和 g 面。在加工 f 面时若选 e 面为定位基准，则 f 面的设计基准和定位基准都是 e 面，基准重合，没有基准不重合误差，尺寸 A 的制造公差为 T_A。加工 g 面时，定位基准有两种不同的选择方案，一种方案（方案Ⅰ）加工时选用 f 面作为定位基准，定位基准与设计基准重合，没有基准不重合误差，尺寸 B 的制造公差为 T_B，但这种定位方式的夹具结构复杂，夹紧力的作用方向与铣削力方向相反，不够合理，操作也不方便。另一种方案（方案Ⅱ）是选用 e 面作为定位基准来加工 g 面，此时，工序尺寸 C 是直接得到的，尺寸 B 是间接得到的，由于定位基准 e 与设计基准 f 不重合而给 g 面加工带来的基准不重合误差等于设计基准 f 面相对于定位基准 e 面在尺寸 B 方向上的最大变动量 T_A。

定位基准与设计基准不重合时所产生的基准不重合误差，只有在采用调整法加工时才会产生，在试切法加工中不会产生。

② 定位副制造不准确误差　工件在夹具中的正确位置是由夹具上的定位元件来确定的。夹具上的定位元件不可能按基本尺寸制造得绝对准确，它们的实际尺寸（或位置）都允许在分别规定的公差范围内变动。同时，工件上的定位基准面也会有制造误差。工件定位面与夹具定位元件共同构成定位副，由于定位副制造得不准确和定位副间的配合间隙引起的工件最

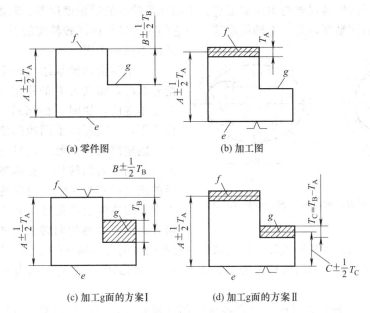

(a) 零件图　　　　　　　　(b) 加工图

(c) 加工g面的方案Ⅰ　　　　(d) 加工g面的方案Ⅱ

图 2-27　基准不重合误差分析

大位置变动量，称为定位副制造不准确误差。

如图 2-28 所示工件的孔装夹在水平放置的芯轴上铣削平面，要求保证尺寸 h，由于定位基准与设计基准重合，故无基准不重合误差；但由于工件的定位基面（内孔 D）和夹具定位元件（芯轴 d_1）皆有制造误差，如果芯轴制造得刚好为 d_{1min}，而工件的内孔刚好为 D_{max}，当工件在水平放置的芯轴上定位时，工件内孔与芯轴在 P 点接触，工件实际内孔中心的最大下移量 $\Delta_{ab}=(D_{max}-d_{1min})/2$，$\Delta_{ab}$ 就是定位副制造不准确而引起的误差。

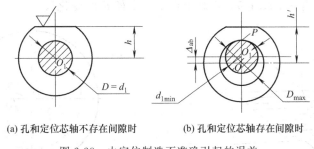

(a) 孔和定位芯轴不存在间隙时　　　(b) 孔和定位芯轴存在间隙时

图 2-28　由定位制造不准确引起的误差

基准不重合误差的方向和定位副制造不准确误差的方向可能不相同，定位误差取为基准不重合误差和定位副制造不准确误差的矢量和。

（4）工艺系统集合误差及解决措施　加工中刀具相对于工件的成形运动一般都是通过机床完成的，因此，工件的加工精度在很大程度上取决于机床的精度。机床制造误差对工件加工精度影响较大的有：主轴回转误差、导轨误差和传动链误差。机床的磨损将使机床工作精度下降。

① 主轴回转误差　机床主轴是装夹工件或刀具的基准，并将运动和动力传给工件或刀具，主轴回转误差将直接影响被加工工件的精度。

主轴回转误差是指主轴各瞬间的实际回转轴线相对其平均回转轴线的变动量。它可分解为径向圆跳动、轴向窜动和角度摆动三种基本形式。

产生主轴径向回转误差的主要原因有：主轴几段轴颈的同轴度误差、轴承本身的各种误差、轴承之间的同轴度误差、主轴绕度等。但它们对主轴径向回转精度的影响大小随加工方式的不同而不同。

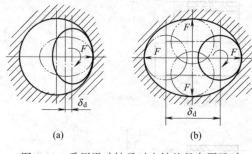

图 2-29　采用滑动轴承时主轴的径向圆跳动

在采用滑动轴承结构为主轴的车床上车削外圆时，切削力 F 的作用方向可认为大体上是不变的，如图 2-29 所示，在切削力 F 的作用下，主轴颈以不同的部位和轴承内径的某一固定部位相接触，此时主轴颈的圆度误差对主轴径向回转精度影响较大，而轴承内径的圆度误差对主轴径向回转精度的影响则不大；在镗床上镗孔时，由于切削力 F 的作用方向随着主轴的回转而回转，在切削力 F 的作用下，主轴总是以其轴颈某一固定部位与轴承内表面的不同部位接触，因此，轴承内表面的圆度误差对主轴径向回转精度影响较大，而主轴颈圆度误差的影响则不大。图中的 δ_d 表示径向跳动量。

② 导轨误差　导轨是机床上确定各机床部件相对位置关系的基准，也是机床运动的基准。车床导轨的精度要求主要有以下三个方面：在水平面内的直线度，在垂直面内的直线度，前后导轨的平行度（扭曲）。

a. 导轨在水平面内的直线度误差。卧式车床导轨在水平面内的直线度误差 Δ_1 将直接反映在被加工工件表面的法线方向（加工误差的敏感方向）上，对加工精度的影响最大，如图 2-30 所示。

b. 导轨在垂直平面内的直线度误差。卧式车床导轨在垂直面内的直线度误差 Δ_2 可引起被加工工件的形状误差和尺寸误差。但 Δ_2 对加工精度的影响要比 Δ_1 小得多。由图 2-31 可知若因 Δ_2 而使刀尖由 a 下降至 b，不难推得工件半径 R 的变化量。

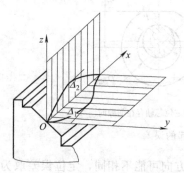

图 2-30　卧式车床导轨直线度误差

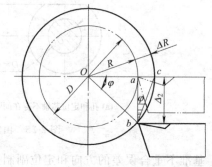

图 2-31　车床导轨对工件加工精度的影响

c. 前后导轨存在平行度误差（扭曲），刀架运动时会产生摆动，刀尖的运动轨迹是一条空间曲线，使工件产生形状误差。由右图可见，当前后导轨有了扭曲误差 Δ_3 之后，由几何关系可求得 $\Delta y \approx (H/B)\Delta_3$。一般车床的 $H/B \approx 2/3$，外圆磨床的 $H/B \approx 1$，车床和外圆磨床前后导轨的平行度误差对加工精度的影响很大。

d. 导轨与主轴回转轴线的平行度误差。若车床与主轴回转轴线在水平面内有平行度误差，车出的内外圆柱面就产生锥度；若车床与主轴回转轴线在垂直面内有平行度误差，则圆柱面成双曲回转体。除了导轨本身的制造误差外，导轨的不均匀磨损和安装质量，也是造成导轨误差的重要因素。导轨磨损是机床精度下降的主要原因之一。

③ 传动链误差　传动链误差是指机床内联系传动链始末两端传动元件间相对运动的误差。一般用传动链末端元件的转角误差来衡量。两端件之间的相对运动量有严格要求的传动链，称为内联系传动链。例如：车削螺纹的加工，主轴与刀架的相对运动关系不能严格保证时，将直接影响螺距的精度。减小传动链传动误差的措施如下。

a. 减少传动件的数目，缩短传动链：传动元件越少，传动累积误差就越小，传动精度就越高。

b. 传动比越小，传动元件的误差对传动精度的影响就越小：特别是传动链尾端的传动元件的传动比越小，传动链的传动精度就越高。

（5）刀具的几何误差　刀具误差对加工精度的影响随刀具种类的不同而不同。采用定尺寸刀具、成形刀具、展成刀具加工时，刀具的制造误差会直接影响工件的加工精度；而对一般刀具（如车刀等），其制造误差对工件加工精度无直接影响。

任何刀具在切削过程中，都不可避免地要产生磨损，并由此引起工件尺寸和形状的改变。正确地选用刀具材料和选用新型耐磨刀具材料，合理地选用刀具几何参数和切削用量，正确地刃磨刀具，正确地采用冷却液等，均可有效地减少刀具的尺寸磨损。必要时还可采用补偿装置对刀具尺寸磨损进行自动补偿。

夹具的作用是使工件相对于刀具和机床具有正确的位置，因此夹具的制造误差对工件的加工精度（特别使位置精度）有很大影响。

夹具误差包括：

① 夹具各元件之间的位置误差；

② 夹具中各定位元件的磨损。

（6）加工过程中存在的误差

① 工艺系统受力变形引起的误差　机械加工工艺系统在切削力、夹紧力、惯性力、重力、传动力等的作用下，会产生相应的变形，从而破坏了刀具和工件之间正确的相对位置，使工件的加工精度下降。如图 2-32（a）所示，车细长轴时，工件在切削力的作用下会发生变形，使加工出的轴出现中间粗两头细的情况；又如在内圆磨床上进行切入式磨孔时，如图 2-32（b）所示，由于内圆磨头轴比较细，磨削时因磨头轴受力变形，而使工件孔呈锥形。

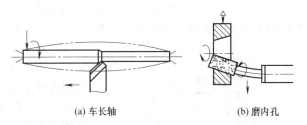

(a) 车长轴　　　　　(b) 磨内孔

图 2-32　受力变形对工件加工精度的影响

垂直作用于工件加工表面（加工误差敏感方向）的径向切削分力 F_y 与工艺系统在该方向上的变形 y 之间的比值，称为工艺系统刚度 k 系，k 系 $-F_y/y$，式中的变形 y 不只是由径向切削分力 F_y 所引起，垂直切削分力 F_z 与走刀方向切削分力 F_x 也会使工艺系统在 y 方向产生变形，故 $y = yF_x + yF_y + yF_z$。

② 工件刚度　工艺系统中如果工件刚度相对于机床、刀具、夹具来说比较低，在切削力的作用下，工件由于刚度不足而引起的变形对加工精度的影响就比较大，其最大变形量可按材料力学有关公式估算。

③ 刀具刚度　外圆车刀在加工表面法线（y）方向上的刚度很大，其变形可以忽略不计。镗直径较小的内孔，刀杆刚度很差，刀杆受力变形对孔加工精度就有很大影响。刀杆变形也可以按材料力学有关公式估算。

④ 机床部件刚度

a. 机床部件刚度。机床部件由许多零件组成，机床部件刚度迄今尚无合适的简易计算方法，目前主要还是用实验方法来测定机床部件刚度。分析实验曲线可知，机床部件刚度具有以下特点。

ⅰ. 变形与载荷不成线性关系。

ⅱ. 加载曲线和卸载曲线不重合，卸载曲线滞后于加载曲线。两曲线线间所包容的面积就是加载和卸载循环中所损耗的能量，它消耗于摩擦力所做的功和接触变形功。

ⅲ. 第一次卸载后，变形恢复不到第一次加载的起点，这说明有残余变形存在，经多次加载卸载后，加载曲线起点才和卸载曲线终点重合，残余变形才逐渐减小到零。

ⅳ. 机床部件的实际刚度远比按实体估算的要小。

b. 影响机床部件刚度的因素

ⅰ. 结合面接触变形的影响。

ⅱ. 摩擦力的影响。

ⅲ. 低刚度零件的影响。

ⅳ. 间隙的影响。

c. 工艺系统刚度及其对加工精度的影响。在机械加工过程中，机床、夹具、刀具和工件在切削力作用下，都将分别产生变形 $y_{机}$、$y_{夹}$、$y_{刀}$、$y_{工}$，致使刀具和被加工表面的相对位置发生变化，使工件产生加工误差。工艺系统刚度的倒数等于其各组成部分刚度的倒数和。

工艺系统刚度对加工精度的影响主要有以下几种情况。

ⅰ. 由于工艺系统刚度变化引起的误差。工艺系统的刚度随受力点位置的变化而变化。例如：用三爪卡盘夹紧工件车削外圆的加工，随悬臂长度的增加，刚度将越来越小。因而，车出的外圆将呈锥形。

ⅱ. 由于切削力变化引起的误差。加工过程中，由于工件的加工余量发生变化、工件材质不均等因素引起的切削力变化，使工艺系统变形发生变化，从而产生加工误差。

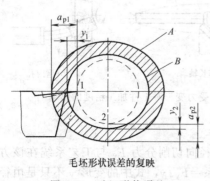

毛坯形状误差的复映

图 2-33　毛坯形状误差

如图 2-33 所示，若毛坯 A 有椭圆形状误差，让刀具调整到图上双点画线位置，由图可知，在毛坯椭圆长轴方向上的背吃刀量为 a_{p1}，短轴方向上的背吃刀量为 a_{p2}。由于背吃刀量不同，切削力不同，工艺系统产生的让刀变形也不同，对应于 a_{p1} 产生的让刀为 y_1，对应于 a_{p2} 产生的让刀为 y_2，故加工出来的工件 B 仍然存在椭圆形状误差。由于毛坯存在圆度误差 $\Delta_{毛} = a_{p1} - a_{p2}$，因而引起了工件的圆度误差 $\Delta_{工} = y_1 - y_2$，且 $\Delta_{毛}$ 愈大，$\Delta_{工}$ 愈大，这种现象称为加工过程中的毛坯误差复映现象。$\Delta_{工}$ 与 $\Delta_{毛}$ 之比值 ε 称为误差复映系数，它是误差复映程度的度量。

尺寸误差（包括尺寸分散）和形状误差都存在复映现象。如果知道了某加工工序的复映系数，就可以通过测量毛坯的误差值来估算加工后工件的误差值。

ⅲ. 由于夹紧变形引起的误差。工件在装夹过程中，如果工件刚度较低或夹紧力的方向和施力点选择不当，将引起工件变形，造成相应的加工误差。

ⅳ. 其他作用力的影响。

2.4.7　加工后存在的误差

（1）工件残余应力引起的误差

① 基本概念 没有外力作用而存在于零件内部的应力，称为残余应力（又称内应力）。工件上一旦产生内应力之后，就会使工件金属处于一种高能位的不稳定状态，它本能地要向低能位的稳定状态转化，并伴随有变形发生，从而使工件丧失原有的加工精度。

② 内应力的产生

a. 热加工中内应力的产生 在热处理工序中，由于工件壁厚不均匀、冷却不均、金相组织的转变等原因，使工件产生内应力。为了克服这种内应力重新分布而引起的变形，特别是对大型和精度要求高的零件，一般在铸件粗加工后安排进行时效处理，然后再作精加工。

b. 冷校直产生的内应力 丝杠一类的细长轴经过车削以后，棒料在轧制中产生的内应力要重新分布，产生弯曲，所以说，冷校直后的工件虽然减少了弯曲，但是依然处于不稳定状态，还会产生新的弯曲变形。

③ 减小内应力变形误差的途径

a. 改进零件结构。设计零件时，尽量做到壁厚均匀，结构对称，以减少内应力的产生。

b. 增设消除内应力的热处理工序。

高温时效：缓慢均匀的冷却，适用于铸、锻、焊件。

低温时效：缓慢均匀的冷却，适用于半精加工后的工件，主要是消除工件的表面应力。

自然时效：自然释放。

c. 合理安排工艺过程。粗加工和精加工宜分阶段进行，使工件在粗加工后有一定的时间来松弛内应力。

（2）测量误差

① 量具本身的制造误差。

② 测量条件引起的误差：

a. 冷却后测量与加工后马上测量尺寸有变化；

b. 测量力的变化也引起测量尺寸的变化。

2.5 数控加工工艺设计

数控加工与普通机床加工不同，普通机床的工序卡只规定工步顺序，具体操作由操作者在加工过程中手动完成，并可以随时进行调整。数控机床是由加工程序控制的自动化加工机床，加工时的走刀路线、切削用量、换刀点的位置等每一环节，均需编制在程序中。操作者只需编写程序、输入程序、装夹工件、对刀等，然后操作机床，运行程序就可以加工工件了。数控加工的实施过程包括：

① 分析零件图，选择工艺方案，安排工艺过程；

② 编写零件加工程序；

③ 将程序输入机床，安装工件和刀具；

④ 进行首件试加工等，校验程序直至合格。

本节主要讲述编程前的准备工作，程序的编制及校验等将在后续章节讲述。

2.5.1 分析零件图样

数控加工前，应认真分析零件图样，明确零件的几何形状、尺寸和技术要求，明确本工序加工范围，以满足零件的加工要求，同时结合数控加工的特点，分析、审查零件图。为方便编程，零件图最好采用统一基准标注尺寸。

2.5.2 数控加工中的工艺分析与工艺处理

在数控机床上加工零件时，要把被加工的全部工艺过程、工艺参数等编制成程序，整个加工过程是自动进行的，因此制订零件的机械加工工艺规程之前，要对零件进行详细的工艺分析。主要包括以下几个方面。

（1）确定数控加工方案　确定数控加工方案是指选择适合数控加工的零件、确定数控加工的内容和选用合适的数控机床及数控系统。

① 数控加工零件的选择

a. 形状复杂，加工精度要求高，通用机床无法加工或很难保证加工质量的零件。

b. 具有复杂曲线或曲面轮廓的零件。

c. 具有难测量、难控制进给、难控制尺寸型腔的壳体或盒型零件。

d. 必须在一次装夹中完成铣、镗、锪、铰或攻螺纹等多道工序的零件。

上述零件，只要能采用数控机床进行加工，就不必考虑其他因素的影响。一般将它们作为数控加工的首选零件。

② 数控加工内容的确定　在选定数控加工的零件之后，并不是零件所有的加工内容都采用数控加工，数控加工可能只是零件加工工序中的一部分。因此，有必要对零件图样进行仔细分析，选择那些最适合数控加工的工序，充分发挥数控加工的优势。选择数控加工内容的原则如下。

a. 普通机床无法加工的内容。

b. 普通机床难加工，质量难以保证的工序。

c. 普通机床加工效率低、人工操作劳动强度大的工序。

通常情况下，上述加工工序采用数控加工后，产品的质量、生产率与综合经济效益等指标都会得到明显的提高。

此外，选择数控加工工序时，还应该考虑生产批量、生产周期和生产成本等因素，杜绝把数控机床当作普通机床来使用。

③ 选用合适的数控机床和数控系统　当工件表面的加工方法确定之后，机床的种类也就基本上确定了。但是，每一类机床都有不同的形式，其工艺范围、技术规格、加工精度、生产率及自动化程度都各不相同。为了正确地为每一道工序选择机床，除了充分了解机床的性能外，尚需考虑以下几点。

a. 机床的类型应与工序划分的原则相适应。数控机床或通用机床适用于工序集中的单件小批生产；对大批大量生产，则应选择高效自动化机床和多刀、多轴机床。若工序按分散原则划分，则应选择结构简单的专用机床。

b. 机床的主要规格尺寸应与工件的外形尺寸和加工表面的有关尺寸相适应。即小工件用小规格的机床加工，大工件用大规格的机床加工。

c. 机床的精度与工序要求的加工精度相适应。粗加工工序，应选用精度低的机床；精度要求高的精加工工序，应选用精度高的机床。但机床精度不能过低，也不能过高。机床精度过低，不能保证加工精度；机床精度过高，会增加零件制造成本。应根据零件加工精度要求合理选择机床。

总之，选用机床及其系统时，满足加工要求即可。不要过分追求高精度、高性能，否则，成本会大大提高。

（2）定位基准与夹紧方案的确定　选好数控加工内容后，应合理地进行工序的划分、基准的选择及确定夹紧方案等。

划分工序时，要结合零件的结构与工艺性、机床的功能、零件数控加工内容的多少、安装次数及本企业生产组织状况等合理划分。

工件的定位基准与夹紧方案的确定，应该注意下列 3 点。

① 力求使设计基准、工艺基准与编程原点统一，以减少基准不重合误差和数控编程中的计算工作量。

② 尽量减少装夹次数，尽可能做到一次定位装夹后能加工出工件上全部或大部分待加工表面，以减少装夹误差，提高加工表面之间的相互位置精度，充分发挥数控机床的效率。

③ 避免采用占机人工调整式方案，以免占机时间太长，影响加工效率。

（3）工艺装备的选择

① 夹具的选择　数控加工的特点对夹具提出了两个基本要求：一是保证夹具的坐标方向与机床的坐标方向相对固定；二是要能协调零件与机床坐标系的尺寸。同时，还要考虑以下几点：

a. 单件小批量生产时，优先选用组合夹具、可调夹具和其他通用夹具，以缩短生产准备时间和节省生产费用。

b. 在成批生产时，才考虑采用专用夹具，并力求结构简单。

c. 零件的装卸要快速、方便、可靠，以缩短机床的停顿时间。

d. 夹具上各零部件应不妨碍机床对零件各表面的加工，即夹具要敞开，其定位、夹紧机构元件不能影响加工中的走刀（如产生碰撞等）。

e. 为提高数控加工的效率，批量较大的零件加工可以采用多工位、气动或液压夹具。

② 刀具的选择　刀具的选择不仅影响机床的加工效率，而且直接影响加工质量。数控机床所用的刀具与普通机床的刀具相比，刀具类型、材料、切削刃形状与参数均相似。

由于数控机床高速强力切削的特点，不仅要求刀具具有精度高、强度大、刚性好、耐用度高的特点，而且要求尺寸稳定、安装调整方便。

刀具的选择应考虑工件材质、加工轮廓类型、机床允许的切削用量和刚性以及刀具耐用度等因素。

一般情况下应优先选用标准刀具（特别是硬质合金可转位刀具），必要时也可采用各种高生产率的复合刀具及其他一些专用刀具。对于硬度大的难加工工件，可选用整体硬质合金、陶瓷刀具、CBN 刀具等。刀具的类型、规格和精度等级应符合加工要求。

③ 量具的选择　单件小批生产采用通用量具，如游标卡尺、百分表等；大批大量生产中应采用各种量规、量仪和一些高生产率的专用检具等。量具精度必须与加工精度相适应。

（4）正确选择工件原点　为了统一描述刀具与工件的相对运动，各种数控机床的坐标轴和运动方向都已经标准化，我国现执行的机械行业标准 JB 3208—1999，与 ISO 标准等效。机床坐标系是机床运动部件进给运动的坐标系，其坐标轴及运动方向按标准规定，而坐标原点的位置由厂家设定，在机床说明书中说明。一般数控车床的机床坐标系原点在主轴中心线与主轴安装卡盘端面的交点上；而数控铣床和加工中心的机床原点一般在机床各运动坐标轴的正向极限位置。

工件坐标系是编写加工程序时计算工件上的坐标点使用的，其原点称为编程原点。该点的位置由编程人员设定，一般选在加工表面的设计基准上，或者工件的定位基准上以方便尺寸计算，避免尺寸换算误差。有时，为方便原点的测定，也可将工件的原点选在夹具的找正面上。

加工时，工件随夹具在机床上安装后，测量工件原点与机床原点之间的距离，称为工件原点的偏置，如图 2-34 所示。加工前将原点的偏置输入到数控系统当中（即工件坐标原点偏置值），加工中，加工程序中的原点偏置指令（如 G54）使数控系统自动将原点偏置量加到工件坐标系上，即将工件坐标原点平移到机床原点上，也就是把工件坐标系中刀具的运动

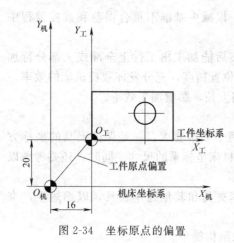

图 2-34　坐标原点的偏置

转移到机床坐标系中，所以加工程序按工件坐标系编制。加工时，利用原点的偏置功能，可以保证机床正确执行加工程序。

（5）确定机床对刀点和换刀点　数控加工前，必须通过对刀建立机床坐标系和工件坐标系的位置关系。所谓对刀，即使"刀位点"与"对刀点"重合的过程。

刀具在机床上的位置由刀位点的位置表示。刀位点是指刀具的定位基准点。不同的刀具，刀位点不同。对于平头立铣刀、端铣刀类刀具，刀位点为它们的底面中心；对于钻头，刀位点为钻尖；对球头铣刀，则为球心；对车刀、镗刀类刀具，刀位点为其刀尖。

"对刀点"是数控加工时刀具相对于零件运动的起点，又称"起刀点"，也就是程序运行的起点。对刀点选定后，即确定了机床坐标系和零件坐标系之间的相互位置关系。

对刀精度的高低直接影响零件的加工精度。目前，数控机床可以采用人工对刀，对操作者的技术要求较高；也可以采用高精度的对刀仪进行对刀，保证对刀精度。

为提高零件的加工精度，减少对刀误差，对刀点选择的原则如下。

① 尽量选在零件的设计基准或工艺基准上。

② 在机床上对刀方便、便于观察和检测的位置。

③ 便于坐标值的计算，尽量选在坐标系的原点上。

例如，以孔定位的零件，应将孔的中心作为对刀点。对车削加工，则通常将对刀点设在工件外端面的中心上。

对数控车床、镗铣床、加工中心等多刀加工数控机床，在加工过程中需要进行换刀，故编程时应考虑不同工序之间的换刀位置（即换刀点）。为避免换刀时刀具与工件及夹具发生干涉，换刀点应设在工件的外部。一般，换刀点就选在起刀点（刀具运动的起始点）上。

（6）选择合理的走刀路线　走刀路线是指数控加工过程中，刀具（刀位点）相对于被加工工件的运动轨迹。它既包括了工步的内容，也反映出工步顺序。它是刀具从起刀点开始运动，直至返回该点并结束加工程序所经过的路线，包括切削加工路线和刀具引入、返回等非切削路线。走刀路线是编写程序的重要依据之一。

数控加工中，精加工的走刀路线基本上是沿零件轮廓顺序进行，因此，确定走刀路线实际上指的是粗加工时的走刀路线。主要考虑以下几个原则。

① 保证被加工工件的精度和表面质量。

② 尽量缩短走刀路线，以减少空行程时间。对点位加工的数控机床，如钻、镗床，考虑尽可能缩短走刀路线，提高加工效率。如图 2-35 所示，图 2-35（c）所示的走刀路线比图 2-35（b）缩短了近一半，大大提高了生产效率。

③ 最终轮廓应安排最后一次走刀连续加工。可以保证工件轮廓表面加工

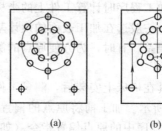 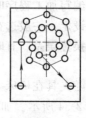 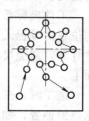

(a)　　　　　　(b)　　　　　　(c)

图 2-35　最短加工线的设计

后的粗糙度要求,如图 2-36 (b)、(c) 所示,以保证内侧的表面质量均匀一致。

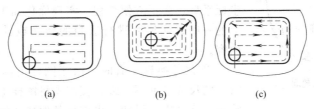

(a)　　　　　　　(b)　　　　　　　(c)

图 2-36　最终轮廓一次走刀加工

④ 尽量简化数学处理时的计算工作量。

(7) 确定切削用量　切削用量的确定应根据加工性质、加工要求、工件材料及刀具的材料和尺寸等查阅切削用量手册并结合实践经验确定。除了遵循前述原则与方法外,还应考虑以下因素。

① 刀具差异。不同厂家生产的刀具质量差异较大,因此切削用量须根据实际所用刀具和现场经验加以修正。一般进口刀具允许的切削用量高于国产刀具。

② 机床特性。切削用量受机床电动机的功率和机床刚性的限制,必须在机床说明书规定的范围内选取。避免因功率不够而发生闷车、刚性不足而产生大的机床变形或振动,影响加工精度和表面粗糙度。

③ 数控机床生产率。数控机床的工时费用较高,刀具损耗费用所占比例较低,应尽量用高的切削用量,通过适当降低刀具寿命来提高数控机床的生产率。

2.5.3　数学处理

根据零件的尺寸、加工路线,在规定的坐标系内计算零件轮廓和刀具运动轨迹,如组成零件形状几何要素的起点、终点、圆弧的圆心、几何元素的交点或切点等坐标值,称为数值换算。数值换算主要有零件轮廓的基点坐标的计算、节点坐标的计算和辅助计算等。

(1) 基点坐标的计算　所谓基点,就是指构成零件轮廓的各相邻几何要素间的连接点,如两条直线的交点、直线与圆弧的切点或交点、圆弧与圆弧的切点或交点等。如图 2-37 中的 A、B、C、D、E 等各点即为基点。

基点的坐标是编程中的主要数据,通常可采用手工处理,即根据图纸上给定的尺寸通过三角函数、解析几何等知识求得。但需注意计算精度与图样加工精度要求相适应,一般最高精确到机床最小设定单位即可。

基点计算常用方程:

直线方程的一般形式 $Ax+By+C=0$

直线方程的标准形式 $y=Kx+b$

圆的标准方程 $(x-a)^2+(y-b)^2=R^2$

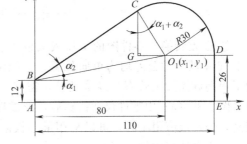

图 2-37　零件轮廓的基点

其中,A、B、C、a、b、K 为常数,R 为外接圆半径。

(2) 节点坐标的计算　当被加工零件的轮廓形状与机床的插补功能不一致时,如在只有直线和圆弧插补功能的数控机床上加工椭圆、双曲线、阿基米得螺旋线或用一系列坐标点表示的列表曲线时,就要用许多条直线或若干段圆弧逼近它们,逼近直线或圆弧与曲线的交点称为节点。如图 2-38 中的曲线用直线逼近,其交点 A、B、C、D、E 即为节点。

节点坐标的计算比较复杂。通常对于复杂的曲线、曲面加工,尽量采用自动编程,以减小加工误差和编程工作量。

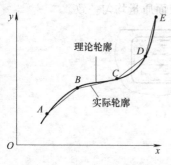

图 2-38　零件轮廓的节点

（3）辅助计算　实际生产中，当编程原点选定并建立好坐标系后，为了方便编程、实现优化加工，往往还需对图样上的一些标注尺寸进行适当的转换或计算，通常包括以下内容。

① 尺寸换算　有时，由于图样上的尺寸基准与编程所需要的尺寸基准不一致，应首先将图样上的基准尺寸换算为编程坐标系中的尺寸，再进行其他数学处理。

如图 2-39 所示，对图样进行分析后，将编程原点设在工件右端面与轴线交点处。则端面 A、B 的 Z 坐标数据需要计算。与端面 B 有关的轴向尺寸未注公差，可以直接采用基本尺寸进行计算；而端面 A 的 Z 向坐标 Z_A 需利用工艺尺寸链进行计算，根据公式（2-3）、式（2-4）得：$15.1 = 40.05 - Z_{Amin}$，则 $Z_{Amin} = 24.95$

$$15 = 40 - Z_{Amax}，则 Z_{Amax} = 25$$

所以　　$Z = 25_{-0.05}^{0}$

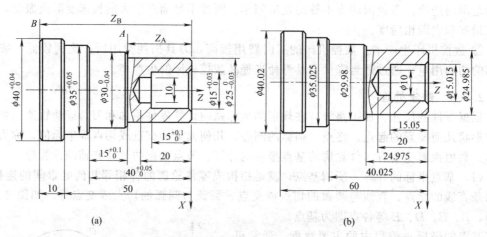

图 2-39　标注尺寸的换算

② 公差转换　零件图的工作表面或配合表面一般都注有公差，公差带位置各不相同。图 2-36 中的尺寸公差均为单向偏差。数控编程时，若采用基本尺寸会影响工件的合格率。为了提高数控加工效率和经济效益，需将公差尺寸进行转换，取其极限尺寸的中值进行编程。图 2-36（a）中零件尺寸换算后，形成图 2-36（b）所示的零件尺寸。当图中尺寸精度较高，公差数值很小时，可以采用最小极限尺寸的轴和最大极限尺寸的孔作为编程的计算点，而不必计算中值。

工艺分析及数据处理之后，即可编写零件加工程序并输入到数控机床，再进行数控加工操作等。

思考与练习

一、问答题

1. 什么是工序、安装、工位、工步、走刀？划分它们的各自依据是什么？
2. 制订工艺规程时，为什么要划分加工阶段？如何灵活运用？
3. 什么是生产过程、工艺过程？工艺过程的组成是什么？

二、计算题

1. 图示零件在加工过程中，要以 A 面定位，用调整法加工 B 面。试计算工序尺寸及公差。

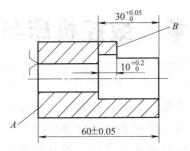

2. 图示零件在外圆、端面、内孔加工后，钻 $\phi 10$ 孔，试计算以 B 面定位钻 $\phi 10$ 孔的工序尺寸。

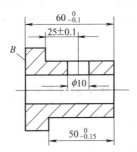

3. 图示零件的 $10_{-0.036}^{\ 0}$ 尺寸不便测量，可以采用深度卡尺测量大孔深度，由孔深尺寸间接保证尺寸 $10_{-0.036}^{\ 0}$，求该测量尺寸孔的深度及公差。

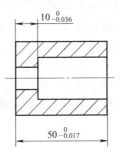

第3章 数控机床与夹具

教学目标

认识数控机床的组成、结构、分类和数控加工特点，具有初步的选用数控机床的知识和能力。掌握数控机床的主传动系统、进给传动系统。熟悉数控机床用导轨、自动换刀装置、数控回转工作台与分度工作台、高速动力盘与其他辅助装置。熟悉常见的定位元件和定位方法。了解粗基准的一般选择原则。

3.1 数控机床的种类

随着科学技术的飞速发展，数控机床的品种和规格愈来愈多，根据数控机床的功能和组成，一般可以有以下四种分类方法。

3.1.1 按运动方式分类

（1）点位控制系统 点位控制系统（图 3-1）的数控机床，其数控装置只控制刀具从一点到另一点的位置，而不控制移动的轨迹。因为点位控制数控机床只要求获得准确的加工坐标点的位置。由于数控机床只是在刀具或工件到达指定的位置后才开始加工，刀具在工件固定时执行切削任务，在运动过程中不进行加工。为了在精确定位的基础上有尽可能高的生产率，两相关点之间的移动先快速移动接近定位点时再降低速度，以保证定位精度。例如数控钻床、数控坐标镗床、数控冲床等均采用点位控制系统。

（2）直线控制系统 直线控制系统（图 3-2）不但要求刀具或机床工作台从起点坐标到终点坐标，还要求刀具或工作台以给定的速度沿平行于某坐标轴方向运动的过程中进行切削加工。

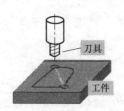

图 3-1 点位控制系统

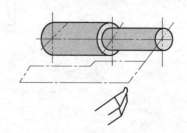

图 3-2 直线控制系统

（3）轮廓控制系统 轮廓控制数控机床能够对两个或两个以上的坐标轴同时进行控制，它不仅能够控制机床移动部件的起点与终点坐标值，而且能控制整个加工过程中每一个点的速度与位移量，既要控制加工的轨迹，又要加工出要求的轮廓。如图 3-3 所示，其被加工工件的轮廓线可以是任意形式的曲线，且可以用直线插补或圆弧插补的方法进行切削加工出来。

3.1.2 按工艺用途分类

（1）一般数控机床 一般数控机床是在普通机床的基础上发展起来的。这种类型的数控机床和工艺用途与普通机床相似，不同的是它适合加工单件、小批量和复杂形状的零件，它

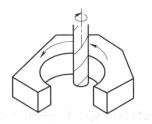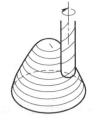

图 3-3　轮廓控制系统

的生产率和自动化程度比传统机床高，而且这类机床的控制轴数一般不超过三坐标。其种类有以下几种。

① 数控车床，如图 3-4 所示。

② 数控铣床，如图 3-5 所示。

图 3-4　数控车床

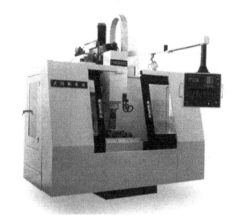

图 3-5　数控铣床

③ 数控钻床，如图 3-6 所示。

④ 数控平面磨床，如图 3-7 所示。

图 3-6　数控钻床

图 3-7　数控平面磨床

⑤ 数控镗床。

⑥ 数控外圆磨床。

⑦ 数控工具磨床。

⑧ 数控轮廓磨床。

⑨ 数控坐标磨床。

⑩ 数控齿轮加工机床。

⑪ 数控冲床。

（2）数控加工中心   数控加工中心机床是在数控机床的基础上发展起来的，它是数控机床发展到一定阶段的产物。它有一个自动刀具交换装置（ATC），在刀具和主轴之间有一换刀机械手，工件一次装夹后，可自动连续进行铣、镗、钻、扩、铰、攻螺纹等多种工序的加工。加工中心又分为立式加工中心、卧式加工中心和复合式加工中心。如图 3-12 所示。

（3）特种加工机床

① 数控电火花加工机床（如图 3-8 所示）。

② 数控线切割机床（如图 3-9 所示）。

图 3-8   电火花成形机床

图 3-9   电火花线切割机床

③ 数控激光加工机床。

④ 数控超声波加工机床。

3.1.3   按控制方式分类

数控机床按照被控量有无检测反馈装置可分为开环控制系统和闭环控制两种。在闭环系统中，根据测量装置安放的部位又分为全闭环控制和半闭环控制两种。

（1）开环控制系统   开环控制系统的特点是速度和精度都低，但其反应迅速，调度方便，工作比较稳定，维修简便，成本也较低。

（2）闭环控制系统   闭环控制系统的特点是加工精度高，移动速度快，但调试和维修比较复杂，稳定性难以控制，成本也较高。

（3）半闭环控制系统   半闭环控制系统的特点是精度及稳定性较高，价格适中，调度维修也较容易，兼顾了开环控制和闭环控制两者的特点，因此应用比较普遍。

3.1.4   按数控机床的性能分类

（1）低档数控机床   低档数控机床也称经济型数控机床。其特点是根据实际的使用要求，合理地简化系统，以降低价格。这类机床的技术指标通常为：脉冲当量为 0.01～0.005mm，快速进给 4～10m/min，驱动元件为开环步进电动机，联动轴数为 2 轴。

（2）中档数控系统   中档数控机床的技术指标通常为：脉冲当量为 0.005～0.001mm，快速进给为 15～24m/min，伺服系统为半闭环直流或交流伺服系统，联动轴数为 3 轴。

（3）高档数控机床   高档数控机床的技术指标通常为：脉冲当量为 0.001～0.0001mm，

快速进给为 15～100m/min，伺服系统为闭环直流或交流伺服系统，联动轴数为多轴。

3.2　常见数控机床的组成及工作原理

　　数控机床是一种利用信息处理技术进行自动加工控制和金属切削的机床，是数控技术运用的典范。熟悉数控机床的组成，不仅能掌握数控机床的工作原理，同时掌握了数控技术在其他行业的应用。

3.2.1　几种常见数控机床

　　(1) 数控车床　图 3-10 所示为数控车床外观。数控车床一般为两轴联动功能，Z 轴是与主轴方向平行的运动轴，X 轴是在水平面内与主轴方向垂直的运动轴。在车铣加工中心上还多了一个 C 轴，用于实现工件的分度功能，在刀架中可安放铣刀，对工件进行铣削加工。

　　(2) 数控铣床　数控铣床适于加工三维复杂曲面，在汽车、航空航天、模具等行业被广泛采用，图 3-11 所示为数控铣床。数控铣床可分为数控立式铣床、数控卧式铣床、数控仿形铣床等。

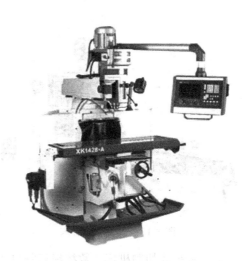

图 3-10　数控车床　　　　　　　　　　　　图 3-11　数控铣床

　　(3) 加工中心　数控加工中心是具有自动刀具交换装置，并能进行多种工序加工的数控机床。加工中心上可在工件一次装夹中进行铣、镗、钻、扩、铰、攻螺纹等多工序的加工。一般的加工中心常常是指能完成上述工序内容的镗铣加工中心，可分为立式加工中心和卧式加工中心，立式加工中心的主轴是垂直的，卧式加工中心的主轴是水平方向的，如图 3-12 所示。

　　在加工中心上，一个工件可以通过夹具安放在回转工作台或交换托盘上，通过工作台的旋转可以加工多面体，通过托盘的交换可更换加工的工件，以提高加工效率。

　　(4) 数控磨床　数控磨床主要用于加工高硬度、高精度表面。可分为数控平面磨床、数控内圆磨床、数控轮廓磨床等。随着自动砂轮补偿技术、自动砂轮修整技术和磨削固定循环技术的发展，数控磨床的功能越来越强。图 3-13 所示为数控平面磨床。

　　(5) 数控钻床　数控钻床主要完成钻孔、攻螺纹功能，同时也可以完成简单的铣削功能，刀库可存放多种刀具。数控钻床可分为数控立式钻床和数控卧式钻床。

　　(6) 数控电火花成形机床　图 3-14 所示为数控电火花成形机床，属于一种特种加工机

(a) 立式加工中心

(b) 卧式加工中心

图 3-12 加工中心

床。其工作原理是利用两个不同极性的电极在绝缘液体中产生放电现象，去除材料进而完成加工。非常适用于形状复杂的模具及难加工材料的加工。

图 3-13 数控平面磨床

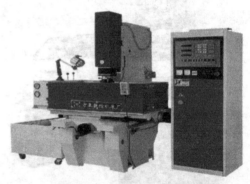

图 3-14 数控电火花成形机床

（7）数控线切割机床 数控线切割机床的工作原理与电火花成形机床一样，其电极是电极丝，加工液一般采用去离子水。图 3-15 所示为数控线切割机床。

图 3-15 数控线切割机床

3.2.2 数控机床的组成

数控机床主要由输入输出设备、数控装置、伺服系统、检测反馈系统和机床本体等几部分组成。而现在计算机数控机床由程序、输入输出设备、计算机数控装置、可编程控制器、主轴控制单元及速度控制单元等几部分组成，如图 3-16 所示。

（1）程序的存储介质 在使用数控机床之前，先根据零件图上规定的尺寸、形状和技术条件，编写出工件的加工程序，将加工工件时刀具相对于工件的位置和机床的全部动作顺序，按照规定的格式和代码记录在信息载体上。也就是把编写好的加工程序存储在某种存储介质上，如纸带、磁带或软、硬磁盘等。

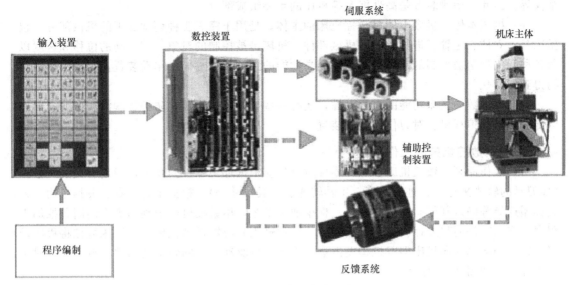

输入装置　数控装置　伺服系统　机床主体

辅助控制装置

程序编制　反馈系统

图 3-16　数控机床的组成

（2）输入、输出装置　存储介质上记载的加工信息需要输送给机床的数控系统，机床内存中的零件加工程序可以通过输出装置传送到存储介质上。输入输出装置是机床与外部设备的接口。

键盘和显示器是数控系统不可缺少的人机交互设备，操作人员可通过键盘和显示器输入加工程序，编辑修改程序和发送操作命令，因此键盘是交互设备中最重要的输入设备之一。目前常用的输入装置主要有纸带阅读机、软盘驱动器、R232C 串行通信口、MDI 方式等。

（3）数控装置　数控装置是数控机床的中枢，它接受输入装置送到的数字化信息，经过数控装置的控制软件和逻辑电路进行译码、运算和逻辑处理后，将各种指令信息输给伺服系统，使设备按规定的动作执行。

（4）伺服系统　伺服系统是数控系统与机床本体之间的电传动联系环节。主要由伺服电动机、驱动控制系统及位置检测组成。伺服电动机是系统的执行元件，驱动控制系统则是伺服电动机的动力源。数控系统发出的指令信号与位置检测反馈信号比较后作为位移指令，再经过驱动控制系统功率放大后，驱动电动机运转，从而通过机械传动装置托动工作台或刀架运动。伺服系统的作用是使来自于数控装置的脉冲信号转换成机床移动部件的运动，使机床的工作台按规定的移动或精确定位，加工出符合图纸要求的工件。

常用的伺服电机有步进电动机、电液伺服电机、直流伺服电动机和交流伺服电动机。

脉冲当量是衡量数控机床的重要参数。数控装置输出一个脉冲信号使机床工作台移动的位移量叫做脉冲当量（也叫最小设定单位）。常用的脉冲当量为 0.001mm/脉冲，精密机床要求达到 0.0001mm/脉冲。每个进给运动的执行部件都有相应的伺服驱动系统，整个机床的性能也取决于伺服驱动系统。

（5）检测反馈系统　检测反馈装置的作用是对机床的实际运动速度、方向、位移量以及加工状态加以检测和结果转化为电信号反馈给 CNC 装置中，通过比较计算出实际的偏差，并发出纠正误差指令。测量装置安装在数控机床的工作台或丝杠上。按照有无检测装置，CNC 系统可分为开环与闭环系统，而按测量装置安装的位置不同又可分为闭环与半闭环数控系统。开环数控系统的控制精度取决于步进电动机和丝杠的精度，闭环数控系统的精度取决于测量装置的精度。在半闭环系统中，位置检测主要用感应同步器、磁栅、光栅、激光测距仪等。因此，检测装置是高性能数控机床的重要组成部分。

（6）机床本体　机床本体是数控机床的主体，是用于完成各种切削加工的机械部分，包括床身、立柱、主轴、进给机构等机械部件。机床是被控制的对象，其运动的位移和速度以及各种开关量是被控制的。数控机床采用高性能的主轴及进给伺服驱动装置，其机械传动结构得到了简化。

为了保证数控机床功能的充分发挥，还有一些如冷却、排屑、防护、润滑、照明、储运等配套部件和编程机、对刀仪等辅助装置。

3.2.3　数控机床的工作原理

（1）工作原理　数控机床在加工零件时首先应根据加工零件的图纸，确定有关加工数据（如刀具的轨迹坐标点、进给速度、主轴转速、刀具尺寸等），根据工艺方案、夹具选用、刀具类型选择等确定其他有关辅助信息。根据加工工艺，用数控机床识别的语言编制数控加工程序，将编写好的程序存放在信息载体上，通过输入介质输送到机床上，机床数控将程序译码，寄存和运算，向机床伺服机构发出运动指令，以驱动机床的各运动部件，自动完成对工件的加工，如图 3-17 所示。

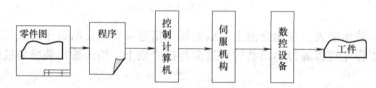

图 3-17　数控机床工作原理

（2）数控机床的特点　在大批量生产条件下，采用机械加工自动化可以取得较好的经济效益。与普通机床相比具有如下特点。

① 适应性强，适合加工单件或小批量复杂工件。在数控机床上改变加工工件时，只需要重新编制工件的加工程序，输入到机床上，就能实现新工件的加工，不必制造、更换许多工具、夹具，不需要经常调整机床。因此，数控机床特别适合单件、小批量及试制新产品的开发，缩短了生产周期，节省了大量工艺装备的费用。

② 加工精度高。数控机床的脉冲当量普遍可达 0.001mm/脉冲，传动系统和机床结构都具有很高的刚度和热稳定性，工件加工精度高，进给系统采用消除间隙措施，机床进给传动链的反向间隙与丝杠螺距平均误差可由数控装置进行补偿。因此，加工精度高。

③ 加工质量稳定、可靠。加工同一批零件，在同一机床，在相同条件下，使用刀具和加工程序，刀具的走刀轨迹完全相同，零件的一致性好，质量稳定。

④ 生产效率高。工件加工所需要的时间包括机动时间和辅助时间。数控机床可以有效地减少这两部分的时间。数控机床的主轴转速和进给量的调整范围都比普通机床的范围大，机床刚性好，机床移动部件的快速移动和定位及高速切削加工，极大地提高了生产率。

⑤ 减轻劳动强度，改善劳动条件。数控机床加工是自动进行的，工件加工过程不需要人的干扰，加工完毕后自动停车，这就使工人劳动条件大改善。

⑥ 有利生产管理的现代化。数控机床的加工，所使用的刀具可进行规范化、现代化管理。数控机床使用数字信号与标准代码为控制信息，易于实现加工信息的标准化，目前与计算机辅助设计与制造（CAD/CAM）有机地结合起来，是现代集成制造技术的基础。

3.3　数控机床的伺服系统

3.3.1　伺服系统的概念

（1）什么是伺服系统　数控机床的伺服系统是 CNC 装置与机床的联系环节，CNC 发出的控制信息，通过伺服驱动系统，转换成坐标轴的运动，完成程序所规定的操作，它是以机床运动部件的位置（或角度）和速度（或转速）为控制量的系统，包括主运动伺服系统和进给运动伺服系统，伺服系统是数控的重要组成部分。伺服系统的作用如下。

① 伺服驱动系统能放大控制信号，具有输出功率的能力。

② 伺服驱动系统根据 CNC 装置发出的控制信息对机床移动部件位置和速度进行控制。

（2）数控机床对伺服系统的基本要求　伺服系统是数控机床的重要组成部分之一，而数控机床的性能很大程度上也取决于伺服系统的性能，对伺服系统的主要要求如下。

① 位置精度要高　数控机床在加工时免除发操作者的人为误差，它是按预定的程序自动进行加工，不可能应付事先没有料到的情况，也就是说，数控机床不可能像传统机床那样，用手动操作来补偿和调整各种因素对加工精度的影响。因此它要求定位精度和轮廓切削精度能够达到数控机床的精度指标。在位置控制中要求高的定位精度，一般为 $0.1 \sim 1\mu m$。在速度控制中要求具有很高的调速精度和很强的抗干扰能力，要求工作稳定性要好。有关伺服系统的精度指标主要有以下两个。

a. 定位精度。要求的定位位置与实际定位位置所偏离的分散范围，也就是指工作台从一端移到另一端时，其指令值和实际位置的最大偏差，它直接反应被加工工件的加工精度。

b. 重复定位精度。重复定位时，实际定位值在某定点范围内的精度，它主要决定了零件加工的一致性。

② 脉冲当量　数控系统每发出一进给指令脉冲，伺服系统将其转化成相应的位移量，称之为脉冲当量，脉冲当量越小，机床的精度越高。

③ 分辨率　定位机构中最小的位置检测量（如 0.001mm），它一般与坐标显示中的最小分辨位数一致。

④ 快速响应性好　快速响应是伺服系统动品质的标志之一。为了保证轮廓切削形状精度和低的加工表面粗糙度，除了要求有较好的定位精度外，还要求有较好的快速响应特性。它要求伺服系统跟踪指令信号响应快，稳定性要好。一方面，要求系统在给定输入后，能在短暂的调节之后达到新的平衡或受外界干扰作用下能快速恢复原来的平衡状态，也就是要求过渡过程前沿陡，也就是上升率要大。

⑤ 调速范围要大　调速范围 r_n 是指机床要求伺服电动机提供的最高转速 n_1 和最低转速 n_2 之比，$r_n = n_1/n_2$。

数控机床在实际运行中，对工作台的进给速度要求满足三项。

a. 轻载快速趋近定位速度。指机床在非切削过程中，如换刀或装卸工件前后，使工作台快速趋近某一指定位置。为了提高工作效率，减少机床辅助运行。在保证准确的前提，要求机床以最快的速度移动，也就是编程指令 G00 的速度。

b. 切削进给速度。由于工件材料、刀具以及加工要求各不相同，要保证数控机床任何情况下都得到最佳切削条件，伺服系统必须足够的调速范围供选择，也就是编程指令 G01、G02 等后面要求的速度。

为了同时满足高速加工、低速进给要求，调速范围一般可达到 1 ∶ 12000 以上。

c. 低速时大转矩。根据数控的加工特点，大多数是在低速进行重切削，即在低速伺服系统要有大的转矩输出。这种可以使动力源尽量靠近机床的执行机构，使传动装置机械部分的结构简化，系统的刚性增加，传动精度提高。

⑥ 系统可靠性好　数控机床在使用过程中，因加工需要持续24h工作不停机，因此就必须要求系统可靠性要好，系统的可靠性常用发生故障时间和长短的平均值作为依据，平均无故障时间越长，可靠性愈好。

当然对伺服系统除了上述五项基本要求外，也要求温升低，噪声小，效率高，体积小，价格低，控制方便，维修保养方便等其他方面的要求。

3.3.2　伺服系统的分类

（1）伺服系统的分类方法　伺服系统有多种分类方法，常见的分类方法有以下几种。

① 按其控制方式分　可分为开环伺服系统、半闭环伺服系统和闭环系统。

② 按驱动方式分　可分为液压伺服系统、气压伺服系统和电气伺服系统。

③ 按执行元件的类别分　可分为直流电动机伺服系统、交流电动机伺服驱动系统。

（2）伺服系统的组成和工作原理　伺服系统的组成及工作原理分别以开环伺服系统、闭环伺服系统和半闭环伺服系统为例来介绍其系统的组成及工作原理。

① 开环伺服系统　开环伺服主要由驱动控制环节、执行元件和机床运动部件三大部分组成，在开环系统中的执行元件是步进电动机。

数控系统发出指令脉冲经过驱动线路变换与放大，传给步进电动机，步进电动机接受一个脉冲指令，就旋转一个角度，再通过齿轮副和丝杠螺母带动机床工作台移动。步进电动机的旋转速度取决于脉冲的频率，转角的大小由指令脉冲数决定，反映到工作台上就是工作台的移动、速度和位移的大小，这种只含有信号的放大和转换，不带有位移检测反馈的伺服系统，称为开环伺服系统（简称为开环系统）。

该系统没有检测和反馈环节，因此系统的精度低，但由于它结构较为简单，调试方便，工作可靠，稳定性好，价格低廉，所以广泛应用于精度要求不高的中小型数控机床上。如图3-18所示。

② 闭环伺服系统　闭环伺服有位置反馈系统，可以补偿机械传动装置中的各种误差、间隙和干扰的影响，有很高的定位精度和较高的速度。它主要由执行元件、测量反馈装置、比较环节、驱动线路（包括位置和速度控制）、伺服电动机等部分组成。如图3-19所示为闭环伺服系统的工作原理。

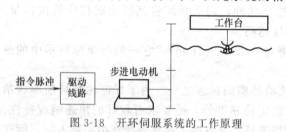

图 3-18　开环伺服系统的工作原理

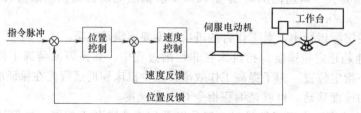

图 3-19　闭环伺服系统的工作原理

当数控装置发出指令脉冲，经电动机驱动机床工作台移动，安装在工作台的位置检测装置，将工作台的实际位移量检测出并转换成电信号，经反馈线路与指令信号进行比较，并将其差值经伺服放大，控制伺服电动机带动工作台移动，直到两者的差值为零为止。

这种系统结构复杂，安装调试难度大，价格也昂贵，一般只在大型精密机床上使用。

③ 半闭环伺服系统　半闭环伺服是指数控机床检测反馈信息从伺服电动机或滚珠丝杠等中间某一拾取的反馈信号的伺服系统。如图 3-20 所示为半闭环伺服系统的工作原理。

由于这种系统没有将丝杠螺母副、齿轮传动副等传动装置包含在闭环系统中，不能补偿该部分装置的传动误差，所以半闭环伺服系统的加工精度低于闭环伺服系统，这种系统抛开了一些诸如传动系统刚度和摩擦阻尼等非线性因素，使这种系统调试较容易，稳定性也较好。另外，如果选用传动精度较高的滚珠丝杠和精密消隙功能的数控装置，也能达到较高的加工精度，或者采用较高分辨率的检测元件也可以获取较为满意的精度要求。这种系统在中小型数控机床上得到了广泛的应用。

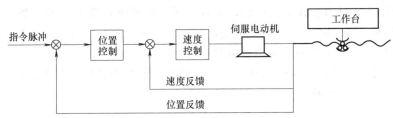

图 3-20　半闭环伺服系统的工作原理

3.4　数控夹具概述

3.4.1　机床夹具的概述

工件的定位是通过工件上的定位基准面和夹具上定位元件工作表面之间的配合或接触实现的，一般应根据工件上定位基准面的形状，选择相应的定位元件。

（1）工件以平面定位　工件以平面定位时，常用定位元件为固定支承、可调支承、浮动支承、辅助支承。

① 固定支承　固定支承有支承钉和支承板两种形式，平头支承钉和支承板用于已加工平面的定位；球头支承钉主要用于毛坯面定位；齿纹头支承钉用于侧面定位，以增大摩擦因数。限制一个移动自由度。

② 可调支承　可调支承用于工件定位过程中，支承钉高度需调整的场合，可调支承大多用于毛坯尺寸、形状变化较大，以及粗加工定位。限制一个移动自由度。

③ 浮动支承　工件定位过程中，能随着工件定位基准位置的变化而自动调节的支承，称为浮动支承。浮动支承常用的有三点式和两点式，无论哪种形式的浮动支承，其作用相当于一个固定支承，只限制一个移动自由度，主要目的是提高工件的刚性和稳定性。用于毛坯面定位或刚性不足的场合。

④ 辅助支承　辅助支承是指由于工件形状、夹紧力、切削力和工件重力等原因，可能使工件在定位后还产生变形或定位不稳，为了提高工件的装夹刚性和稳定性而增设的支承。因此，辅助支承只能起提高工件支承刚性的辅助定位作用，而不起限制自由度的作用，更不能破坏工件原有定位。

（2）工件以圆孔定位　工件以圆孔定位时，常用的定位元件有定位销、圆柱芯轴、圆锥销、圆锥芯轴。

① 定位销　定位销分为短销和长销。短销只能限制两个移动自由度，而长销除限制两

个移动自由度外，还可限制两个转动自由度。

② 圆柱芯轴　圆柱芯轴定位有间隙配合和过盈配合两种。间隙配合拆卸方便，但定心精度不高；过盈配合定心精度高，不需夹紧，但装拆工件不方便。

③ 圆锥销　采用圆锥销定位时，圆锥销与工件圆孔的接触线为一个圆，限制工件三个移动自由度。

④ 圆锥芯轴　限制工件三个移动自由度和两个转动自由度。

（3）工件以外圆柱面定位　工件以外圆柱面定位时，常用的定位元件有支承板、V 形块、定位套、半圆孔衬套、锥套和三爪自动定心卡盘，最常见的是 V 形块和三爪自动定心卡盘。

① V 形块的优点是对中性好，可以使工件的定位基准轴线保持在 V 形块两斜面的对称平面上，而且不受工件直径误差的影响，安装方便。V 形块有窄 V 形块、宽 V 形块和两个窄 V 形块组合等三种结构形式。窄 V 形块定位限制工件的两个自由度；宽 V 形块或两个窄V 形块组合定位，限制工件两个移动自由度和两个转动自由度。

② 三爪自动定心卡盘能够自动地将工件的轴线确定在要求的位置上。限制工件两个移动自由度和两个转动自由度。

3.4.2　定位误差分析

加工时，因定位不准确而引起的加工误差称为定位误差，常用 Δ_D 表示。它包括基准不重合误差和基准位移误差两部分。

（1）定位误差的产生

① 基准不重合误差　工件的定位基准与设计基准不重合时产生的加工误差称为基准不重合误差，用 Δ_B 表示。

基准不重合误差的大小等于定位基准与设计基准之间的尺寸公差。即：

$$\Delta_B = \delta_L$$

② 基准位移误差　由定位副的制造误差和间隙引起定位基准位置的变动量称为基准位移误差，用 Δ_Y 表示。

基准位移误差的大小为定位基准的最大变动范围，即

$$\Delta_Y = A_{max} - A_{min}$$

式中　A_{max}——最大工序尺寸；

A_{min}——最小工序尺寸。

因此，定位误差 Δ_D 为上述两方面的矢量和。即

$$\vec{\Delta}_D = \vec{\Delta}_B + \vec{\Delta}_Y$$

式中的和是有方向的。如果 Δ_B、Δ_Y 方向相同（或相反）且与加工尺寸线方向平行（相一致），则两项可以直接相加（或相减）；如果 Δ_B、Δ_Y 方向与加工面的尺寸线方向不平行（即不一致），则需将 Δ_B、Δ_Y 投影到加工尺寸线方向来计算。

（2）定位误差的分析与计算　根据定位方式分别计算出基准不重合误差 Δ_B 和基准位移误差 Δ_Y 后，按一定规律将其合成即可得到定位误差。

① 工件以外圆柱面在 V 形块上定位时的定位误差　工件以外圆柱面在 V 形块中定位，由于工件定位面外圆直径有公差 δ_D，对一批工件而言，当直径由最小 $D - \delta_D$ 变到最大 D 时，工件中心（即定位基准）将在 V 形块的对称中心平面内上下偏移，左右不发生偏移，即工件中心由 O_1 变到 O_2，其变化量 O_1O_2（即 Δ_Y）由几何关系推出

$$\Delta_Y = O_1 O_2 = \frac{\dfrac{\delta_D}{2}}{\sin \dfrac{\alpha}{2}} = \frac{\delta_D}{2 \sin \dfrac{\alpha}{2}}$$

工件以外圆柱面在 V 形块上定位的基准不重合误差 Δ_B 与设计基准的位置有关，分别介绍其定位误差。

设计基准与定位基准重合，则基准不重合误差 $\Delta_B = 0$，其定位误差为

$$\Delta_D = 0 + \Delta_Y = 0 + \frac{\delta_D}{2 \sin \dfrac{\alpha}{2}} = \frac{\delta_D}{2 \sin \dfrac{\alpha}{2}}$$

设计基准 a 与定位基准 O_1 不重合，除含有定位基准位移误差 Δ_Y 外，还有基准不重合误差 Δ_B。假定定位基准 O_1 不动，当工件直径由最小 $D - \delta_D$ 变到最大 D 时，设计基准 a 的变化量为 $\dfrac{\delta_D}{2}$，就是 Δ_B 的大小，其方向由 a 到 a'，与定位基准 O_1 变到 O_2 的方向相同，故其定位误差 Δ_D 是二者之和，即

$$\Delta_D = \Delta_B + \Delta_Y = \frac{\delta_D}{2} + \frac{\delta_D}{2 \sin \dfrac{\alpha}{2}} = \frac{\delta_D}{2} \left(1 + \frac{1}{\sin \dfrac{\alpha}{2}} \right)$$

设计基准 b 与定位基准 O_1 不重合的另一种情况。当工件直径由最小 $D - \delta_D$ 变到最大 D 时，设计基准 b 的变化量仍为 $\dfrac{\delta_D}{2}$，但其方向由 b 到 b'，与定位基准 O_1 变到 O_2 的方向相反，故其定位误差 Δ_D 是二者之差，即

$$\Delta_D = -\Delta_B + \Delta_Y = -\frac{\delta_D}{2} + \frac{\delta_D}{2 \sin \dfrac{\alpha}{2}} = \frac{\delta_D}{2} \left(\frac{1}{\sin \dfrac{\alpha}{2}} - 1 \right)$$

可见，工件以外圆柱面在 V 形块定位时，如果设计基准不同，产生的定位误差 Δ_D 也不同。其中以下母线为设计基准时，定位误差最小，也易测量。故轴类零件的键槽尺寸，一般多以下母线标注。

② 工件以圆孔在心轴上定位时的定位误差　这里介绍工件以圆孔在间隙配合芯轴上的定位情况。

a. 芯轴水平放置。工件因自重始终靠在孔的下边，即单边接触。Δ_Y 仅反映在径向，单边向下。即

$$\Delta_Y = \frac{1}{2} (\delta_D + \delta_d)$$

b. 芯轴垂直放置。因为无法预测间隙偏向哪一边，定位基准孔在任何方向都可作双向移动，故其最大位移量（即 Δ_Y）较芯轴水平放置时大一倍。即

$$\Delta_Y = D_{max} - d_{min}$$

因为芯轴垂直放置（双边接触）与水平放置（单边接触）不同，$\Delta_{间}$（最小间隙）无法在调整刀具时预先清除补偿。所以必须考虑 $\Delta_{间}$ 的影响。

c. 工件以一面两孔组合定位时的定位误差　工件以一面两孔定位的定位误差也是由基准位移误差和基准不重合误差组成，下面先讨论基准位移误差，然后根据具体例子来计算定位误差。

工件以一面两孔定位的基准位移误差包括两类，即沿平面内任意方向的基准位移误差 Δ_Y 和基准转角误差 $\Delta\theta / 2$。

ⅰ. 平行于两定位孔连心线方向的 Δ_Y（即工件的 $\vec{x}$ 方向）。由于该方向自由度由竖放的圆柱销限制，为任意边接触，所以其中 Δ_Y 决定于圆柱销与定位孔的最大配合间隙，即

$$\Delta_Y = X_{1max} = \delta_{D1} + \delta_{d1} + \Delta_{间}$$

ⅱ. 垂直于两定位孔连心线方向的 Δ_Y（即工件的 $\vec{y}$ 和 $\vec{z}$ 方向）。这两个自由度由圆柱销1、削边定位销2共同限制，两销连心线为 O_1O_2；若两销与两孔均处于最大配合间隙，且两孔以上母线与销接触，则两孔连心线下移；反之，上移。其最大位置变动量 Δ_Y 可按孔1中心线位置的最大变动量 $X_{1max} = \delta_{D1} + \delta_{d1} + \Delta_{间}$ 计算，但若销1为上母线接触而销2为下母线接触，或反过来销1为下母线接触而销2为上母线接触，两孔连心线相对于两销连心线产生基准转角误差。

ⅲ. 转角误差。取决于两孔和两销的最大配合间隙 X_{1max} 和 X_{2max}、中心距 L 以及工件的偏移方向。可近似计算为

$$\frac{\Delta\theta}{2} = \pm \arctan \frac{O_1O'_1 + O_2O'_2}{L} = \pm \arctan \frac{X_{1max} + X_{2max}}{2L}$$

式中　X_{1max}——圆柱销与定位孔的最大配合间隙；

　　　X_{2max}——削边销与定位孔的最大配合间隙。

可见，为了减小转角误差，两定位孔之间的距离应尽可能大些。

3.4.3　工件定位原理、夹具的分类和组成

（1）夹具的功用　在机床上加工零件时，为保证加工精度，必须先使工件在机床上占据一个正确的位置，即定位。然后将其压紧夹牢，使其在加工中保持这一正确位置不变，即夹紧。从定位到夹紧的全过程称为工件的装夹。

（2）工件定位的基本原理

① 六点定位原理　工件在空间具有六个自由度，即沿 x、y、z 三个直角坐标轴方向的移动自由度 $\vec{x}$、$\vec{y}$、$\vec{z}$ 和绕这三个坐标轴的转动自由度 $\vec{x}$、$\vec{y}$、$\vec{z}$。因此，要完全确定工件的位置，就必须消除这六个自由度，通常用六个支承点（即定位元件）来限制工件的六个自由度，其中每一个支承点限制相应的一个自由度。

② 六点定位原理的应用　六点定位原理对于任何形状工件的定位都是适用的，如果违背这个原理，工件在夹具中的位置就不能完全确定。然而，用工件六点定位原理进行定位时，必须根据具体加工要求灵活运用，工件形状不同，定位表面不同，定位点的布置情况会各不相同，宗旨是使用最简单的定位方法，使工件在夹具中迅速获得正确的位置。

（3）工件的定位

① 完全定位　工件的六个自由度全部被夹具中的定位元件所限制，而在夹具中占有完全确定的唯一位置，称为完全定位。

② 不完全定位　根据工件加工表面的不同加工要求，定位支承点的数目可以少于六个。有些自由度对加工要求有影响，有些自由度对加工要求无影响，这种定位情况称为不完全定位。不完全定位是允许的。

③ 欠定位　按照加工要求应该限制的自由度没有被限制的定位称为欠定位。欠定位是不允许的，因为欠定位保证不了加工要求。

④ 过定位　工件的一个或几个自由度被不同的定位元件重复限制的定位称为过定位。当过定位导致工件或定位元件变形，影响加工精度时，应该严禁采用。但当过定位并不影响加工精度，反而对提高加工精度有利时，也可以采用。

（4）机床夹具的分类　机床夹具的种类很多，按使用机床类型分类，可分为车床夹具、铣床夹具、钻床夹具、镗床夹具、加工中心夹具和其他机床夹具等。按驱动夹具工作的动力源分类，可分为手动夹具、气动夹具、液压夹具、电动夹具、磁力夹具、真空夹具和自夹紧夹具等。按专门化程度可分为以下几种类型的夹具：

① 通用夹具　通用夹具是指已经标准化、无需调整或稍加调整就可以用来装夹不同工件的夹具。如三爪卡盘、四爪卡盘、平口虎钳和万能分度头等。这类夹具主要用于单件小批生产。

② 专用夹具　专用夹具指专为某一工件的某一加工工序而设计制造的夹具。结构紧凑，操作方便，主要用于固定产品的大批大量生产。如图 3-21 所示，拉车轮专用夹具。

③ 组合夹具　组合夹具是指按一定的工艺要求，由一套预先制造好的通用标准元件和部件组装而成的夹具。使用完毕后，可方便地拆散成元件或部件，待需要时重新组合成其他加工过程的夹具。适用于数控加工、新产品的试制和中、小批量的生产。

图 3-21　拉车轮专用夹具

④ 可调夹具　可调夹具包括通用可调夹具和成组夹具，它们都是通过调整或更换少量元件就能加工一定范围内的工件，兼有通用夹具和专用夹具的优点。

数控机床夹具常用通用可调夹具、组合夹具。

（5）机床夹具的组成　机床夹具的种类虽然很多，但其基本组成是相同的。

① 定位装置　定位装置是由定位元件及其组合而构成，用于确定工件在夹具中的正确位置。

② 夹紧装置　夹紧装置用于保持工件在夹具中的既定位置，保证定位可靠，使其在外力作用下不致产生移动，包括夹紧元件、传动装置及动力装置等。

③ 夹具体　夹具体用于连接夹具元件及装置，使其成为一个整体的基础件，以保证夹具的精度、强度和刚度。

（6）其他元件及装置　如定位键、操作件、分度装置及连接元件。

3.4.4　夹紧机构

夹紧是工件装夹过程中的重要组成部分。工件定位后必须通过一定的机构产生夹紧力，把工件压紧在定位元件上，使其保持准确的定位位置，不会由于切削力、工件重力、离心力或惯性力等的作用而产生位置变化和振动，以保证加工精度和安全操作。这种产生夹紧力的机构称为夹紧装置。

（1）夹紧装置应具备的基本要求

① 夹紧过程可靠，不改变工件定位后所占据的正确位置。

② 夹紧力的大小适当，既要保证工件在加工过程中其位置稳定不变、振动小，又要使工件不会产生过大的夹紧变形。

③ 操作简单方便、省力、安全。

④ 结构性好，夹紧装置的结构力求简单、紧凑，便于制造和维修。

（2）夹紧力方向和作用点的选择

① 夹紧力应朝向主要定位基准。

② 夹紧力的作用点应落在定位元件的支承范围内，并靠近支承元件的几何中心。

③ 夹紧力的方向应有利于减小夹紧力的大小。

④ 夹紧力的方向和作用点应施加于工件刚性较好的方向和部位。

⑤ 夹紧力作用点应尽量靠近工件加工表面。为提高工件加工部位的刚性，防止或减少工件产生振动，应将夹紧力的作用点尽量靠近加工表面。

（3）典型夹紧机构简介

① 铣床夹具　铣床夹具中使用最普遍的是机械夹紧机构，这类机构大多数是利用机械摩擦的原理来夹紧工件的。斜楔夹紧是其中最基本的形式，螺旋、偏心等机构是斜楔夹紧机构的演变形式。

a. 斜楔夹紧机构。采用斜楔作为传力元件或夹紧元件的夹紧机构，称为斜楔夹紧机构。

b. 螺旋夹紧机构。采用螺旋直接夹紧或采用螺旋与其他元件组合实现夹紧的机构，称为螺旋夹紧机构。螺旋夹紧机构具有结构简单、夹紧力大、自锁性好和制造方便等优点，很适用于手动夹紧，因而在机床夹具中得到广泛的应用。缺点是夹紧动作较慢，因此在机动夹紧机构中应用较少。螺旋夹紧机构分为简单螺旋夹紧机构和螺旋压板夹紧机构。

图 3-22（a）所示为螺栓头部直接对工件表面施加夹紧力，螺栓转动时，容易损伤工件表面或使工件转动。解决这一问题的办法是在螺栓头部套上一个摆动压块，如图 3-22（b）所示，这样既能保证与工件表面有良好的接触，防止夹紧时螺栓带动工件转动，并可避免螺栓头部直接与工件接触而造成压痕。摆动压块的结构已经标准化，可根据夹紧表面来选择。

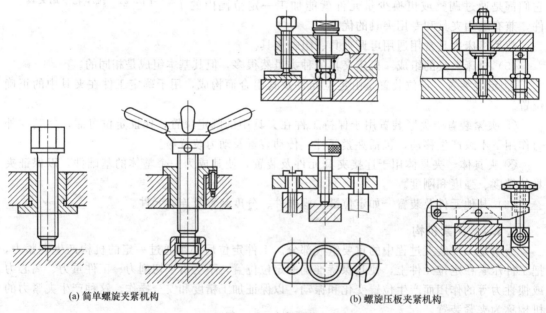

(a) 简单螺旋夹紧机构　　(b) 螺旋压板夹紧机构

图 3-22　夹紧机构

实际生产中使用较多的是螺旋压板夹紧机构，利用杠杆原理实现对工件的夹紧，杠杆比不同，夹紧力也不同。其结构形式变化很多。

c. 偏心夹紧机构。用偏心件直接或间接夹紧工件的机构，称为偏心夹紧机构。常用的偏心件有圆偏心轮［图 3-23（a）、（b）］、偏心轴［图 3-23（c）］和偏心叉［图 3-23（d）］。

偏心夹紧机构操作简单、夹紧动作快，但夹紧行程和夹紧力较小，一般用于没有振动或振动较小、夹紧要求不大的场合。

② 车床夹具　车床主要用于加工内外圆柱面、圆锥面、回转成形面、螺纹及端平面等。上述各表面都是绕车床主轴轴心的旋转而形成的，根据这一加工特点和夹具在车床上安装的位置，将车床夹具分为两种基本类型：一类是安装在车床主轴上的夹具，这类夹具和车床主轴相连接并带动工件一起随主轴旋转，除了各种卡盘、顶尖等通用夹具或其他机床附件外，

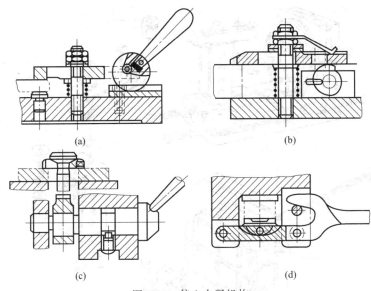

图 3-23 偏心夹紧机构

往往根据加工的需要设计出各种芯轴或其他专用夹具；另一类是安装在滑板或床身上的夹具，对于某些形状不规则和尺寸较大的工件，常常把夹具安装在车床滑板上，刀具则安装在车床主轴卡盘作旋转运动，夹具作进给运动。车床夹具的典型结构如下。

a. 三爪自定心卡盘。三爪自定心卡盘是一种常用的自动定心夹具，适用于装夹轴类、盘套类零件。

b. 四爪单动卡盘。适用于外形不规则、非圆柱体、偏心、有孔距要求（孔距不能太大）及位置与尺寸精度要求高的零件。

c. 花盘。与其他车床附件一起使用，适用于外形不规则、偏心及需要端面定位夹紧的工件。

d. 芯轴。常用芯轴有圆柱芯轴、圆锥芯轴和花键芯轴。圆柱芯轴主要用于套筒和盘类零件的装夹；圆锥芯轴（小锥度芯轴）的定芯精度高，但工件的轴向位移误差加大，多用于以孔为定位基准的工件；花键芯轴用于以花键孔定位的工件。

3.4.5 组合夹具

组合夹具是由一套结构已经标准化，尺寸已经规格化的通用元件、组合元件所构成。可以按工件的加工需要组成各种功用的夹具。组合夹具的出现和发展，为数控机床在机械工业中单件小批生产和新产品试制工作，创造了极为有利的条件。组合夹具有槽系组合夹具和孔系组合夹具。图 3-24 为一槽系组合夹具。

（1）组合夹具的工作原理、特点及应用

① 组合夹具的工作原理与特点　组合夹具是机床夹具中一种标准化、系列化、通用化程度很高的工艺装备。它是由一套预先制造好的标准元件组合而成。这些元件具有各种不同形状、尺寸和规格，并且有较好的互换性、耐磨性和较高的精度。根据工件的工艺要求，采用搭积木的方式组装成各种专用夹具。使用完毕后，可方便地拆开元件，洗净后存放起来，待重新组装时重复使用。

组合夹具有以下特点。

a. 灵活多变，为生产迅速提供夹具，缩短生产准备周期。

b. 保证加工质量，提高生产效率。

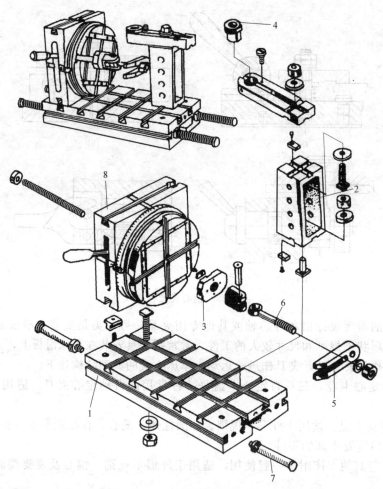

图 3-24　槽系组合夹具

1—长方形基础板；2—方形支撑件；3—菱形定位盘；4—快换钻套；
5—叉形压板；6—螺栓；7—手柄杆；8—分度合件

　　c. 节约人力、物力和财力。

　　d. 减少夹具存放面积，改善管理工作。

　　② 组合夹具的应用　组合夹具应用范围很广，它不仅成熟地应用于机床、汽车、农机、仪表等行业，而且在重型、矿山等机械行业也进行了推广使用。

　　a. 从生产类型方面看，组合夹具的特点决定了它最适用于产品经常变换的生产，如单件小批生产、新产品试制和临时突击性的生产任务等。

　　b. 从加工工种方面看，组合夹具可用于钻、车、铣、刨、磨、镗、检验等工种，其中以钻床夹具应用量最大。

　　c. 从加工工件的几何形状和尺寸方面看，组合夹具一般可不受工件形状复杂程度的限制，很少遇到因工件形状特殊而不能组装夹具的情况。

　　d. 从加工工件的公差等级方面看，由于组合夹具元件本身为 IT2 公差等级，通过各组装环节的累积误差，因此在一般情况下，工件加工公差等级可达 IT3 级。

　　(2) 组合夹具元件的分类　组合夹具元件，按其用途不同，可分为八大类。

　　① 基础件　包括各种规格尺寸的方形、矩形、圆形基础板和基础角铁等，基础件主要用作夹具体，如图 3-25 所示。

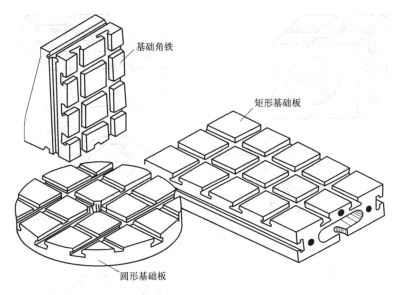

图 3-25　基础件

② 支承件　包括各种规格尺寸的垫片、垫板、方形和矩形支承、角度支承、角铁、菱形板、V 形块、螺孔板、伸长板等，支承件主要用作不同高度的支承和各种定位支承平面，是夹具体的骨架，如图 3-26 所示。

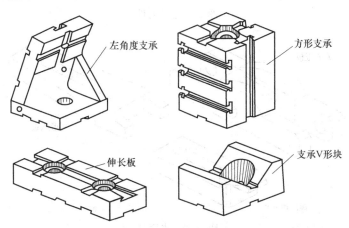

图 3-26　支承件

③ 定位件　包括各种定位销、定位盘、定位键、对位轴、各种定位支座、定位支承、锁孔支承、顶尖等，定位件主要用于确定元件与元件、元件与工件之间的相对位置尺寸，以保证夹具的装配精度和工件的加工精度，如图 3-27 所示。

④ 导向件　包括各种钻模板、钻套、铰套和导向支承等。导向件主要用来确定刀具与工件的相对位置，加工时起到引导刀具的作用。如图 3-28 所示。

⑤ 夹紧件　包括各种形状尺寸的压板，夹紧件主要用来将工件夹紧在夹具上，保证工件定位后的正确位置在外力作用下不变动。由于各种压板的主要表面都经过磨光，因此也常作定位挡板、连接板或其他用途。如图 3-29 所示。

⑥ 紧固件　包括各种螺栓、螺钉、螺母和垫圈等。紧固件主要用来把夹具上各种元件连接紧固成一整体，并可通过压板把工件夹紧在夹具上。

⑦ 其他件　包括除了上述六类以外的各种用途的单一元件，例如连接板、回转压板、

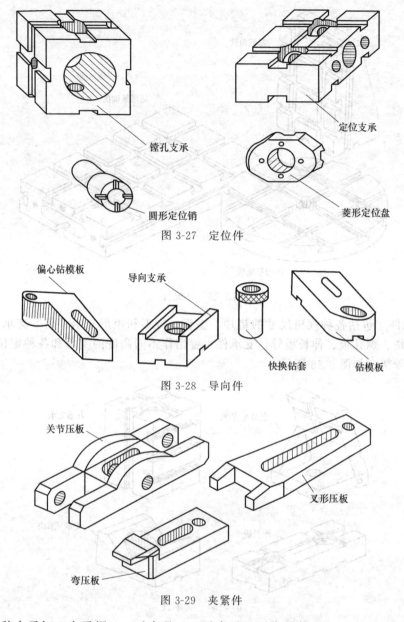

图 3-27 定位件

镗孔支承

定位支承

圆形定位销

菱形定位盘

图 3-28 导向件

偏心钻模板

导向支承

快换钻套

钻模板

图 3-29 夹紧件

关节压板

叉形压板

弯压板

浮动块、各种支承钉、支承帽、二爪支承、三爪支承、平衡块等。

⑧ 组合件　指在组装过程中不拆散使用的独立部件。按其用途可分为定位合件、导向合件、夹紧合件和分度合件等。

3.4.6　夹具概念及构成

机械加工过程中，用以确定工件相对于刀具和机床的正确位置，并使这个位置在加工过程中不因外力的影响而变动的工艺装备，称为机床夹具。机床夹具是用以使工件定位和夹紧的机床附加装置。

工件在夹具中的装夹包括定位和夹紧两方面的工作。定位是指在机床上确定工件相对于刀具的正确加工位置，以保证其被加工表面达到所规定的各项技术要求的过程；夹紧是指在已定好的位置上将工件固定下来可靠地夹住，防止在加工时工件因受到切削力、惯性力、离心力、重力及冲击和振动等的影响，发生位置移动而破坏定位的过程。

图 3-30 所示为在轴上钻孔时所用的一种简单的专用夹具。根据夹具的用途和种类的不同，各自结构也不相同，但其主要组成基本相似，概括以下几个部分。

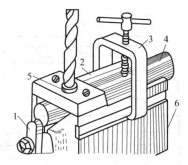

① 定位夹紧装置　夹具结构中包含有用以确定工件正确位置的定位元件和将工件夹牢的夹紧装置。图 3-30 中，零件采用 V 形块 2 与挡铁 1 进行定位，利用夹紧机构 3 进行夹紧。

② 对刀、引导元件　使用专用夹具进行加工时，为了预先调正刀具的位置，在夹具上设有确定刀具（铣、刨等）位置或导引刀具（孔加工刀具）方向的元件，如图 3-30 所示的钻套 5。

图 3-30　在轴上钻孔的夹具
1—挡铁；2—V 形块；3—夹紧机构；
4—工件；5—钻套；6—夹具体

③ 夹具体　夹具体的作用是使夹具上所有组成部分最终通过一个基础件连接成一个有机整体，如图 3-30 所示的元件 6。

④ 连接元件　为了使夹具在机床上占有正确的位置，一般夹具设有供夹具本身在机床上定位连接的元件。

按适用工件的范围和特点分为：通用夹具，如三爪卡盘、平口虎钳等；专用夹具，指专为某一工件的某一加工工序专门设计的夹具；组合夹具和可调夹具。按使用机床类型分为车床夹具、铣床夹具、钻床夹具、镗床夹具及数控机床夹具等。按驱动夹具工件的动力源分为手动、气动、液压、气液压、电磁、自紧等夹具。

3.5　工件的定位

3.5.1　工件定位的基本原理

如图 3-31（a）所示，一个在空间处于自由状态的物体，具有 6 个自由度，即沿 3 个坐标轴的移动自由度 $\vec{x}$、$\vec{y}$、$\vec{z}$ 和绕这 3 个坐标轴的转动自由度 $\hat{x}$、$\hat{y}$、$\hat{z}$。确定物体在空间的位置，要限制其 6 个空间自由度。确定工件在夹具中的位置，需要限制工件的六个自由度。如图 3-31（b）所示，用合理分布的 6 个支承点限制工件的 6 个自由度。这一原理称为"六点定位原理"。

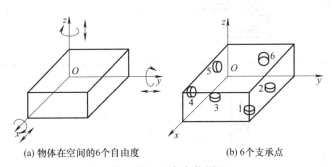

(a) 物体在空间的6个自由度　　　　(b) 6个支承点

图 3-31　六点定位原理

根据工件的不同加工要求，有些自由度对加工有影响，这样的自由度必须限制，而有些不影响加工要求的自由度，有时可以不必限制。

工件的 6 个自由度全部被限制的定位称为完全定位，如图 3-31（b）所示。

根据工件的加工要求，在保证加工质量的前提下，并不需要限制工件的全部自由度，这

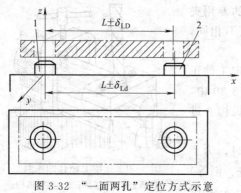

图 3-32　"一面两孔"定位方式示意
1，2—短圆柱销

样的定位称为不完全定位，如图 3-32 所示。

两个或两个以上的定位元件重复限制工件的同一个或几个自由度的现象，称为过定位。图 3-32 所示为一箱体镗孔时采用的"一面两孔"定位方式示意，支承板限制 $\vec{z}$、$\hat{x}$、$\hat{y}$ 三个自由度；短圆柱销 1 限制工件 $\vec{x}$、$\vec{y}$ 两个自由度；短圆柱销 2 限制工件 $\vec{x}$、$\vec{z}$ 两个自由度。$\vec{x}$ 自由度被重复限制，产生了过定位现象。通常工件两孔中心距与夹具上两销中心距存在误差，当误差较大，而孔与销的配合间隙较小时，会导致工件不能安装。同时，过定位可能使工件在加工过程中产生变形，影响加工精度，所以，工件在加工过程中应尽量避免过定位现象的产生。

根据工件的加工要求，应该限制而没有完全被限制的定位，称为欠定位。欠定位不能保证工件的加工要求，所以是绝对不允许的。

3.5.2　常用定位元件限制的自由度

定位时，起定位支承作用的是一定几何形状的定位元件。表 3-1 列举了常用定位元件所限制的自由度。

表 3-1　常用定位元件限制工件自由度数

定位基面	定位元件	定位简图	定位元件特点	限制的自由度
对工件平面定位	支承钉			1，2，3—$\vec{z}$、$\hat{y}$、$\hat{x}$ 4，5—$\vec{x}$、$\hat{z}$ 6—$\vec{y}$
	支承板			1，2—$\vec{z}$、$\hat{x}$、$\hat{y}$ 3—$\vec{x}$、$\hat{z}$
对工件圆孔定位	定位销（芯轴）		短销（短心销）	$\vec{x}$、$\vec{y}$
			短销（长心销）	$\vec{x}$、$\vec{y}$ $\hat{x}$、$\hat{y}$

续表

定位基面	定位元件	定位简图	定位元件特点	限制的自由度
对工件圆孔定位	短圆锥销			$\vec{x}、\vec{y}、\vec{z}$
			1—固定销 2—活动销	1—$\vec{x}、\vec{y}、\vec{z}$ 2—$\hat{x}、\hat{y}$
对工件外圆柱面定位	支承钉或支承板		支承板或两个支承钉	$\vec{z}$
				$\vec{z}、\hat{y}$
对工件外圆柱面定位	V 形块		窄 V 形块	$\vec{z}、\vec{x}$
			宽 V 形块	$\vec{z}、\vec{x}$ $\hat{z}、\hat{x}$
	定位套		短套	$\vec{z}、\vec{y}$
			长套	$\vec{z}、\vec{y}$ $\hat{z}、\hat{y}$

续表

定位基面	定位元件	定位简图	定位元件特点	限制的自由度
对工件外圆柱面定位	半圆套		短半圆套	$\vec{z}$、$\vec{x}$
			长半圆套	$\vec{z}$、$\vec{x}$、$\hat{z}$、$\hat{x}$
	镗套			$\vec{x}$、$\vec{y}$、$\vec{z}$
			1—固定镗套 2—活动镗套	1—$\vec{x}$、$\vec{y}$、$\vec{z}$ 2—$\hat{z}$、$\hat{y}$
对工件组合表面进行定位	平面和定位销		1—大支承板 2—短圆柱销 3—菱形销	1—$\vec{z}$、$\hat{x}$、$\hat{y}$ 2—$\vec{x}$、$\vec{y}$ 3—$\hat{z}$

3.5.3 常见定位元件的应用

（1）工件以平面定位时的定位元件

① 主要支承。主要支承用来限制工件自由度，起定位作用。常用的有固定支承、可调支承、自位支承 3 种。

固定支承有支承钉和支承板两种形式，其结构和尺寸都已经标准化，如图 3-33 所示。

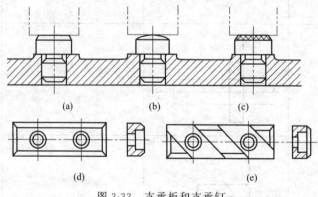

图 3-33　支承板和支承钉

当工件以粗基准定位时，常用球头支承钉或锯齿头支承钉；而精基准定位时常用平头支承钉和支承板，支承板用于接触面较大的情况。

　　可调支承用于在工件定位过程中，支承钉的高度需要调整的场合。如毛坯分批制造，其形状及尺寸变化较大而又以粗基准定位的场合，其结构如图 3-34 所示。

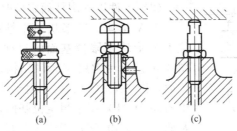

图 3-34　可调支承

　　自位支承（又称浮动支承）是在工件定位过程中，能自动调整位置的支承，如图 3-35 所示。其作用相当于一个固定支承，只限制一个自由度，适于工件以粗基准定位或刚性不足的场合。

　　② 辅助支承。辅助支承只用来提高工件的装夹刚度和稳定性，不起定位作用。它是在工件夹紧后，再固定下来，以承受切削力。辅助支承的应用如图 3-36 所示。

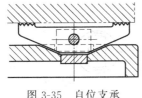

图 3-35　自位支承

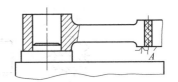

图 3-36　辅助支承的应用

　　(2) 工件以圆孔定位时的定位元件

　　① 定位销。常用的定位销有圆柱销和圆锥销。图 3-37 所示为常用圆柱销定位。限制两个自由度。图 3-37 (a)、(b)、(c) 所示为固定式；大批大量生产时，为便于定位销的更换，可采用图 3-37 (d) 所示带衬套的结构形式。

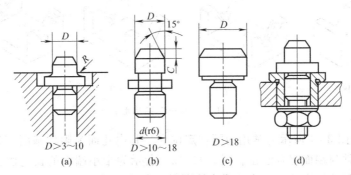

图 3-37　圆柱销定位

　　图 3-38 所示为工件以圆孔在圆锥销上定位，它限制了工件的 3 个自由度。

　　② 芯轴。常用的芯轴有圆柱芯轴和圆锥芯轴。图 3-39 所示为常用的圆柱芯轴结构形式。它主要用于在车、铣、磨、齿轮加工等机床上加工套筒和盘类零件。图 3-39 (a) 所示为间隙配合芯轴，装卸方便，定心精度不高。图 3-39 (b) 所示为过盈配合芯轴，这种芯轴制造简单，定位准确，不用另设夹紧装置，但装卸不方便。图 3-39 (c) 所示为花键芯轴，用于加工以花键孔定位的工件。

　　圆锥芯轴（小锥度芯轴）定心精度高，可达 $\phi0.02\sim0.01$mm，但工件的轴向位移误差

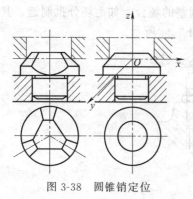

图 3-38　圆锥销定位

加大，适于工件定位孔精度不低于 IT7 的精车和磨削加工，不能加工端面。

（3）工件以外圆柱面定位时的定位元件

① V 形块。V 形块对中性好（工件的定位基准始终位于 V 形块两限位基面的对称平面内），并且安装方便。图 3-40 所示为常用 V 形块结构。图 3-40（a）用于较短定位面；图 3-40（b）、（c）用于较长的或阶梯轴定位面。其中图 3-40（b）用于粗定位基面，图 3-40（c）用于精定位基面。图 3-40（d）用于工件较长且定位基面直径较大的场合。

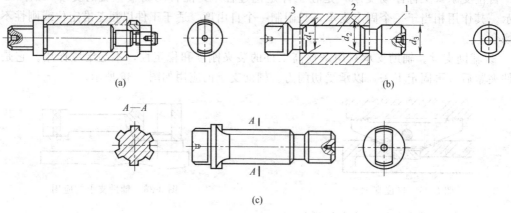

图 3-39　圆柱芯轴

1—引导部分；2—工作部分；3—传动部分

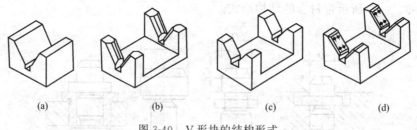

图 3-40　V 形块的结构形式

② 定位套。图 3-41 所示为常用的两种定位套。其内孔面为限位基面，为了限制工件沿轴向的自由度，常与端面组合定位。图 3-41（a）所示为带小端面的长定位套，图 3-41（b）所示为是带大端面的短定位套。定位套结构简单，但定心精度不高，只适用于工件以精基准定位。

3.5.4　基准及分类

定位基准的选择是制订工艺规程的一个重要问题，它直接影响零件的尺寸精度和相互位置精度，以及加工顺序的安排、夹具结构的复杂程度等。

基准就是零件上用来确定其他点、线、面位置所依据的那些点、线、面。基准按其作用不同可分为设计基准和工艺基准两大类。

（1）设计基准　设计基准是零件图上用以确定其他点、线、面位置的基准。图 3-42 所

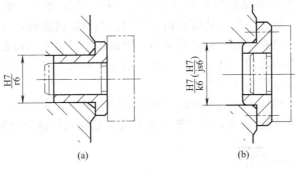

图 3-41　常用定位套

示为钻套，轴心线 $O—O$ 是各外圆表面和内孔的设计基准；端面 A 是端面 B、C 的设计基准；内孔表面 D 的轴心线是 $\phi40h6$ 外圆表面径向跳动和端面 B 端面圆跳动的设计基准。作为设计基准的点、线、面在工件上不一定存在，而常常由某些具体表面体现，这些表面称为定位基面。

（2）工艺基准　工艺基准是在加工、测量和装配中使用的基准，它包括定位基准、工序基准、测量基准和装配基准。

① 定位基准。加工时使工件在机床或夹具上占有正确位置所采用的基准。例如阶梯轴的中心孔，箱体类零件的底平面和内壁等。定位基准应限制足够的自由度来实现定位要求。

② 工序基准。在工艺文件上用以标定加工表面位置的基准，称为工序基准。如图 3-43 所示，加工平面 B 时，按尺寸 h 进行加工，那么平面 C 即为工序基准。

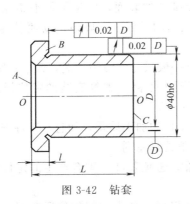

图 3-42　钻套

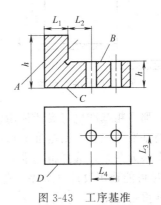

图 3-43　工序基准

③ 测量基准。检验时用以测量已加工表面尺寸及位置的基准，称为测量基准。例如，主轴支承在 V 形块上检验径向跳动时，支承轴颈表面就是测量基准面。

④ 装配基准。装配时用来确定零件或部件在机器中位置的基准，称为装配基准。例如，主轴箱体的底面和导向面，主轴的支承轴颈等都是它们各自的装配基准面。

3.5.5　定位基准及其选择

（1）粗基准的选择　粗基准选择得好坏，对以后各加工表面的加工余量的分配，以及工件上加工表面和非加工表面的相对位置均有很大影响。选择粗基准时应考虑下列原则。

① 若工件必须首先保证加工表面与非加工表面之间的位置要求，则应选非加工表面为粗基准，以达到壁厚均匀、外形对称等要求。若有多个非加工表面，则粗基准应选用位置精度要求较高者。如图 3-44 所示的工件，在毛坯铸造时毛坯和外圆 1 之间有偏心。外圆 1 为不加工面，而零件要求壁厚均匀，因此粗基准应为外圆 1。

② 若工件必须首先保证某重要表面余量均匀，则应选该表面为粗基准。例如，图 3-45 所示床身导轨的加工，导轨面要求硬度高而且均匀。其毛坯铸造时，导轨面向下放置，使表层金属组织细致均匀，没有气孔、夹砂等缺陷。因此加工时希望只切去一层较小而均匀的余量，保留组织紧密耐磨的表层，且达到较高加工精度。由图 3-45 可见应选导轨面为粗基准，此时床脚上余量不均并不影响床身质量。

如果希望工件在机械加工过程中总的金属切除量为最少，应选择工件上面积最大的加工面为粗基准。如图 3-45 所示床身，因导轨面面积大，故应选择该面为粗基准。

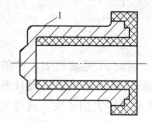

图 3-44 套粗基准的选择
1—外圆

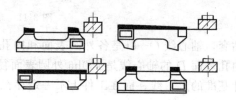

图 3-45 床身粗基准的选择

如工件上每个表面都要加工，则应以余量最小的表面作为粗基准，以保证各表面都有足够余量。例如，图 3-46 所示的锻轴以大端外圆为粗基准，由于大小端外圆偏心有 3mm，以致小端可能加工不出，应改选余量较小的小端外圆为粗基准。

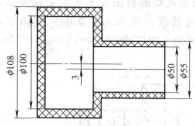

图 3-46 阶梯轴粗基准的选择

③ 选为粗基准的表面，应尽可能平整光洁，不能有飞边、浇口、冒口或其他缺陷，以便使定位准确、夹紧可靠。

④ 粗基准一般只允许使用一次，若采用精化毛坯，而相应的加工要求不高，重复安装的定位误差在允许范围之内，那么粗基准也可灵活使用。

（2）精基准的选择 精基准的选择，不仅影响工件的加工质量，而且与工件安装是否方便可靠也有很大关系。选择精基准时主要应考虑以下选择原则。

① 应尽可能选用设计（工序）基准作为精基准，避免基准不重合产生的定位误差，这就是"基准重合原则"。

② 应尽可能选用统一的定位基准加工各表面，以保证各表面间的位置精度，即为"基准统一原则"。采用统一基准能用同一组基准面加工大多数表面，有利于保证各表面的相互位置要求，避免基准转换带来的误差，而且简化了夹具的设计和制造，缩短了生产准备周期，轴类零件的中心孔、箱体零件的一面两销，都是基准统一的典型例子。

③ 有些精加工或光整加工工序应遵循"自为基准原则"。这些工序要求余量小而均匀，为保证表面加工质量并提高生产率，应选择加工表面本身作为精基准，而该加工表面与其他表面之间的位置精度则应由先行工序保证，图 3-47 是在导轨磨床上磨削工件导轨，安装后用百分表找正工件的导轨表面本身，此时床脚仅起支承作用。此外珩磨、铰孔及浮动镗孔等都是自为基准的例子。

④ 当对工件上两个相互位置精度要求很

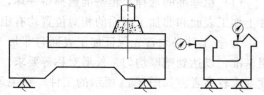

图 3-47 按加工面自身找正定位

高的表面进行加工时，需要用两个表面互相作为基准，反复进行加工，以保证位置精度要求。例如，加工精密齿轮时，先以内孔定位加工齿面；齿面淬火后，先以齿面为基准磨内孔，再以内孔为基准磨齿面，从而保证孔与齿面的位置精度。

不论是粗基准或精基准，都应满足定位准确、稳定的要求。另外，在确定基准时，必须根据生产类型和实际条件分析比较。综合考虑这些原则，达到定位精度高、夹紧可靠、夹具结构简单及操作方便的要求。

3.5.6 定位误差及分析

（1）定位误差的概念及分类　工件在定位时，每次装夹各工件在夹具中的位置不可能完全一致，从而使加工后各工件的工序尺寸存在一定的误差。因工件在夹具上定位不一致而造成的误差，称为定位误差 Δ_D。

定位误差研究的主要对象是工件的工序基准和定位基准，其变动量将影响工件的尺寸精度和位置精度。定位误差的实质就是工序基准在工序尺寸方向上的最大变动量，它包括基准位移误差 Δ_Y 和基准不重合误差 Δ_B。

① 基准位移误差 Δ_Y　工件定位基准相对于定位元件的位置最大变动量或定位基准本身的位置变动量，即为基准位移误差。在加工如图 3-48 所示键槽时，工序尺寸 A 由工件与刀具的相对位置决定。按基准重合原则，工件以内孔在圆柱芯轴上定位，刀具与芯轴的相对位置按工序尺寸 A 确定后保持不变。但由于芯轴和工件内孔存在制造误差和配合间隙，使定位基准在工序 A 方向有一个变化范围，造成工序尺寸 A 的加工误差，即基准位移误差，其大小为定位基准的最大变动范围，即

$$\Delta_Y = A_{max} - A_{min}$$

式中　A_{max}——最大工序尺寸，mm；

A_{min}——最小工序尺寸，mm。

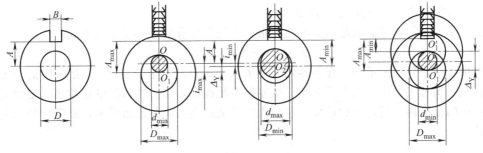

图 3-48　基准位移误差

② 基准不重合误差 Δ_B　定位基准和设计基准（或工序基准）不重合时产生的加工误差，称为基准不重合误差。

图 3-49 所示为铣削沟槽工序简图，前一工序已将各平面加工好，本工序铣槽 A，工序尺寸 B 的基准面是 D 面。为方便装夹，定位基准选择 F 面，因此定位基准与工序基准不重合。槽的位置相对于基准一定，由于工序基准相对于定位基准存在误差 $\pm\Delta L$，使工序基准 D 在一定范围内变动，导致该批工件尺寸 B 存在基准不重合加工误差。工序基准 D 相对于 F 的最大变动量即为基准不重合误差 Δ_B。

基准位移误差和基准不重合误差并不是任何情况下都存在，当定位基准与工序基准重合时，$\Delta_B = 0$；当基准无变动时，$\Delta_Y = 0$。定位误差只产生在调整法加工一批工件的条件下，采用试切法加工工件时不存在定位误差。

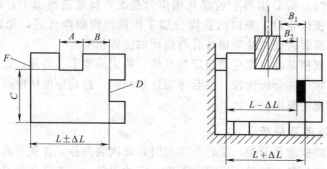

图 3-49　基准不重合误差

（2）定位误差的计算及评定

① 定位误差的计算方法　定位误差是由基准位移误差和基准不重合误差组合而成，计算时，要先分别计算出两种误差值，然后再根据具体情况，按以下方法合成求得。

a. 当工序基准不在定位面上时

$$\Delta_D = \Delta_Y + \Delta_B$$

b. 当工序基准在定位面上时

$$\Delta_D = |\Delta_Y \pm \Delta_B|$$

当基准位移和基准不重合引起的加工尺寸同方向变化时，取"＋"；反之取"－"。

② 定位误差分析　加工零件时，由于夹具及装夹造成工件加工误差的因素包括 4 个方面：

a. 与工件在夹具中定位有关的误差，以 Δ_D 表示；

b. 与夹具在机床上安装有关的误差，以 Δ_A 表示；

c. 与导向或对刀（调整）有关的误差，以 Δ_T 表示；

d. 与加工方法有关的误差，以 Δ_G 表示。

为了保证工件加工后满足加工精度要求，上述误差合成后必须满足下式

$$\Delta_D + \Delta_A + \Delta_T + \Delta_G \leqslant \delta_K$$

式中，δ_K 为定位基准与工序基准之间相关尺寸的公差；定位误差 Δ_D 是其中的一项，其大小直接影响加工精度。随着机械加工精度的不断提高，许多高精度的定位已将定位误差限制在极小的范围内。但过小的定位误差会大幅度地提高夹具的制造成本，通常定位误差应满足下式

$$\Delta_D \leqslant \frac{\delta_K}{3}$$

3.6　工件的夹紧

夹紧是工件装夹过程的重要组成部分。工件定位后，必须通过一定的机构产生夹紧力，把它固定，使工件保持准确的定位位置，以保证在加工过程中，在切削力等外力作用下不产生位移或振动。这种产生夹紧力的机构称为夹紧装置。

3.6.1　夹紧装置的基本要求

① 夹紧过程可靠。夹紧过程中不破坏工件在夹具中的正确位置。

② 夹紧力大小适当。夹紧后的工件变形和表面压伤程度必须在加工精度允许的范围内。

③ 结构性好。结构力求简单、紧凑，便于制造和维修。

④ 使用方便。夹紧动作迅速，操作方便，安全省力。

3.6.2　夹紧力的确定

（1）夹紧力作用点的选择

① 夹紧力作用点必须选在定位元件的支承表面上或作用在几个定位元件所形成的稳定受力区域内，如图 3-50 所示。

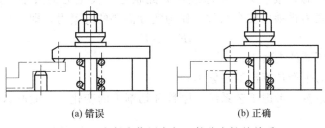

(a) 错误　　　　　　　　　(b) 正确

图 3-50　夹紧力作用点与工件稳定性的关系

② 夹紧力作用点应选在工件刚性较好的部位。图 3-51 所示为箱体的夹紧。图 3-51（a）表示夹紧薄壁箱体时，夹紧力不应作用在箱体的顶面，而应作用在刚性好的凸边上。图 3-51（b）表示箱体没有凸边时，将单点夹紧改为三点夹紧，通过改变着力点的位置，减少工件的变形。

③ 夹紧力的作用点应适当靠近加工表面。这样，可提高工件的装夹刚性，减少加工时工件的振动。

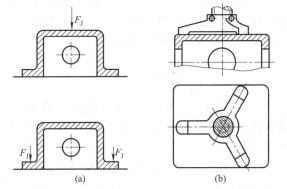

图 3-51　夹紧力作用点与夹紧变形的关系

（2）夹紧力方向的确定

① 夹紧力的作用方向不应破坏工件的定位。工件在夹紧力的作用下要确保其定位基准面紧贴在定位元件的工作表面上。为此要求主夹紧力的方向应指向主要定位基准面。如图 3-52 所示，工件上要镗的孔与 A 面有垂直度要求，A 面为主要定位基面，应使夹紧力 F_1 垂直于 A 面 ［图 3-52（a）］，才能保证镗出的孔与 A 面垂直，如果夹紧力 F_1 垂直于 B 面 ［图 3-52（b）］，则镗出的孔与 A 面的垂直度不能保证。

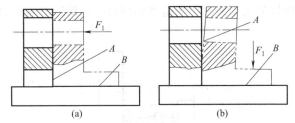

(a)　　　　　　　(b)

图 3-52　夹紧力方向垂直指向主要定位支承面

② 夹紧力作用方向应与工件刚度最大的方向一致。夹紧力作用方向与工件刚度最大的方向一致，可使工件的夹紧变形小，如加工薄壁套筒时，由于工件的径向刚度很差，若用卡爪径向夹紧，工件变形大；改为沿轴向施加夹紧力，变形就会小很多。

③ 夹紧力的作用方向应尽量与工件的切削力、重力等方向一致，以有利于减小夹紧力。夹紧力的大小从理论上讲，应该与作用在工件上的其他力（或力矩）相平衡。而实际上，夹紧力的大小还与工艺系统的刚度、夹紧机构的传力效率等因素有关，准确计算是很困难的。因此，在实际工作中常用估算法、类比法或经验法来确定所需夹紧力的大小。

（3）夹紧力大小的确定　夹紧力的大小，与在加工过程中工件受到的切削力、离心力、惯性力、自身重力所形成的合力或者力矩相平衡，而在加工过程中，切削力本身是变化的，夹紧力的大小还与工艺系统的刚度、夹紧机构的传递效率等因素有关。所以夹紧力的大小计算是一个很复杂的问题。

为简化计算，在估算夹紧力时只考虑主要因素在力系中的影响。一般只考虑切削力（矩）对夹紧的影响；并假设工艺系统是刚性的，切削过程是稳定的；找出在夹紧过程中对夹紧最不利的瞬时状态，按静力平衡原理估算此状态下夹紧力的大小。为保证夹紧安全可靠，将计算出的夹紧力再乘以安全系数，作为实际需要的夹紧力。即

$$F_j = KF$$

式中　　F_j——实际所需的夹紧力；

F——由静力平衡计算出的夹紧力；

K——安全系数，考虑工艺系统的刚性和切削力的变化，一般取 $K=1.5\sim3$。

3.7　数控机床典型夹具简介

在机械制造中，用来装夹工件（和引导刀具）的装置，称为夹具。它是用来固定加工对象，使之占有正确位置，以接受施工或检测的装置。数控机床夹具与普通机床夹具相同，分为通用夹具和专用夹具。下面介绍有关车床和铣床采用的通用夹具。

3.7.1　车床夹具

（1）圆周定位夹具

① 三爪自定心卡盘　三爪卡盘是最常用的车床通用卡具，如图 3-53 所示。三爪卡盘最大的优点是可以自动定心，夹持范围大，但定心精度存在误差，不适于同轴度要求高的工件的二次装夹。

② 软爪　由于三爪卡盘定心精度不高，当加工同轴度要求高的工件二次装夹时，常常使用软爪。软爪是一种具有切削性能的夹爪。通常三爪卡盘为保证刚度和耐磨性要进行热处理，硬度较高，很难用常用刀具切削。软爪是在使用前配合被加工工件特别制造的，加工软爪时要注意以下几方面的问题。

软爪要在与使用时相同的夹紧状态下加工，以免在加工过程中松动和由于反向间隙而引起定心误差。加工软爪内定位表面时，要在软爪尾部夹紧一块适当的棒料，以消除卡盘端面螺纹的间隙，如图 3-54 所示。

图 3-53　三爪卡盘示意

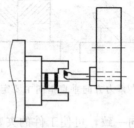
图 3-54　加工软爪

当被加工件以外圆定位时，软爪内圆直径应与工件外圆直径相同，略小更好，其目的是消除夹盘的定位间隙，增加软爪与工件的接触面积，如图 3-55 所示。软爪内径大于工件外径会导致软爪与工件形成三点接触，如图 3-56 所示，此种情况接触面积小，夹紧牢固程度差，应尽量避免。软爪内径过小（图 3-57）会形成六点接触，一方面会在被加工表面留下压痕，同时也使软爪接触面变形。软爪常用于加工同轴度要求较高的工件的二次装夹。

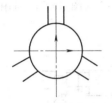

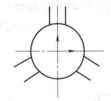

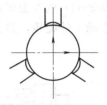

图 3-55　理想的软爪内径　　　　图 3-56　软爪内径过大　　　　图 3-57　软爪内径过小

③ 弹簧夹套　弹簧夹套定心精度高，装夹工件快捷方便，常用于精加工的外圆表面定位。弹簧夹套特别适用于尺寸精度较高、表面质量较好的冷拔圆棒料，若配以自动送料器，可实现自动上料。弹簧夹套夹持工件的内孔是标准系列，并非任意直径。

④ 四爪单动卡盘　加工精度要求不同、偏心距较小、零件长度较短的工件时，可采用四爪卡盘，如图 3-58 所示。

⑤ 花盘及其附件　花盘加工表面的回转轴线与基准面垂直、外形复杂的零件可以装夹在花盘上加工。图 3-59 是用花盘装夹双孔连杆的方法。

⑥ 角铁　加工表面的回转轴线与基准面平行、外形复杂的工件可以装夹在角铁上加工。图 3-60 所示为角铁的安装方法。

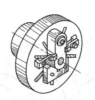

图 3-58　四爪卡盘　　　　图 3-59　在花盘上　　　　图 3-60　角铁的安装方法
　　　　　　　　　　　　　　装夹双孔连杆

（2）中心定位夹具　最常见的方法是在加工细长轴尖零件时，在轴一端用卡盘固定，另一端加用顶尖以增加轴的刚性，提高加工时的稳定性。顶尖的应用方式有两顶尖拨盘和拨动顶尖。

① 两顶尖拨盘　数控车床加工轴类工件时，坯料装夹在主轴顶尖和尾座顶尖之间，工件由主轴上的拨盘带动旋转。两顶尖定位的优点是定心正确可靠、安全方便，适用于长度尺寸较大或加工工序较多的轴类工件的精加工。顶尖的作用是定心、承受工件的重量和切削力。顶尖分为前顶尖和后顶尖。

a. 前顶尖。如图 3-61 所示，一种是将顶尖插入主轴锥孔内，另一种是夹在卡盘上。前顶尖与主轴一起旋转，与中心孔不产生摩擦。

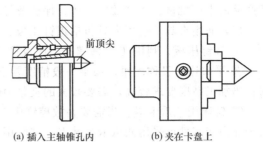

（a）插入主轴锥孔内　　　　（b）夹在卡盘上

图 3-61　前顶尖

b. 后顶尖。插入尾座套筒内，一种是固定的，另一种是回转的，内部装有滚动轴承。回转顶尖使用较为广泛。

安装工件时用对分夹头或鸡心夹头夹紧工件一端，拨杆伸向端面。两顶尖只对工件有定心和支撑作用，必须通过对分夹头或鸡心夹头的拨杆带动工件旋转，如图 3-62 所示。利用两顶尖定位还可以加工偏心工件，如图 3-63 所示。

② 拨动顶尖　拨动顶尖常用的有内、外拨动顶尖和端面拨动顶尖两种。内、外拨动顶

尖（图 3-64）的锥面带齿，能嵌入工件拨动工件旋转；端面拨动顶尖（图 3-65）利用端面拨爪带动工件旋转，适合装夹直径在 50～150mm 之间的工件。

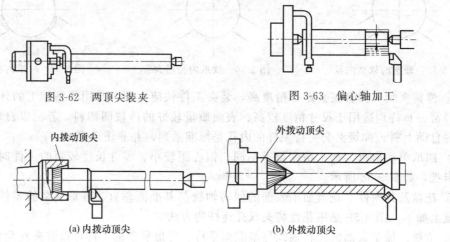

图 3-62　两顶尖装夹　　　　　　　图 3-63　偏心轴加工

(a) 内拨动顶尖　　　　　　　　　(b) 外拨动顶尖

图 3-64　内、外拨动顶尖

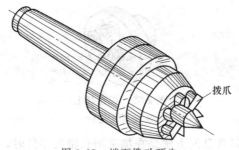

图 3-65　端面拨动顶尖

3.7.2　铣床夹具

在铣床上常用的夹具有通用夹具、组合夹具、专用夹具、成组夹具等，在选用时，要考虑产品的生产批量、生产效率、质量保证及经济性等问题。

（1）通用夹具　通用夹具包括螺钉压板、平口钳、三爪卡盘等。

① 螺钉压板。利用 T 形槽螺栓和压板将工件固定在机床工作台上即可。

② 平口钳。又称虎钳，加工一般精度要求和有夹紧力要求的零件时常用机械式平口虎钳；当加工精度要求较高，需要较大的夹紧力时，可采用较高精度的液压平口钳。

③ 铣床用三爪卡盘。当需要在数控铣床上加工回转体零件时，可以采用三爪卡盘装夹，对于非回转零件可采用四爪卡盘装夹。铣床用卡盘的使用方法与车床卡盘相似，使用时用 T 形槽螺栓将卡盘固定在机床工作台上即可。

（2）模块组合夹具　它是由一套结构尺寸已经标准化、系列化的模块式元件组合而成，根据不同零件，这些元件可以像积木一样，组成各种夹具，可以多次重复使用，适合小批量生产或研制产品时的中小型工件在铣床上进行铣削加工。

（3）专用夹具　专用夹具结构固定，仅使用于一个具体零件的具体工序，这类夹具设计应力求简化，目的是使制造时间尽量缩短。一般用在产量较大或研制需要时采用。

（4）多工位夹具　可以同时装夹多个工件，可减少换刀次数，以便于一面加工，一面装卸工件，有利于缩短辅助时间，提高生产率，适合中小批量生产。

（5）回转工作台　常用的回转工作台有分度工作台和数控加工回转工作台。分度工作台只能完成分度运动，不能实现圆周进给。而回转工作台根据指令脉冲信号，完成圆周进给运动，也可以进行分度工作。回转工作台的结构如图 3-66 所示。

图 3-66　回转工作台

思考与练习

一、简答题

1. 工件的定位与夹紧的区别是什么？

2. 何谓六点定位原理？什么是欠定位？为什么不能采用欠定位？什么是过定位？

3. 什么是辅助支承？使用时应注意什么问题？

4. 工件以平面作定位基准时，常用支承类型有哪些？各起什么作用？

5. 确定夹紧力的作用方向和着力点应遵循哪些原则？

6. 粗基准和精基准的选择原则有哪些？举例说明。

二、计算题

1. 图示工件，加工工件上 Ⅰ、Ⅱ、Ⅲ 三个小孔，分别计算三种定位方案的定位误差并说明哪个定位方案好。V 形块 $\alpha=90°$。

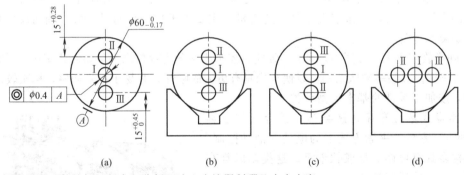

(a)　　　　　　　(b)　　　　　　　(c)　　　　　　　(d)

2. 根据图示工件的加工要求，分析理论上应该限制哪几个自由度？

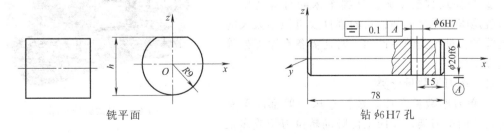

铣平面　　　　　　　　　　　　　钻 $\phi6H7$ 孔

第4章 数控车削加工工艺

教学目标

熟悉数控车床选用知识，能够对数控车床零件加工进行工艺分析。了解数控车削刀具选择方法。能进行数控车床的加工工艺分析。能进行加工方案的确定。

4.1 数控车削概论

数控车床是在普通车床基础上发展起来的，主要用于回转体零件的加工。一般可通过计算机程序对各类控制信息进行处理，例如，可完成内外圆柱面、锥面、球面、螺纹、槽等工序的切削加工。另外，还能加工一些复杂的回转面，如双曲面等。

4.1.1 数控车床的分类

随着数控技术的飞速发展，数控车床的品种也越来越多，常用的可分为卧式和立式两大类，卧式车床又有水平导轨和斜导轨两种。按刀架数量分，又可分为单刀架的和多刀架的数控车床等。因此品种繁多，规格也不一样，一般按以下方法进行分类。

（1）按数控车床主轴位置分类

① 立式数控车床。立式数控车床简称为数控立车，其车床主轴垂直于水平面，一个直径很大的圆形工作台，用来装夹工件。这类机床主要用于加工径向尺寸大、轴向尺寸相对较小的大型复杂零件。

② 卧式数控车床，如图4-1所示。卧式数控车床又分为数控水平导轨卧式车床和数控倾斜导轨卧式车床。其倾斜导轨结构可以使车床具有更大的刚性，并易于排除切屑，档次较高。

（2）按加工零件的基本类型分类

① 卡盘式数控车床。这类车床适合车削盘类（含短轴类）零件。夹紧方式多为电动或液动控制，卡盘结构多具有可调卡爪或软卡爪。这类车床具有工件拆装方便灵活等特点。

② 顶尖式数控车床。这类车床配有普通尾座或数控尾座，适合车削较长的零件及直径不太大的盘类零件。过细类的零件加工时还需备有跟刀架等作辅助支撑。

（3）按刀架数量分类

① 单刀架数控车床。数控车床一般都配置有各种形式的单刀架，如四工位卧动转位刀架或多工位转塔式自动转位刀架。

② 双刀架数控车床，如图4-2所示。这类车床的双刀架配置平行分布，也可以是相互垂直分布。

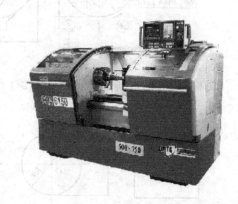

图4-1 卧式数控车床

（4）按功能分类

① 经济型数控车床。采用步进电动机
和单片机对普通车床的进给系统进行改造
后形成的简易型数控车床，成本较低，但
自动化程度和功能都比较差，车削加工精
度也不高，适用于要求不高的回转类零件
的车削加工。

② 普通数控车床。根据车削加工要求
在结构上进行专门设计并配备通用数控系
统而形成的数控车床，数控系统功能强，
自动化程度和加工精度也比较高，适用于
一般回转类零件的车削加工。这种数控车
床可同时控制两个坐标轴，即 X 轴和
Z 轴。

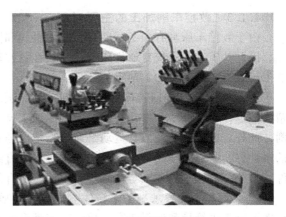

图 4-2　双刀架数控车床

③ 车削加工中心。在普通数控车床的基础上，增加了 C 轴和动力头，是更高级的数控
车床，带有刀库，可控制 X、Z 和 C 三个坐标轴，联动控制轴可以是（X，Z）、（X，C）或
（Z，C）。由于增加了 C 轴和铣削动力头，这种数控车床的加工功能大大增强，除可以进行
一般车削外还可以进行径向和轴向铣削、曲面铣削、中心线不在零件回转中心的孔和径向孔
的钻削等加工。

（5）按数控车床的床身布局分类　按数控车床的床身导轨与水平面的相对位置分类，有
水平床身和斜床身两种形式。

① 水平床身数控车床的床身工艺性较好，便于导轨面的加工。水平床身配上水平刀架，
可提高刀架的运动精度，一般可用于大型数控车床或小型精密数控车床的布局。其不足之处
是排屑不方便。

② 斜床身数控车床结合自动排屑装置，排屑较方便。根据其倾斜的角度不同可分为
30°、45°、60°、75°和 90°斜床身数控车床。其他的还有操作方便，易于安装机械手，易于实
现单机自动化，外形美观，容易实现封闭式防护。

4.1.2　数控车床的主要功能

数控车削是数控加工中应用最多的方法之一。由于数控车床具有直线和圆弧插补以及加
工过程中能自动变速和进行各种循环等功能，因此，其加工范围较普通车床宽得多。归纳起
来有以下几种。

① 直线插补功能。控制刀具沿直线进行切削，在数控车床中利用该功能可加工圆柱面、
圆锥面和倒角。结合宏程序功能，直线插补还可以加工椭圆、抛物线和双曲线等特殊形状
零件。

② 圆弧插补功能。控制刀具沿圆弧进行切削，在数控车床中利用该功能可加工圆弧面
和曲面。

③ 固定循环功能。固化了机床常用的一些功能，如粗加工、切螺纹、切槽、钻孔等，
使用该功能简化了编程。

④ 恒线速度车削。通过控制主轴转速保持切削点处的切削速度恒定，可获得一致的加
工表面。

⑤ 刀尖半径自动补偿功能。可对刀具运动轨迹进行半径补偿，具备该功能的机床在编
程时可不考虑刀具半径，直接按零件轮廓进行编程，从而使编程变得方便、简单。

4.1.3　数控车削加工的主要对象

由于数控车床具有加工精度高、能做直线和圆弧插补以及在加工过程中能自动变速的特点，因此其工艺范围较普通机床宽。凡能在数控车床上装夹的回转体零件都能在数控车床上加工。数控车床适合加工的零件如下：

① 精度要求高的回转体零件。由于数控车床刚性好，制造和对刀精度高，以及能方便、精确地进行人工补偿和自动补偿，所以能加工尺寸精度要求较高的零件。有些场合能替代磨削。此外，数控车削的刀具运动是通过高精度插补运算和伺服驱动来实现的，而且数控车床的刚性好、制造精度高，所以它能加工对母线直线度、圆度、圆柱度等形状精度要求高的零件。另外，数控车削加工与普通车床相比能更有效地提高位置精度。

② 表面粗糙度要求高的回转体零件。在材质、精车余量和刀具已定的情况下，表面粗糙度取决于进给量和切削速度。数控车床具有恒线速度切削的功能，能加工出表面粗糙度值小而均匀的零件。数控车削还适合于车削各部位表面粗糙度要求不同的零件，表面粗糙度值要求大的部分选用大的进给量，要求小的部位选用小的进给量。

③ 表面形状复杂的回转体零件。由于数控车床具有直线和圆弧插补功能，所以可以车削由任意直线和曲线组成的形状复杂的回转体零件。一些在普通车床上无法加工的复杂零件，在数控机床上可以很容易地进行加工。

④ 带特殊螺纹的回转体零件。普通车床所能车削的螺纹相当有限，它只能车等导程的直、锥面公、英制螺纹，而且一台车床只能限定加工若干种导程。数控车床不但能车削任何等导程的直、锥和端面螺纹，而且能车增导程、减导程，以及要求等导程与变导程之间平滑过渡的螺纹。数控车床车削螺纹时主轴转向不必像普通车床那样交替变换，它可以一刀又一刀不停顿地循环，直到完成，所以它车螺纹的效率很高。数控车床可以配备精密螺纹切削功能，再加上一般采用硬质合金成形刀片，以及可以使用较高的转速，所以车削出来的螺纹精度高、表面粗糙度小。

4.2　端面和外圆轴数控车削加工工艺分析

制订加工工艺是数控车削加工的前期工艺准备工作。工艺方案制订得合理与否，对程序编制、机床的加工效率和零件的加工精度都有重要的影响。因此，应遵循一般的加工工艺原则并结合数控车床的特点，认真而详细地制订数控车削的加工工艺。

4.2.1　端面和外圆轴加工工艺分析

（1）任务描述　用数控车床加工如图 4-3 所示传动轴，工件材料为 45 钢，生产数量为小批量生产，试分析零件的加工工艺及加工程序。

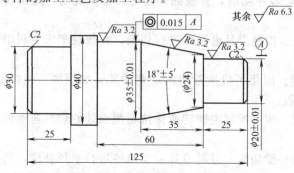

图 4-3　传动轴

（2）短期目标

① 能看懂加工零件图。

② 正确分析零件加工工艺。

③ 能合理选用刀具和调整刀具参数分粗、精加工复杂零件。

④ 能正确使用手工编程编制程序。

（3）零件的加工工艺分析

① 零件分析 图样要求比较简单，主要加工四个柱面（其中两个柱面要求较高）、一个锥面、三个台阶面、两个 C2 倒角及两个端面。从图中可知，有尺寸要求的柱面及锥面比较适合用数车来加工。工件毛坯用 $\phi45 \times 128$ 的棒料。

② 工艺分析

a. 分析图纸 先加工左端，平端面，车削外圆 $\phi40 \times 20$ 处，调头，平端面并取总长126，打中心孔（可在普车上加工，均留 1mm 的余量），然后在数车上加工其余面，确定工艺方案及工艺路线。

b. 装夹工件 以 $\phi30$ 外圆及右端中心孔为工艺基准，用三爪自定心卡盘夹持 $\phi30$ 外圆，用尾座顶尖顶右端中心孔。

c. 工步顺序 此轴由于加工余量比较大，宜采用 2 次加工：粗加工和精加工。

d. 自右向左进行外轮廓面加工 先粗加工（粗加工循环指令 G71），后精加工，精加工顺序：倒角 C2→车削 $\phi20$→车削锥度部分→车削 $\phi35$→车削 $\phi40$。

e. 拟订数控车削加工工序卡（如表 4-1 所示）。

表 4-1 数控加工工序卡

数控加工工序卡					
零件名称	外圆轴零件	零件图号	03	夹具名称	三爪卡盘
设备名称及型号		数控车床 FANUC 0i mate CYNC 400TA			
材料	45 钢	工序名称		工序号	1～2

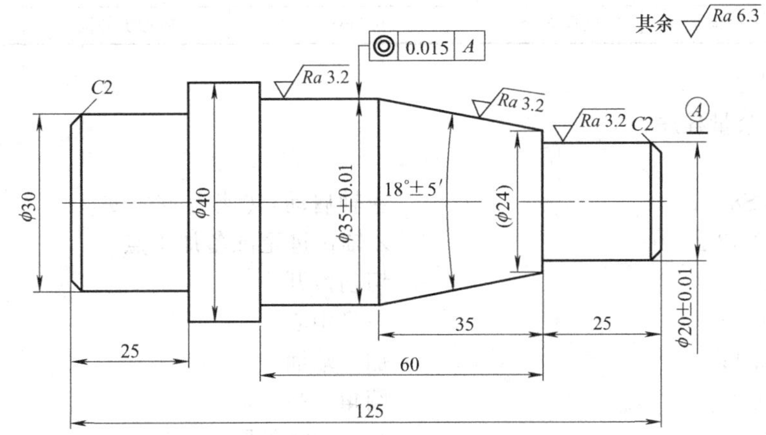

工步号	工步内容	切削用量			刀具		量具名称
		$n/(\text{r/min})$	$f/(\text{mm/r})$	a_p/mm	编号	名称	
1	普车车端面	800	0.1	0.5	T01	外圆刀	百分表
2	普车加工 $\phi40 \times 40$ 处，外圆余量留 1mm	500	0.1	2～4	T01	外圆刀	游标尺

工步号	工步内容	切削用量			刀具		量具名称
		$n/(\text{r/min})$	$f/(\text{mm/r})$	a_p/mm	编号	名称	
3	调头平端面总长126mm	800	0.15	1	T01	外圆刀	游标尺
4	数控车粗、精加工左端$\phi30\times25$、$\phi40\times15$处	800 精车(200)	0.08	0.2	T04	外圆刀	游标尺 千分尺
5	调头车总长125钻中心孔	800	0.1	0.1	T03	中心钻	无
6	使用一夹一顶(夹$\phi30$,顶右端)G71循环粗车右端工件,留余量0.5mm	500	0.2	0.2	T02	外圆刀	千分尺
7	使用一夹一顶(夹$\phi30$,顶右端)G70循环精车右端工件至合格	800	0.2	0.08	T04	外圆刀	千分尺
编制	×××	审核	×××	批准	×××	2009年9月20日	共1	第1页

③ 选择刀具　根据加工要求需选用4把刀:1号刀为普车外圆粗车刀;2号刀为数控外圆精车刀且刀尖圆弧半径为0.5mm;3号刀为数控车钻头;4号刀为数控精加工车刀,正确选择换刀点,以避免换刀时刀具与机床、工件及夹具发生碰撞。该加工程序换刀点选为(50,2)点。数控车刀具选用卡如表4-2所示。

表 4-2　数控车刀具选用卡

数控车刀具选用卡					
零件名称		装夹配合用零件		零件图号	03
设备名称	数控车床	设备型号	FANUC 0i mate CYNC 400TA	程序号	O001,O002
零件材料	45钢	工序名称	外圆轴	工序号	1~2
序号	刀具编号	刀具规格名称	刀片材料	刀尖半径	加工表面	备注
1	T01	93°偏刀	硬质合金	1.5mm	端面、$\phi30$外圆	普车粗加工
2	T02	93°偏刀	硬质合金	1mm	粗加工外圆	数控车粗车
3	T03	中心钻	高速钢	A型	钻中心孔	数控车钻中心孔
4	T04	93°偏刀	硬质合金	0.5mm	粗加工外圆	数控车精车

④ 参考程序

a. 左端去余量程序:

```
O0001;
N10 M03 S800;                          主轴启动,转速为800转
N15 G00 X42 Z2.0;                      Z轴快进至准备加工点
N20 M08;                               切削液开
N25 G1 F0.5;                           刀具中心
N30 Z0F0.1;                            加工端面
N35 X30 C2;                            倒角C2
N40 Z-25;                              精车ϕ30外圆
N45 X40;                               精车ϕ40外圆
N50 Z-45;
N60 G0 X45;                            X方向退刀
N70 Z100;                              Z方向退刀
N80 M30                                程序结束
```

b. 以圆锥小端面中心 O 点为工件原点，建立工件坐标系，其加工程序如下：

O0201；

N10 S500 M03；	主轴启动
N15 G00 X42 Z2.0；	Z 轴快进至准备加工点
N20 M08；	切削液开
N25 G71 U2.0 R0.5；	粗车循环
N30 G71P35 Q70 U0.6 W0.3 F0.3；	
N35 G00 G42 X12；	快进至准备加工点
N40 G01 X20 Z25 F0.15；	倒角
N45 Z0；	精车 ϕ20 外圆
N50 X24；	精车端面
N55 X35Z−35；	精车圆锥面
N60 Z−60；	精车 ϕ35 外圆
N65 X40；	精车端面
N70 Z−77；	精车 ϕ40 外圆
N75 G00 G40 X200 Z150 T0100 M09；	返回起刀点，取削刀补，切削液关
N80 T0202；	换刀，建立刀补
N85 S800 M03；	主轴变速
N90 G00 G42 X45 Z27 M08；	快进至准备加工点，切削液开
N95 G70 P35 Q70；	精车循环
N100 G40G00 X200 Z150 T0200 M09；	返回起刀点，取削刀补，切削液关
N105 M02；	程序结束

4.2.2　理论参考知识

（1）数控车削加工工艺内容

① 选择适合在数控车床上加工的零件，确定工序内容。

② 分析被加工零件的图样，明确加工内容及技术要求。

③ 确定零件的加工方案，制订数控加工工艺路线，如划分工序、安排加工顺序、处理与非数控加工工序的衔接等。

④ 加工工序的设计，如零件定位基准的选取、夹具方案的确定、工步的划分、刀辅具、确定切削用量的选取等。

⑤ 数控加工程序的调整。选取对刀点和换刀点，确定走刀路线及刀具补偿。

⑥ 处理数控机床上的部分工艺指令。

（2）数控车削加工工艺制订　制订数控车削加工工艺：选择并确定数控加工的内容、对零件图样进行数控加工工艺分析、零件图形的数学处理及编程尺寸设定值的确定、数控车削加工工艺过程的拟订、加工余量、工序尺寸及公差的确定、切削用量的选择、数控车削加工工艺文件。

① 零件图工艺分析　在制订车削工艺之前，首先必须对被加工零件的图样进行分析，由于设计等多方面的原因，在图样上可能出现构成加工轮廓的条件不充分，尺寸模糊不清及尺寸封闭缺陷，增加了编程工作的难度，有的甚至无法编程。其结果将直接影响加工程序的编制及加工精度。零件图的分析主要包括以下内容。

a. 结构工艺分析。零件的结构工艺性是指零件对加工方法的适应性，即所设计的零件结构应便于加工成形。在数控车床上加工工件时，应根据数控车削的特点认真审视零件结构的合理性。

b. 构成零件轮廓的几何要素分析。在手工编程时，要计算每个基点的坐标，在自动编程时，要对构成零件轮廓的所有几何元素进行定义，因此在分析零件图时，要分析几何元素的给定条件是否充分。由于设计等多种因素，在图纸上可能会出现加工轮廓的数据不充分、尺寸模糊不清及尺寸封闭等缺陷，增加了编程的难度，有时甚至无法编程。如图 4-4 所示。

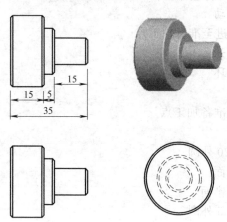

图 4-4 几何要素缺陷示例

以上问题出现时，要向设计人员或技术管理人员及时反映，解决后方可进行程序的编制工作。

c. 尺寸公差要求分析。在确定控制零件尺寸精度的加工工艺时，必须分析零件图样上的公差要求，从而正确选择刀具和确定切削用量等。

d. 形状和位置公差要求分析。图样上给定的形状和位置公差是保证零件精度的重要要求。具体分析内容为：一是分析精度及各项技术要求是否齐全、是否合理；二是分析本工序的数控车削加工精度能否达到图样要求，若达不到，需采取其他措施（如磨削）弥补，应给后续工序留有加工余量；三是找出图样上有位置精度要求的表面，这些表面应在一次安装下完成。

e. 表面粗糙度要求分析。表面粗糙度是保证零件表面微观精度的重要要求，也是合理选择机床、刀具及确定切削用量的重要依据。对表面粗糙度要求较高的表面，应采用圆周恒线速度切削。

f. 零件工序基准和定位基准的选择。数控车床加工内容的特点决定了其在零件工序基准及定位基准的选择上较固定，一般不许考虑基准转换问题。

设计基准的选择。轴套类和轮盘类零件都属于回转体类，径向设计基准通常在回转体轴线上，轴向设计基准在工件的某一端面或对称面上。

定位基准的选择。数控车床加工轴套类和轮盘类零件的定位基准，只能是零件的外圆表面、内圆表面或零件的端面中心孔。定位基准的选择包括定位方式的选择和被加工工件定位面的选择。轴类零件的定位方式通常是一端外圆固定，即用三爪自定心卡盘、四爪单动卡盘或弹簧套固定工件的外圆表面，但此定位方式对工件的悬伸长度有一定限制。工件悬伸过长会在切削过程中产生变形，严重时将使切削无法进行。对于切削长度过长的工件可以采取一夹一顶或两端顶尖定位。在装夹方式允许的条件下，定位面尽量选择几何精度较高的表面。

此外，还要考虑工件材料。认真分析图样上给出的毛坯材料及热处理要求，据此合理选择刀具的材料、几何参数及使用寿命，确定加工工序、切削用量及选择机床。同时，零件的生产类型对其装夹与定位、刀具的选择、工序的安排及走刀路线的确定等也都不容忽视。

② 工序和装夹方式的确定

a. 工序的划分。在数控车床上加工工件，应按工序集中的原则划分工序。数控车床一般可装 4～12 把刀，无论零件轮廓怎么复杂，毛坯是棒料还是铸、锻件，一般都能用两道工序完成车削加工。在批量生产中，常用下列方法划分工序。

按粗、精加工划分。数控加工要求工序尽可能集中，通常粗、精加工可在一次装夹下完成。为减少热变形和切削力变形对工件的尺寸形状、位置精度和表面粗糙度的影响，应将粗、精加工分开进行，对轴类零件或盘类零件，将待加工表面先粗加工，留少量余量精加工，来保证工件表面的质量要求。对轴上有孔、螺纹的工件，应先加工表面后加工孔、螺纹。要求较高时，可将粗车安排在精度较低、功率较大的数控车床上，将精车安排在精度较高的数控车床上进行，以保证零件的加工精度。

按零件加工表面划分。将位置精度要求较高的表面安排在一次装夹下完成，以免多次装夹所产生的安装误差影响位置精度。例如，如图 4-5（a）所示的轴承内圈，其内孔对小端面的垂直度、滚道和大挡边对内孔回转中心的角度差，以及滚道与内孔间的壁厚差均有严格的要求，精加工时划分为两道工序，用两台数控车床完成。第一道工序采用图 4-5（b）所示的以大端面和大外径装夹方案，将滚道、小端面及内孔和小端面安排在一次装夹下车削加工，很容易保证上述的位置精度。第二道工序采用图 4-5（c）所示的内孔和小端面装夹方案，车削大外圆和大端面。

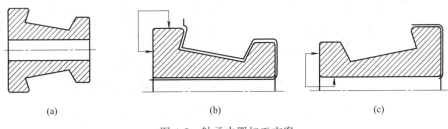

图 4-5　轴承内圈加工方案

在实际生产中，数控加工工序的划分要根据具体零件的结构特点、技术要求等情况综合考虑。下面再以车削图 4-6 所示手柄零件为例，进一步说明工序的划分。

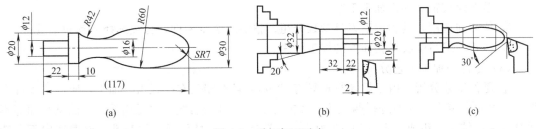

图 4-6　手柄加工示意

该零件加工所用坯料为 ϕ32mm 棒料，批量生产，加工时用一台数控车床。工序划分如下。

第一道工序（按图示将一批工件全部车出，包括切断），夹棒料外圆柱面，工序内容有：先车出 ϕ12mm 和 ϕ20mm 两圆柱面及圆锥面（粗车掉 R42mm 圆弧的部分余量），转刀后按总长要求留下加工余量切断。

第二道工序，用 ϕ12mm 外圆及 ϕ20mm 端面装夹，工序内容有：先车削包络 SR7mm 球面的 30°圆锥面，然后对全部圆弧表面半精车（留少量的精车余量），最后换精车刀将全部圆弧表面一刀精车成形。

b. 工件的装夹。在数控车床上零件的装夹方式与普通车床相似，在确定装夹方式时，力求在一次装夹中尽可能完成大部分甚至完成全部表面的加工。工件的装夹应根据零件图样的技术要求和数控车削的特点来选定，根据零件结构形状不同，通常选择外圆、端面装夹或内孔、端面装夹，并力求设计基准、工艺基准和编程原点的统一。

4.3 螺纹轴数控车削加工工艺分析

4.3.1 螺纹轴加工工艺分析

（1）任务描述 用数控车加工如图 4-7 所示零件，零件毛坯为 $\phi 45\text{mm} \times 110\text{mm}$ 的铝棒。零件中包含螺纹、圆弧、孔和槽等加工难度。生产加工数量为小批量生产，试分析该零件的加工工艺。

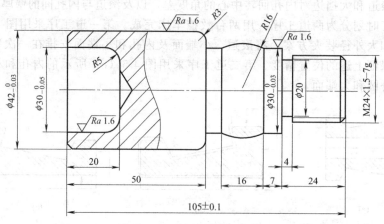

图 4-7 螺纹轴零件图

（2）短期目标

① 能分析加工零件图中的技术要点；

② 掌握螺纹轴类零件加工工艺；

③ 能合理选用刀具和调整刀具参数分粗、精加工复杂零件，合理选择夹具和量具；

④ 能正确编写螺纹、孔和槽的加工程序。

（3）零件的加工工艺分析

① 零件工艺分析 由于毛坯料长只有 110mm 且右端又有孔径需要加工，所以该零件在加工时必须左端右端互换进行两次装夹才能完成，零件的右端主要是由螺纹、凸圆弧面等不适合装夹的结构体组成，划分到 R3 为止。左端是一长圆柱体及一浅盲孔，壁厚适中不易造成孔径变形适宜装夹。因此该零件在加工时必须先夹持右端，钻孔同时并加工左端的 $\phi 42$ 外圆，长度为 50mm、$\phi 30$ 内孔，长度为 20mm（注意粗精加工），外圆粗、精加工车刀选用主偏角 93°的外圆车刀，内孔刀选用 $\phi 12$mm 直径的盲孔车刀。调头夹 $\phi 42$ 外圆处留 10mm 左右的安全距离（即装夹长度为 $50-10=40$mm），加工出右端其余全部外形（注意粗精加工），外圆及圆弧粗、精加工车刀选用主偏角 93°、副偏角为 55°的尖头外圆车刀，切槽选用刃宽为 4mm 的切断刀，螺纹刀选用普通的公制三角螺纹车刀。拟订数控车削加工工序卡（如表 4-3 所示）。

表 4-3 数控加工工序卡

数控加工工序卡					
零件名称	螺纹轴零件	零件图号	02	夹具名称	三爪卡盘
设备名称及型号		数控车床 FANUC 0i mate			
材料	45 钢	工序名称		工序号	1~2

续表

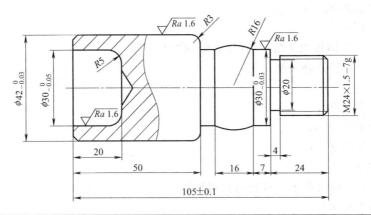

工步号	工步内容	切削用量			刀具		量具名称
		$n/(\text{r/min})$	$f/(\text{mm/r})$	a_p/mm	编号	名称	
1	数车车端面	800	0.1	0.5	T02	外圆刀	百分表
2	数车加工外圆留 0.5mm 精加工	500	0.1	2～4	T01 T04	外圆刀	游标尺
3	数控车精加工 $\phi42$ 和 $\phi30 \times 20$ 处内孔	1200	0.08	0.2	T01 T04	外圆刀	千分尺
4	调头车总长 125 钻中心孔	800	0.1	0.1	T02	中心钻	无
5	使用一夹一顶(夹 $\phi42$,顶右端)G71 循环粗车右端工件,留余量 0.5mm	500	0.2	0.2	T02	外圆刀	千分尺
6	使用一夹一顶(夹 $\phi30$,顶右端)G70 循环精车右端工件至合格	1200	0.2	0.08	T01	外圆刀	千分尺
7	切槽,车螺纹	500	0.03	0.2	T04 T05	槽刀,螺纹刀	螺纹千分尺
编制	×××	审核	×××	批准	×××	2009 年 9 月 20 日	共 1　第 1 页

② 刀具选择

T0101：主偏角 93°的外圆车刀。

T0202：主偏角 93°、副偏角为 55°的尖头外圆车刀。

T0303：4mm 的切断刀。

T0404：$\phi12$mm 直径的盲孔车刀。

T0505：三角螺纹车刀。

③ 参考程序

O0001;(夹零件右端加工零件左端)

N10 M03 S600；

N20 T0101;(换外圆车刀粗加工左端外圆)

N30 G00 X46 Z2；

N40 G71 U1 R0.5；

N50 G71 P60 Q90 U0.3 W0 F0.2；

N60 G00 X38；

N70 G01 Z0 F0.1；

N80 X42 Z－2；

N90 Z-50;

N100 G00 X80 Z150;

N110 M05;

N120 M00;(外圆粗加工结束,程序暂停,检测零件)

N130 M03 S1000;(外圆精加工)

N140 T0101;

N150 G00 X46 Z2;

N160 G70 P60 Q90;

N170 G00 X80 Z150;

N180 M03 S600;

N190 T0404;(换内孔车刀进行内孔粗加工)

N200 G00 X20 Z3;

N210 G71 U1 R0.5;

N220 G71 P230 Q260 U-0.5 W0 F0.1;

N230 G00X 30;

N240 G01 Z-15 F0.1;

N250 G03 X20 Z-20 R5;

N260 G01 X8;

N270 G00 X80 Z150;

N280 M05;

N290 M00;(内孔粗加工结束,程序暂停,检测零件)

N300 M03 S1000;

N310 T0404;(内孔精加工)

N320 G00 X23 Z2;

N330 G70 P230 Q260;

N340 G40 G00 X80 Z150;

N350 M05;

N360 M30;

O0002;(调头夹零件左端)

N10 T0202;(换尖头外圆车刀粗加工右端其余外形)

N20 M03 S600;

N30 G00 X45 Z2;

N40 G73 U11 W0 R10;

N50 G73 P60 Q150 U0.4 W0 F0.2;

N60 G01 X20 F0.1;

N70 Z0;

N80 X23.8 Z-2;

N90 Z-24;

N100 X30;

N110 W-7;

N120 G03 X30 W-16 R16;

N130 G01 W−8；

N140 X36；

N150 G03 X42 W−3 R3；

N160 G00 X80 Z150；

N170 M05；

N180 M00；（外圆粗加工结束，程序暂停，检测零件）

N190 M03 S800；（外圆精加工）

N200 T0202；

N210 G00 X45 Z2；

N220 G70 P60 Q150；

N230 G00 X80 Z150；

N240 M05；

N250 M00；

N260 T0303；（换切槽刀进行螺纹退刀槽加工）

N270 M03 S400；

N280 G00 X32 Z−24；

N290 G01 X20 F0.05；

N300 X32 F0.2；

N310 G00 X80 Z150；

N320 T0505；（换螺纹刀加工螺纹）

N330 G00 X26 Z3；

N340 G92 X23.0 Z−22 F1.5；

N350 X22.5；

N360 X22.2；

N370 X22.1；

N380 X22.04；

N390 G00 X80 Z150；

N400 M05；

N410 M30；

4.3.2　理论参考知识

（1）加工顺序的安排　在分析了零件图样和确定了工序、装夹方式之后，接下来要确定零件的加工顺序。制定零件车削加工顺序一般遵循下列原则。

① 先粗后精。按照粗车、半精车、精车的顺序进行，逐步提高加工精度。在粗加工中先切除较多毛坯，为精加工留下较均匀的加工余量；当粗车后所留的余量的均匀性不满足精加工的要求时，则需安排半精车，一般精车要按图样尺寸一刀切出零件轮廓，并要保证精度要求。一般的数控车削加工中，这一部分内容是在一次装夹中完成的。

② 先近后远。这里所说的远和近是按照加工部位相对于对刀点的距离远近而言的。先近后远即离对刀点最近的部位先加工，远的部位后加工。这样不仅可以缩短走刀路线，减少空行程时间；而且还有利于保持坯件或半成品的刚性，改善其切削条件。走刀路线是刀具在整个加工工序中相对于工件的运动轨迹，它是编写程序的主要依据。

③ 内外交叉。对既有内表面（内型腔）又有外表面需要加工的零件，安排加工顺序时应先进行内、外表面粗加工，后进行内、外表面精加工。切不可将零件上的一部分表面（外

表面或内表面）加工完毕后，再加工其他表面（内表面或外表面）。

对于某些特殊情况，可根据经验采取不同的加工方案。

（2）走刀路线的确定　在数控车削加工中，因精加工的走刀路线基本上都是沿零件轮廓的顺序进行，所以确定进给路线的重点在于确定粗加工及空行程的走刀路线。

走刀路线是刀具在整个加工工序中相对于工件的运动轨迹，即刀具从对刀点开始运动起，直至加工结束所经过的路径，包括切削加工路径及刀具切入、切出等空行程。

走刀路线的确定必须在保证被加工零件的尺寸精度和表面质量的前提下，按最短走刀路线的原则确定，以减少加工过程的执行时间，提高工作效率，同时减少不必要的刀具损耗及机床进给机构滑动部件的磨损等。实现最短进给路线，除了依靠大量的实践经验外，还应善于分析，必要时可借助一些辅助计算，因此，还应考虑数值计算简便，以方便程序的编制。常用的数控车削加工时的走刀路线选择方法如下。

① 粗车轮廓进给路线。车削加工中，经常进行圆弧、圆锥的加工。所以，在确定轮廓粗车进给路线时，除使用数控系统的循环功能外，还可以按下列方式安排进给路线。

a. 车圆锥的进给路线。在数控车床上车削圆锥可以分为车削正圆锥和车削倒圆锥，每一种情况又有两种进给路线。图 4-8 所示为车削正圆锥的两种进给路线。按图 4-8（a）车削正圆锥时，需要计算终刀距 S，但切削运动的距离较短，每次切深相等，一般的进行数控车削编程时都要按照这一种进给路线；按图 4-8（b）车削正圆锥时，每次切削背吃刀量是变化的，而且切削运动的路线较长但不需要计算终刀距 S，只要确定背吃刀量 a_p，即可车出圆锥轮廓。车倒圆锥的原理与车正圆锥相同。

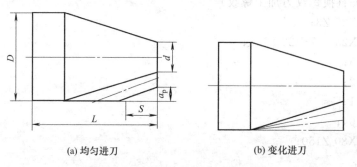

(a) 均匀进刀　　　　　　　　　　(b) 变化进刀

图 4-8　车正圆锥的两种进给路线

b. 车削圆弧的进给路线。圆弧加工的粗加工切削量不均匀，切削深度过大，容易损坏刀具，在粗加工中要考虑进给路线和切削方法的选择。总体原则是在保证背吃刀量均匀的情况下，减少走刀次数及空行程。具体方法如下。

圆弧表面为凸表面时，通常有两种方法，车锥法（斜线法）和车圆法（同心圆法）。车锥法即用车圆锥的方法切除圆弧毛坯余量，再车圆弧，如图 4-9（a）所示。采用此方法时，特别要注意车锥时起点和终点的计算。确定不好可能会损坏圆弧表面或将加工余量留得过

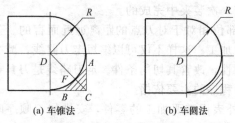

(a) 车锥法　　(b) 车圆法

图 4-9　圆弧凸表面车削方式

大。确定方法是连接 DC 交圆弧于点 F，过 F 作圆弧的切线 AB。进给路线不能超过 AB 两点的连线，否则会过切，而使工件报废。车锥法一般适用于圆心角小于 $90°$ 的圆弧。此方法数值计算繁琐，但走刀路线较短。

车圆法即用不同的半径切除毛坯余量，如图 4-9（b）所示。此方法的优点在于每次背吃

刀量相等，数值计算简单，编程方便，所留加工余量相等，有助于提高精加工质量；缺点是空行程时间较长。此方法适用于圆心角大于 90°的圆弧粗车，也是通常数控车削编程中常用的走刀路线。

当圆弧表面为凹表面，其加工方法有等径圆弧形式（等径不同心）、同心圆弧形式（同心不等径）、梯形形式、三角形形式等，见图 4-10。表 4-4 所例为几种加工方法的比较。

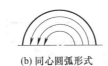

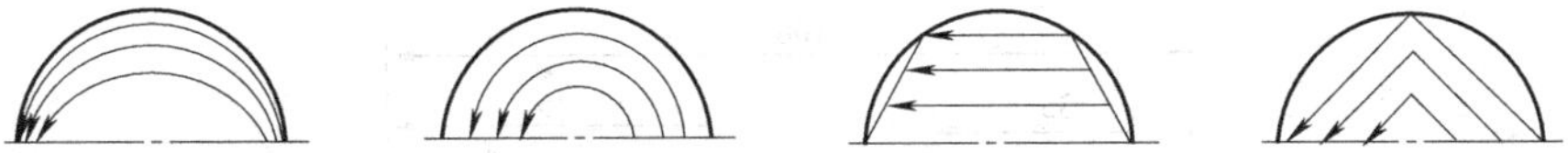

(a) 等径圆弧形式　　(b) 同心圆弧形式　　(c) 梯形形式　　(d) 三角形形式

图 4-10　圆弧凹表面车削方式

表 4-4　圆弧凹表面各种形式加工特点比较

形　式	特　　点
等径圆弧形式	计算和编程最简单,但走刀路线较其他几种方式长
同心圆弧形式	走刀路线短,且精车余量最均匀
梯形形式	切削力分布合理,切削率最高
三角形形式	走刀路线较同心圆弧形长,但比梯形、等径圆弧形式短

② 精车轮廓进给路线。在安排轮廓精车时，应妥善考虑刀具的进、退位置，避免在轮廓中安排切入和切出，避免换刀及停顿，以免因切削力突然发生变化而造成弹性变形，致使在光滑连续的轮廓上产生表面划伤、形状突变或滞留刀痕等缺陷。合理的轮廓精车进给路线应是一刀连续加工而成。

③ 合理安排退刀和换刀路线。在数控车床加工过程中，为了提高加工效率，刀具从起始点或换刀点运动到接近工件部位，以及加工完成后退回到起始点或换刀点，是以 G00 方式运动的。根据刀具加工工件部位的不同，退刀路线的确定方式也不同。常用的方式有斜线退刀方式、径-轴向退刀方式。斜线退刀方式路线最短，适用于加工外圆表面的偏刀退刀；径-轴向退刀方式是刀具先径向垂直退刀，到达指定位置后再轴向退刀，切槽即采用这种退刀方式。

确定退刀路线时应首先保证加工的安全性，在退刀过程中刀具不能与工件及夹具等发生碰撞；然后，再力求使退刀路线最短，以提高生产率。

数控车床加工时通常有两种换刀方式：设置换刀点和跟随式换刀。设置换刀点是设置一个固定的点，它不随工件坐标系位置的改变而发生变化。换刀点最安全的位置是换刀时刀架或刀盘上的刀具都不与工件发生碰撞的位置。换刀点轴向位置（Z 轴）由轴向最长的刀具（如内孔刀、钻头等）确定，换刀点径向位置（X 轴）由径向最长的刀具（如外圆刀、切断刀等）确定。这种设置换刀点方式的优点是安全、简便，在单件、小批量生产中经常采用；缺点是增加了刀具到加工表面的运动距离，降低了加工效率，机床磨损也大，大批量生产时往往不采用这种方式换刀，而是采用所谓的"跟随式换刀"，跟随式换刀使用 G00 快速定位指令，每把刀都有各自的换刀点。设置换刀点时，只需考虑换下一把刀是否与工件发生碰撞，而不用考虑刀架上所有刀具是否与工件发生碰撞。这样做的前提是刀架上的刀具是按加工顺序安排的，调试时从第一把刀开始。

零件加工的进给路线，应综合考虑数控系统的功能、数控车床的加工特点及零件的特点等多方面的因素，灵活使用各种进给方法，从而提高生产效率。

4.4 轴套类零件数控车削加工工艺分析

4.4.1 轴套类零件工艺分析

（1）任务分析　下面以图 4-11 所示轴承套为例，介绍数控车削加工工艺（单件小批量生产），所用机床为 CJK6240。

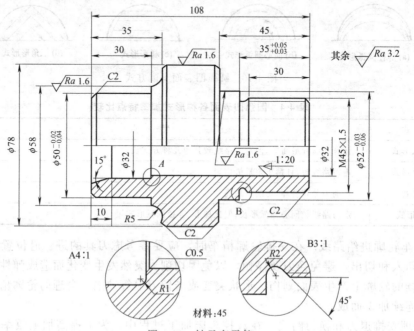

图 4-11　轴承套零件

（2）零件图工艺分析　该零件表面由内外圆柱面、内圆锥面、顺圆弧、逆圆弧及外螺纹等表面组成，其中多个直径尺寸与轴向尺寸有较高的尺寸精度和表面粗糙度要求。零件图尺寸标注完整，符合数控加工尺寸标注要求；轮廓描述清楚完整；零件材料为 45 钢，切削加工性能较好，无热处理和硬度要求。

通过上述分析，采取以下几点工艺措施。

① 零件图样上带公差的尺寸，因公差值较小，故编程时不必取其平均值，而取基本尺寸即可。

② 左、右端面均为多个尺寸的设计基准，相应工序加工前，应该先将左、右端面车出来。

③ 内孔尺寸较小，镗 1∶20 锥孔、ϕ32 孔及 15°斜面时需掉头装夹。

（3）确定装夹方案　内孔加工时以外圆定位，用三爪自动定心卡盘夹紧。加工外轮廓时，为保证一次安装加工出全部外轮廓，需要设一圆锥芯轴装置，用三爪卡盘夹持芯轴左端，芯轴右端留有中心孔并用尾座顶尖顶紧以提高工艺系统的刚性。

（4）确定加工顺序及走刀路线　加工顺序的确定按由内到外、由粗到精、由近到远的原则确定，在一次装夹中尽可能加工出较多的工件表面。结合本零件的结构特征，可先加工内孔各表面，然后加工外轮廓表面。由于该零件为单件小批量生产，走刀路线设计不必考虑最短进给路线或最短空行程路线，外轮廓表面车削走刀路线可沿零件轮廓顺序进行。如图4-12所示。

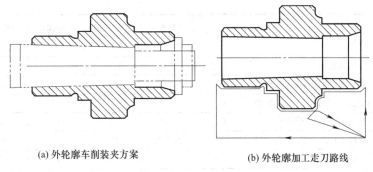

(a) 外轮廓车削装夹方案　　　　　　　　(b) 外轮廓加工走刀路线

图 4-12　走刀路线图

（5）刀具选择　将所选定的刀具参数填入轴承套数控加工刀具卡片中，以便于编程和操作管理。如表 4-5 所示。

表 4-5　轴承套数控加工刀具卡片

产品名称或代号		数控车工艺分析实例		零件名称	轴承套	零件图号	Lathe-01
序号	刀具号	刀具规格名称	数量	加工表面	刀尖半径/mm	备注	
1	T01	45°硬质合金端面车刀	1	车端面	0.5	25×25	
2	T02	φ5 中心钻	1	钻 φ5 中心孔			
3	T03	φ26 钻头	1	钻底孔			
4	T04	镗刀	1	镗内孔各表面	0.4	20×20	
5	T05	93°右偏刀	1	自右至左车外表面	0.2	25×25	
6	T06	93°左偏刀	1	自左至右车外表面			
7	T07	60°外螺纹车刀	1	车 M45 螺纹			
编制	×××	审核	×××	批准	×××	××年 ×月×日	共 1 页　第 1 页

注意：车削外轮廓时，为防止副后刀面与工件表面发生干涉，应选择较大的副偏角，必要时可作图检验。本例中选 $\kappa'_r = 55°$。

（6）切削用量选择　根据被加工表面质量要求、刀具材料和工件材料，参考切削用量手册或有关资料选取切削速度与每转进给量，计算结果填入表 4-5 工序卡中。

背吃刀量的选择因粗、精加工而有所不同。粗加工时，在工艺系统刚性和机床功率允许的情况下，尽可能取较大的背吃刀量，以减少进给次数；精加工时，为保证零件表面粗糙度要求，背吃刀量一般取 0.1～0.4 mm 较为合适。

（7）数控加工工艺卡片拟订　将前面分析的各项内容综合成数控加工工艺卡，表 4-6 所示。

表 4-6　轴承套数控加工工序卡

工厂名称		产品名称或代号		零件名称		零件图号	
		数控车工艺分析实例		轴承套		Lethe-01	
工序号		程序编号	夹具名称		使用设备		车间
001		Letheprg-01	三爪卡盘和自制芯轴		CJK6240		数控中心
工步号	工步内容		刀具号	刀具规格/mm	主轴转速/(r/min)	进给速度/(mm/min)	背吃刀量/mm	备注
1	平端面		T01	25×25	320		1	手动
2	钻 φ5 中心孔		T02	φ5	950		2.5	手动

续表

工步号	工步内容	刀具号	刀具规格/mm	主轴转速/(r/min)	进给速度/(mm/min)	背吃刀量/mm	备注
3	钻底孔	T03	$\phi26$	200		13	手动
4	粗镗 $\phi32$ 内孔、15°斜面及 C0.5 倒角	T04	20×20	320	40	0.8	自动
5	精镗 $\phi32$ 内孔、15°斜面及 C0.5 倒角	T04	20×20	400	25	0.2	自动
6	掉头装夹粗镗 1:20 锥孔	T04	20×20	320	40	0.8	自动
7	精镗 1:20 锥孔	T04	20×20	400	20	0.2	自动
8	芯轴装夹自右至左粗车外轮廓	T05	25×25	320	40	1	自动
9	自左至右粗车外轮廓	T06	25×25	320	40	1	自动
10	自右至左精车外轮廓	T05	25×25	400	20	0.1	自动
11	自左至右精车外轮廓	T06	25×25	400	20	0.1	自动
12	卸芯轴改为三爪装夹粗车 M45 螺纹	T07	25×25	320	480	0.4	自动
13	精车 M45 螺纹	T07	25×25	320	480	0.1	自动
编制	×××	审核	×××	批准	×××	××年×月×日	共1页 第1页

4.4.2 理论参考知识

数控车床夹具与普通车床夹具相同，分为通用夹具和专用夹具两类。选择夹具时应先考虑通用夹具，降低成本。

（1）用通用夹具装夹

a. 在三爪自定心卡盘上装夹。三爪自定心卡盘的三个卡爪是同步运动的，能自动定心，一般不需找正。三爪自定心卡盘装夹工件方便、省时，自动定心好，但夹紧力较小，所以适用于装夹外形规则的中、小型工件。三爪自定心卡盘可装成正爪或反爪两种形式。反爪用来装夹直径较大的工件。用三爪自定心卡盘装夹精加工过的表面时，被夹住的工件表面应包一层铜皮，以免夹伤工件表面。

b. 在两顶尖之间装夹。对于长度尺寸较大或加工工序较多的轴类工件，为保证每次装夹时的装夹精度，可用两顶尖装夹。两顶尖装夹工件方便，不需找正，装夹精度高，但必须先在工件的两端面钻出中心孔。该装夹方式适用于多工序加工或精加工。

用两顶尖装夹工件时须注意的事项如下。

ⅰ. 前后顶尖的连线应与车床主轴轴线同轴，否则车出的工件会产生锥度误差。

ⅱ. 尾座套筒在不影响车刀切削的前提下，应尽量伸出得短些，以增加刚性，减少振动。

ⅲ. 中心孔应形状正确，表面粗糙度值小。轴向精确定位时，中心孔倒角可加工成准确的圆弧形倒角，并以该圆弧形倒角与顶尖锋面的切线为轴向定位基准定位。

ⅳ. 两顶尖与中心孔的配合应松紧合适。

c. 用卡盘和顶尖装夹。用两顶尖装夹工件虽然精度高，但刚性较差。如图 4-13 所示，车削质量较大工件时要一端用卡盘夹住，另一端用后顶尖支撑。为了防止工件由于切削力的作用而产生轴向力，用工件的台阶面限位位移，必须在卡盘内装一限位支承，或利用工件的台阶面限位。这种方法比较安全，能承受较大的轴向切削力，安装刚性好，轴向定位准确，所以应用比较广泛。

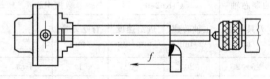

图 4-13 卡盘和顶尖装夹简图

d. 用双三爪自定心卡盘装夹。对于精度要求高、变形要求小的细长轴类零件可采用双主轴驱动式数控车床加工，机床两主轴轴线同轴、转动同步，零件两端同时分别由三爪自定心卡盘装夹并带动旋转，这样可以减小切削加工时切削力矩引起的工件扭转变形。

（2）用找正方式装夹

a. 找正要求。找正装夹时必须将工件的加工表面回转轴线（同时也是工件坐标系 Z 轴）找正到与车床主轴回转中心重合。如图 4-14 所示。

b. 找正方法。与普通车床上找正工件相同，一般为打表找正。通过调整卡爪，使工件坐标系 Z 轴与车床主轴的回转中心重合。

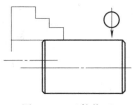

图 4-14　工件找正

单件生产工件偏心安装时常采用找正装夹；用三爪自定心卡盘装夹较长的工件时，工件离卡盘夹持部分较远处的旋转中心不一定与车床主轴旋转中心重合，这时必须找正；又当三爪自定心卡盘使用时间较长，已失去应有精度，而工件的加工精度要求又较高时，也需要找正。

c. 装夹方式。一般采用四爪单动卡盘装夹。四爪单动卡盘的四个卡爪是各自独立运动的，可以调整工件夹持部位在主轴上的位置，使工件加工面的回转中心与车床主轴的回转中心重合，但四爪单动卡盘找正比较费时，只能用于单件小批生产。四爪单动卡盘夹紧力较大，所以适用于大型或形状不规则的工件。四爪单动卡盘也可装成正爪或反爪两种形式。

（3）其他类型的数控车床夹具　为了充分发挥数控车床的高速度、高精度和自动化的效能，必须有相应的数控夹具与之配合。数控车床夹具除了使用通用三爪自定心卡盘、四爪卡盘、顶尖、大批量生产中使用便于自动控制的液压、电动及气动卡盘、顶尖外，还有其他类型的夹具，它们主要分为两大类，即用于轴类工件的夹具和用于盘类工件的夹具。

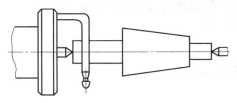

图 4-15　实心轴加工所用的拨齿顶尖夹具

a. 用于轴类工件的夹具。数控车床加工一些特殊形状的轴类工件（如异形杠杆）时，坯件可装卡在专用车床夹具上，夹具随同主轴一同旋转。用于轴类工件的夹具还有自动夹紧拨动卡盘、三爪拨动卡盘和快速可调万能卡盘等。如图 4-15 所示为加工实心轴所用的拨齿顶尖夹具，其特点是在粗车时可以传递足够大的转矩，以适应主轴高速旋转车削要求。

b. 用于盘类工件的夹具。这类夹具适用在无尾座的卡盘式数控车床上。用于盘类工件的夹具主要有可调卡爪式卡盘和快速可调卡盘。

4.5　圆弧轴类零件数控车削加工工艺分析

4.5.1　圆弧轴类零件加工工艺分析

车削加工如图 4-16 所示零件。

（1）工艺分析

① 车端面。毛坯伸出三爪卡盘的卡爪面约 50mm，校正，夹紧，用外圆端面车刀加工端面。

② 粗车外圆。粗车 $\phi20$ 和 $\phi28$ 的外圆及 $R1.5$ 的倒圆角，粗加工处留 0.5mm 的精加工余量。精车外圆。精车 $\phi20$ 和 $\phi28$ 的外圆及 $R1.5$ 的倒圆角至零件图要求的尺寸。

③ 工件换边安装。用软爪或护套铜皮等夹 $\phi20$ 的外圆，校正，夹紧。

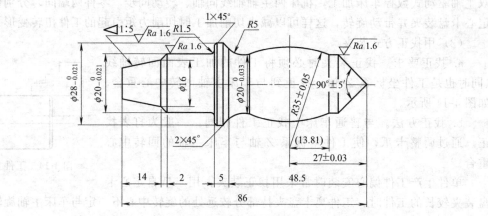

图 4-16 圆弧轴类零件

④ 车另一端面。保证零件总长尺寸 86。

⑤ 车外圆。车 $\phi20$ 的外圆和 $R35$ 圆角。

（2）程序示范

① 外轮廓加工（工序一）

华中 HNC-21T 系统

% 0001	（程序名）
N01 M42	
N10 M03 S600	（M03：主轴正转，S600：转速为 600r/min）
N20 T0101	（1 号外圆刀准备，建立 01 号刀补）
N30 G00 X34 Z2	（快速定位）
N40 G71 U1 R0.5 P60 Q106 X0.5 Z0 F100	
N50 M03 S1000 F50	（精加工参数）
N60 G00 X0 G42	
N70 G01 Z0	
N80 X13.2 C0.3	
N90 X16 Z—14	
N100 X20 Z—16	
N101 Z—32.5 R1.5	
N102 X28 C1	
N103 Z—40	
N106 X33 G40	
N130 G00 X50 Z100	（快速定位于 X50、Z100，以使有足够的换刀空间，以免撞刀）
M05	
M30	

② 外轮廓加工（工序二）

华中 HNC-21T 系统

% 0002	（程序名）

N01 M42

N10 M03 S600　　　　　　　　　　　　　（M03：主轴正转，S600：转速为 600r/min）

N20 T0101　　　　　　　　　　　　　　　（1 号外圆刀准备，建立 01 号刀补）

N30 G00 X34 Z2　　　　　　　　　　　　（快速定位）

N40 G71 U1 R0.5 P60 Q106 X0.5 Z0 F100

N50 M03 S1000 F50　　　　　　　　　　　（精加工参数）

N60 G00 X0 G42

N70 G01 Z0

N80 X20Z－10

N90 Z－13.19

N91 G03 X20 Z－40.81 R35

N100 G01 Z－44.5

N101 G02 X24 Z－48.5 R5

N102 G01 X28 Z－50.5

N106 X33 G40

N130 G00 X50 Z100　　　　　　　　　　　（快速定位于 X50、Z100，以使有足够的换刀
　　　　　　　　　　　　　　　　　　　　　空间，以免撞刀）

M05

M30

4.5.2　理论参考知识

（1）刀具的选择　由于工件材料、生产批量、加工精度以及机床类型、工艺方案的不同，车刀的种类也异常繁多。根据与刀体的连接固定方式的不同，车刀主要可分为焊接式与机械夹固式两大类。

① 焊接式车刀　将硬质合金刀片用焊接的方法固定在刀体上称为焊接式车刀。这种车刀的优点是结构简单，制造方便，刚性较好。缺点是由于存在焊接应力，使刀具材料的使用性能受到影响，甚至出现裂纹。另外，刀杆不能重复使用，硬质合金刀片不能充分回收利用，造成刀具材料的浪费。根据工件加工表面以及用途不同，焊接式车刀又可分为切断刀、外圆车刀、端面车刀、内孔车刀、螺纹车刀以及成形车刀等。如图 4-17所示。

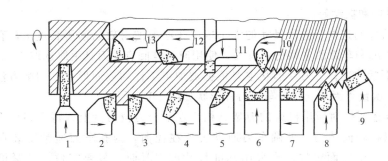

图 4-17　焊接式车刀的种类

1—切断刀；2—90°左偏刀；3—90°右偏刀；4—弯头车刀；5—直头车刀；6—成形车刀；7—宽刃精车刀；
8—外螺纹车刀；9—端面车刀；10—内螺纹车刀；11—内槽车刀；12—通孔车刀；13—盲孔车刀

② 机夹可转位车刀　如图 4-18 所示，机械夹固式可转位车刀由刀杆 1、刀片 2、刀垫 3

以及夹紧元件 4 组成。刀片每边都有切削刃，当某切削刃磨损钝化后，只需松开夹紧元件，将刀片转一个位置便可继续使用。

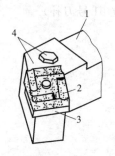

图 4-18　机械夹固式可
转位车刀的组成

1—刀杆；2—刀片；3—刀垫；
4—夹紧元件

(2) 车刀刀片类型的选择

① 数控车削常用刀具的类型　数控车削用的车刀一般分为三类，即尖形车刀、圆弧形车刀和成形车刀。

a. 尖形车刀　以直线形切削刃为特征的车刀一般称为尖形车刀。这类车刀的刀尖（同时也为其刀位点）由直线形的主、副切削刃构成，如 90° 内、外圆车刀，左、右端面车刀，切槽（断）车刀及刀尖倒棱很小的各种外圆和内孔车刀。

用这类车刀加工零件时，其零件的轮廓形状主要由一个独立的刀尖或一条直线形主切削刃位移后得到，它与另两类车刀加工时所得到零件轮廓形状的原理是截然不同的。

b. 圆弧形车刀　圆弧形车刀是较为特殊的数控加工用车刀。其特征是，构成主切削刃的刀刃形状为一圆度误差或轮廓误差很小的圆弧；该圆弧上的每一点都是圆弧形车刀的刀尖，因此，刀位点不在圆弧上，而在该圆弧的圆心上；车刀圆弧半径理论上与被加工零件的形状无关，并可按需要灵活确定或经测定后确认。当某些尖形车刀或成形车刀（如螺纹车刀）的刀尖具有一定的圆弧形状时，也可作为这类车刀使用。

圆弧形车刀可以用于车削内、外表面，特别适宜于车削各种光滑连接（凹形）的成形面。

c. 成形车刀　成形车刀也叫样板车刀，其加工零件的轮廓形状完全由车刀刀刃的形状和尺寸决定。数控车削加工中，常见的成形车刀有小半径圆弧车刀、非矩形车槽刀和螺纹车刀等。在数控加工中，应尽量少用或不用成形车刀，当确有必要选用时，则应在工艺文件或加工程序单上进行详细说明。

为了减少换刀时间和方便对刀，便于实现机械加工的标准化，数控车削加工时应尽量采用机夹式刀杆和刀片。

② 刀片材质的选择　车刀刀片的材料主要有高速钢、硬质合金、涂层硬质合金、陶瓷、立方氮化硼和金刚石等。其中应用最多的是硬质合金和涂层硬质合金刀片。选择刀片材质，主要依据被加工工件的材料、被加工表面的精度、表面质量要求、切削载荷的大小以及切削过程中有无冲击和振动等。

③ 刀片尺寸的选择　刀片尺寸的大小取决于必要的有效切削刃长度 L，有效切削刃长度与背吃刀量 a_p 和车刀的主偏角 κ_r 有关，使用时可查阅有关刀具手册选取。

④ 刀片形状的选择　刀片形状主要依据被加工工件的表面形状、切削方法、刀具寿命和刀片的转位次数等因素选择。车刀刀片形状如图 4-19 所示。

选择刀具还要针对所用机床的刀架结构。在 6 个刀位刀盘上，每个刀位上可以在径向装刀，也可以在轴向装刀。外圆车刀通常安装在径向，内孔车刀通常安装在轴向。刀具以刀杆尾部和一个侧面定位。当采用标准尺寸的刀具时，只要定位、锁紧可靠，就能确定刀尖在刀盘上的相对位置。可见在这类刀盘结构中，车刀的柄部要选择合适的尺寸，刀刃部分要选择机夹不重磨刀具，而且刀具的长度不得超出其规定的范围，以免发生干涉现象。

常用数控车刀的种类和用途，如表 4-7 所示。

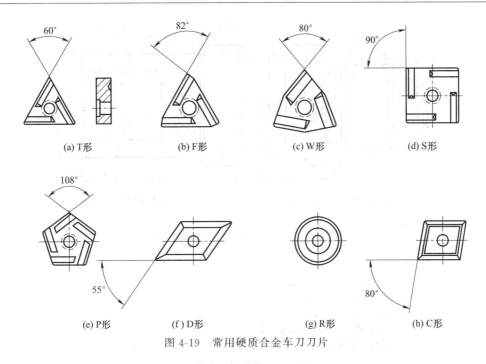

图 4-19　常用硬质合金车刀刀片

表 4-7　常用数控车刀的种类和用途

	外圆粗车刀	外圆精车刀	端面车刀	切槽刀	螺纹刀	内孔车刀
焊接车刀						
	外圆右偏粗车刀	外圆右偏精车刀	45°端面车刀	外圆切槽刀	外圆螺纹车刀	
机夹可转位车刀						
	中心钻	麻花钻	粗镗孔车刀	精镗孔车刀		
孔车刀						

4.6　V 形槽类零件数控车削加工工艺分析

4.6.1　V 形槽类零件工艺分析

（1）任务描述　V 形槽类零件，主要的加工要点是对槽刀的运用，考虑到槽刀左右两个刀尖点的刀尖方位，零件图如图 4-20 所示。

（2）零件加工工艺分析

① 加工右端。毛坯伸出三爪卡盘的卡爪面约 80mm，校正，夹紧，用外圆端面车刀加工端面。并进行试切法对刀，外圆尖刀。

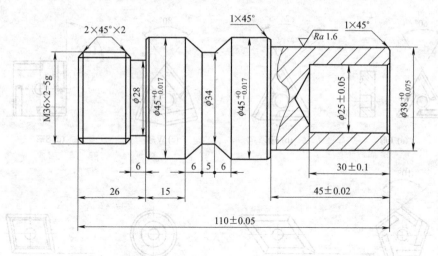

技术要求

1. 锐角倒钝0.3×45°~0.5×45°。
2. 未注尺寸公差按IT14级加工。
3. 圆弧光滑连接。
4. 不允许使用砂布或锉刀修整工件。
5. 螺纹环规检验。

图 4-20 螺纹轴类零件图

② 粗加工外轮廓。G71 指令粗车 $\phi45$、$\phi38$ 外圆，留 0.5mm 的精加工余量。精车外圆。

③ 粗加工内轮廓。G71 指令粗车 $\phi25$ 内孔，留 0.3mm 的精加工余量。精车内孔。此时需注意粗加工内孔时余量的方向，内孔为负。

④ 调头装夹保总长 110。

⑤ 粗加工外轮廓。G71 指令粗车 $\phi35.8$、$\phi28$ 和 $\phi45$ 的外圆，留 0.5mm 的精加工余量。精车外圆。精车 $\phi35.8$、$\phi28$ 和 $\phi45$ 的外圆至零件图要求的尺寸。

⑥ $\phi34 \times 5$ V 形槽加工，先给槽底尺寸 $\phi34$mm，保证槽宽 5mm 及两边 V 形尺寸。

⑦ 加工螺纹 M34×2-5g。

⑧ 检验测量。

填写加工工序卡，如表 4-8 所示。

表 4-8 数控车削加工工序卡

数控加工工序(工步)卡片		零件图号		零件名称		材料		使用设备		
						45		CJK6136 数控车床		
工步号	工步内容	刀具号	刀具名称	刀具规格	主轴转速/(r/min)	进给速度/(mm/r)	刀具半径补偿号	刀具长度补偿号	备注
1	车工件右端面,粗车 $\phi38$、$\phi45$,毛坯为 $\phi50$	T1	外圆车刀	90°	500	0.2	01		
2	车工件右端面,粗车 $\phi38$、$\phi45$			90°	800	0.1	01		
3	粗精镗 $\phi24$ 内孔	T2	镗孔刀	90°	300/400	0.1	02		
4	掉头车工件右端面,粗车圆弧 $\phi35.8$、$\phi28$ 和 $\phi45$ 的外圆,控制总长 110	T1	外圆车刀	90°	500	0.2			
5	精车 $\phi35.8$、$\phi28$ 和 $\phi45$ 的外圆	T1	外圆车刀	90°	800	0.1	01		
6	$\phi34 \times 5$ V 形槽加工	T3	切断(槽)刀	5mm	300	0.01	03		
7	粗精车螺纹 M34×2	T4	外螺纹刀	60°	600	2	04		

（3）参考程序

O0001；（车外圆）

T0101；

M03 S02；

G00 X52 Z2；

G71 U1 R0.5；

G71 P1 Q2 U0.5 F0.2；

N1 G00 X0；

G01 Z0 F0.1；

X36；

X38 Z－1；

Z－45；

X43；

X45 Z－46；

Z－60；

N2 X52；

G00 X100 Z100；

M00；

T0101；

M03 S01；

G00 X52 Z2；

G70 P1 Q2；

G00 X100 Z100；

T0100；

M30；

O0002；（车内孔）

T0202；

M03 S02；

G00 X23 Z2；

G01 Z0 F0.1；

G71 U1 R0.5；

G71 P1 Q2 U－0.5 F0.2；

N1 G00 X27；

X25 Z－1；

Z－30；

N2 X23；

G00 Z100；

X100；

M00；

T0202；

M03 S01；

G00 X23 Z2；

G70 P1 Q2；

G00 Z100；

X100；

T0200；

M30；

O0003；（掉头车外圆）

T0101；

M03 S02；

G00 X52 Z2；

G73 U12 R11；

G73 P1 Q2 U0.5 F0.2；

N1 G00 X0；

G01 Z0 F0.1；

X31.8；

X35.8 Z-2；

Z-26；

X43；

X45 Z-27；

Z-41；

X34 Z-47；

Z-52；

X45 Z-58；

Z-60；

N2 X52；

G00 X100 Z100；

M00；

T0101；

M03 S01；

G00 X52 Z2；

G70 P1 Q2；

G00 X100 Z100；

T0100；

M30；

O0004；（切退刀槽）

T0303；

M03 S02；

G00 X52 Z2；

Z-25；

G01 X28 F0.01；

G00 X40；

Z-26；

G01 X28 F0.01；

```
G00 X100；
Z100；
T0300；
M30；
O0005；（车螺纹）
T0404；
M03 S02；
G00 X52 Z2；
G92 X35.4 Z－22 F2；
X35；
X34.7；
X34.3；
X34；
X33.7；
X33.6；
X33.5；
X33.4；
X33.4；
G00 X100 Z100；
T0400；
M30；
```

4.6.2　理论参考知识

（1）常用车刀的几何参数及车刀预调　刀具切削部分的几何参数对零件的表面质量及切削性能影响极大，应根据零件的形状、刀具的安装位置以及加工方法等，正确选择刀具的几何形状及有关参数。

① 尖形车刀的几何参数　尖形车刀的几何参数主要指车刀的几何角度。选择方法与使用普通车削时基本相同，但应结合数控加工的特点如走刀路线及加工干涉等进行全面考虑。

一般可用作图或计算的方法，确定尖形车刀不发生干涉的几何。如副偏角不发生干涉的极限角度值为大于作图或计算所得角度的 6°～8°即可。当确定几何角度困难、甚至无法确定（如尖形车刀加工接近于半个凹圆弧的轮廓等）时，则应考虑选择其他类型车刀后，再确定其几何角度。

② 圆弧形车刀的几何参数

a. 圆弧形车刀的选用。对于某些精度要求较高的凹曲面车削或大外圆弧面的批量车削，以及尖形车刀所不能完成的加工，宜选用圆弧形车刀进行。圆弧形车刀具有宽刃切削（修光）性质；能使精车余量保持均匀而改善切削性能；还能一刀车出跨多个象限的圆弧面。

通常对于加工同时跨四个象限的外圆弧轮廓，无论采用何种形状及角度的尖形车刀，也不可能由一条圆弧加工程序一刀车出，而采用圆弧形车刀就能十分简便地完成。

b. 圆弧形车刀的几何参数。圆弧形车刀的几何参数除了前角及后角外，主要几何参数为车刀圆弧切削刃的形状及半径。

选择车刀圆弧半径的大小时，应考虑两点：第一，车刀切削刃的圆弧半径应当小于或等于零件凹形轮廓上的最小半径，以免发生加工干涉；第二，该半径不宜选择太小，否则既难于制造，还会因其刀头强度太弱或刀体散热能力差，使车刀容易受到损坏。

当车刀圆弧半径已经选定或通过测量并给予确认之后，应特别注意圆弧切削刃的形状误差对加工精度的影响。

至于圆弧形车刀前、后角的选择，原则上与普通车刀相同，只不过形成其前角（大于0°时）的前刀面一般都为凹球面，形成其后角的后刀面一般为圆锥面。圆弧形车刀前、后刀面的特殊形状，是为满足在刀刃的每一个切削点上，都具有恒定的前角和后角，以保证切削过程的稳定性及加工精度。为了制造车刀的方便，在精车时，其前角多选择为0°。

③ 车刀的预调　数控车床刀具预调的主要工作是：

a. 按加工要求选择全部刀具，并对刀具外观，特别是刃口部位进行检查；

b. 检查调整刀尖的高度，实现等高要求；

c. 刀尖圆弧半径应符合程序要求；

d. 测量和调整刀具的轴向和径向尺寸。

（2）数控车削加工的工艺特点　数控车削加工的工艺与普能车削加工工艺相类似，但也有不同，主要有以下几点。

① 加工精度高，加工质量稳定。由于数控车床是集电、气、液为一体的高精密机床，其如工精度普遍高于普通机床。主要是其事先是进行编程这道工序，后面所加工的轮廓都是由程序进行控制的。这就可以避免由于操作人员的技术水平所造成的误差。而且对于一些具有复杂形状的工件，特别是圆弧类零件，手工机床基本无法加工，而这些对于数控车床来讲是非常简单的事情。所以其加工质量相对稳定。

② 适应性强，适于多品种零件的批量加工。一般的普通机床要想加工新的零件，都要对机床进行重新调整，比较麻烦。而数控车床只要编写相应的程序，重新对刀就可以加工。同时，数控车床对于成批加工，还可以省去编写程序的环节，相当方便。

③ 减轻工人的劳动强度。数控车床的加工，除了装卸零件，操作键盘和进行观察外，其他的工作都是由数控车床自动完成的加工。操作者不需要进行复杂的操作就可以完成。这样就很大程度地减轻了操作人员的劳动强度。

④ 较高的生产率。如果进行成批的产品生产，其自动化程度越高，加工成本越低，生产效率越高。

思考与练习

一、简答题

1. 数控车床适合加工哪些特点的回转体零件？为什么？

2. 常用数控车床车刀有哪些类型？安装车刀有哪些要求？

3. 在编制数控车削加工工艺时，应首先考虑哪些方面的问题？

4. 简述数控车削加工的特点及加工对象有哪些？

5. 车削加工工序顺序应遵循哪些基本原则？安排工步顺序有哪些原则？

6. 数控车削加工常用粗加工进给路线有哪些方式？精加工进给路线应如何确定？

7. 数控车削加工工件常用装夹方式有哪些？如何选择数控车床夹具？

8. 数控车削用的车刀一般分为哪几类？常用对刀方法有哪些？

二、工艺编制

1. 制订图示零件的数控车削工艺。毛坯为棒料。

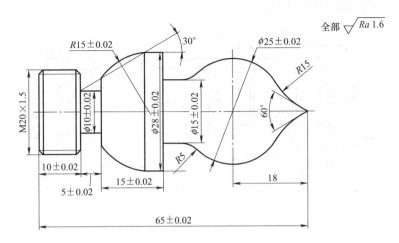

2. 编制图示圆弧类零件的数控车削加工工艺。

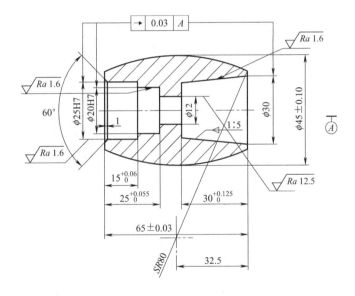

3. 编制图示螺纹轴类零件的数控车削加工工艺。

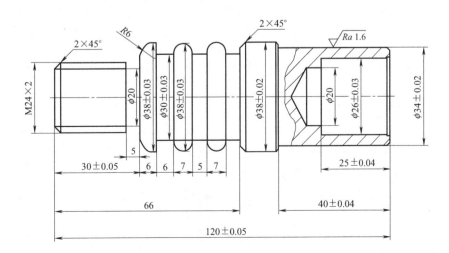

4. 编制图示零件的数控车削加工工艺。

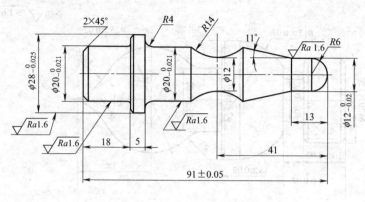

第5章 数控铣削加工工艺

　　熟悉数控铣床选用知识和数控铣削加工工艺特点，具备根据零件加工要求，设计典型数控铣床零件加工工艺能力，包括选择设计合适的工艺装备，拟订具体的加工工艺方案及编写加工工艺文件，实践验证加工工艺。

　　数控铣床是在普通铣床的基础上发展起来的，两者的加工工艺基本相同。它是机床设备中应用非常广泛的加工机，可以进行平面铣削、平面型腔铣削、外形轮廓铣削、三维及三维以上复杂型面的铣削，还可进行钻、扩、镗、铰、攻螺纹等加工。加工中心、柔性制造单元等都是在数控铣床的基础上产生和发展起来的。

5.1　数控铣削加工工艺基础

　　数控铣床具有丰富的加工功能和较宽的加工工艺范围，面对的工艺性问题也较多。在开始编制铣削加工程序前，一定要仔细分析数控铣削加工工艺性，掌握铣削加工工艺装备的特点，以保证充分发挥数控铣床的加工功能。

5.1.1　数控铣床的主要功能

　　各种类型数控铣床所配置的数控系统虽然各有不同，但各种数控系统的功能，除各自特点之外，一般具有以下主要功能。

　　① 连续轮廓控制及刀具补偿功能。此功能可以实现直线、圆弧的插补功能及非圆曲线的加工。除此之外，还可以加工一些空间曲面；刀具补偿功能包括刀具半径补偿功能和长度补偿功能，为程序的编制提供了方便，结合 G40、G41、G42 三个指令进行刀具半径补偿。

　　② 点位控制功能。此功能可以实现对相互位置精度要求很高的孔系加工，可以比较精确的进行点位控制。

　　③ 比例、镜像及旋转功能。比例功能可将编好的加工程序按指定比例改变坐标值来执行；镜像加工又称轴对称加工，如果一个零件的形状关于坐标轴对称，那么只要编出一个或两个象限的程序，其余象限的轮廓就可以通过镜像加工来实现；旋转功能可将编好的加工程序在加工平面内旋转任意角度来执行。

　　④ 子程序调用功能。有些零件需要在不同的位置上重复加工同样的轮廓形状，将这一轮廓形状的加工程序作为子程序，在需要的时候进行调用，就可以完成对该零件的加工。

　　⑤ 用户宏功能。该功能可用一个总指令代表实现某一功能的一系列指令，并能对变量进行运算，使程序更具灵活性和方便性。

5.1.2　数控铣削加工的主要对象

　　数控铣床主要用于加工平面和曲面轮廓的零件，还可以加工复杂型面的零件，如凸轮、样板、模具、螺旋槽等。同时也可以对零件进行钻、扩、铰、锪和镗孔加工。适于采用数控铣削的零件有平面类零件、直纹曲面类零件和立体曲面类零件。

（1）平面类零件　平面类零件是指加工面平行或垂直于水平面，以及加工面与水平面的夹角为一定值的零件。这类零件的特点是，各个加工单元面是平面或可以展开成为平面。目前，在数控铣床上加工的绝大多数零件属于平面类零件。

图 5-1 所示的 3 个零件均为平面类零件。其中，曲线轮廓面 A 垂直于水平面，可采用圆柱立铣刀加工。凸台侧面 B 与水平面成一定角度，这类加工面可以采用专用的角度成形铣刀来加工。对于斜面 C，当工件尺寸不大时，可用斜板垫平后加工；如机床主轴可以摆角，则可摆成适当的定角加工。当工件尺寸很大，斜面坡度又较小时，也常用行切法加工，这时会在加工面上留下进刀时的刀锋残留痕迹，要用钳修方法加以清除。

(a) 轮廓面 A　　　　　　　　(b) 轮廓面 B　　　　　　　　(c) 轮廓面 C

图 5-1　平面类零件

（2）直纹曲面类零件　直纹曲面类零件是指加工面与水平面的夹角呈连续变化的零件。这类零件多数为飞机零部件，如飞机上的整体梁、框、椽条与肋等，此外还有检验夹具与装配型架等。图 5-2 所示为飞机上的一种变斜角梁椽条，当直纹曲面从截面①至截面②变化时，其与水平面间的夹角从 $3°10'$ 均匀变化为 $2°32'$，从截面②到截面③变化时，又均匀变化为 $1°20'$，最后到截面④，斜角均匀变化为 $0°$。直纹曲面类零件的加工面不能展开为平面。

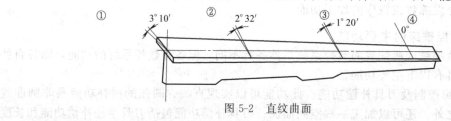

图 5-2　直纹曲面

当采用四坐标或五坐标数控铣床加工直纹曲面类零件时，加工面与铣刀圆周接触的瞬间为一条直线。这类零件也可在三坐标数控铣床上采用行切加工法实现近似加工。

（3）立体曲面类零件　立体曲面类零件是指加工面为空间曲面的零件。这类零件的加工面不能展成平面，一般使用球头铣刀切削，加工面与铣刀始终为点接触，若采用其他刀具加工，易于产生干涉而铣伤邻近表面。加工立体曲面类零件一般使用三坐标数控铣床，采用以下两种加工方法。

① 平行切削加工法。采用三坐标数控铣床进行二轴半坐标控制加工，即平行切削加工法。如图 5-3 所示，球头铣刀沿 YZ 平面的曲线进行直线插补加工，当一段曲线加工完后，沿 Y 方向进给 ΔY 再加工相邻的另一曲线，如此依次用平面曲线来逼近整个曲面。相邻两曲线间的距离 ΔY 应根据表面粗糙度的要求及球头铣刀的半径选取。球头铣刀的球半径应尽可能选得大一些，以增加刀具刚度，提高散热性，降低表面粗糙度值。加工凹圆弧时的铣刀球头半径必须小于被加工曲面的最小曲率半径。

② 三坐标联动加工。采用三坐标数控铣床三轴联动加工，即进行空间直线插补。如半球形，可用行切加工法加工，也可用三坐标联动的方法加工。采用三坐标联动加工时，数控铣床用 X、Y、Z 三坐标联动的空间直线插补，实现球面加工，如图 5-4 所示。

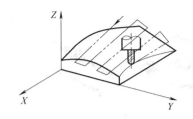

图 5-3　平行切削加工法

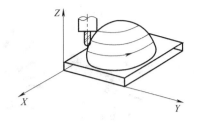

图 5-4　三坐标联动加工

5.1.3　数控铣床的工艺装备

数控铣床的工艺装备较多，这里主要分析夹具和刀具。

（1）夹具　数控铣削加工时一般不要求很复杂的夹具，只要求有简单的定位、夹紧机构就可以了。数控铣床常用的定位、夹紧机构是平口虎钳、分度头和三爪卡盘等通用夹具。精密机床用平口虎钳的钳口平行度很高，可用来定位，它往往长期被固定在数控铣床的工作台上。此外，数控铣削加工常用的夹具大致有下列几种。

① 万能组合夹具。适用于小批量生产或研制时的中、小型工件在数控铣床上进行铣削加工。

② 专用铣削夹具。特别为某一项或类似的几项工件设计制造的夹具，一般用于批量生产。

③ 多工位夹具。可以同时装夹多个工件，可减少换刀次数，也便于一面加工一面装卸工件，有利于缩短准备时间，提高生产率，较适宜于中批量生产。

④ 气动或液压夹具。适用于生产批量较大，采用其他夹具又特别费工、费力的工件。能减轻工人劳动强度和提高生产率，但此类夹具结构较复杂，造价往往较高，而且制造周期较长。

在选用夹具时，通常考虑产品的生产批量、生产效率、质量保证及经济性等，选用时按照下列原则选用。

① 在生产量小或研制时，应广泛采用万能组合夹具，只有在组合夹具无法满足工件装夹要求时才可放弃。

② 小批或成批生产时可考虑采用专用夹具，但应尽量简单。

③ 在生产批量较大时可考虑采用多工位夹具和气动、液压夹具。

（2）数控铣削加工常用刀具的种类　数控加工刀具必须适应数控机床高速、高效和自动化程度高的特点，一般应包括通用刀具、通用连接刀柄及少量专用刀柄。刀柄要连接刀具并装在机床动力头上，因此已逐渐标准化和系列化。数控刀具的分类有多种方法。

根据刀具结构可分为：①整体式；②镶嵌式，采用焊接或机夹式连接，机夹式又可分为不转位和可转位两种；③特殊形式，如复合式刀具、减震式刀具等。

根据制造刀具所用的材料可分为：①高速钢刀具；②硬质合金刀具；③金刚石刀具；④其他材料刀具，如立方氯化硼刀具、陶瓷刀具等。

从切削工艺上可分为：①车削刀具，分外圆、内孔、螺纹、切割刀具等多种刀具；②钻削刀具（图 5-5），包括钻头、铰刀、丝锥等；③镗削刀具；④铣削刀具（图 5-6）等。

为了适应数控机床对刀具耐用、稳定、易调、可换等的要求，近几年机夹式可转位刀具得到广泛的应用，在数量上达到整个数控刀具的 30%～40%，金属切除量占总数的80%～90%。

（3）数控铣削加工常用刀具的特点　数控刀具与普通机床上所用的刀具相比，有许多不

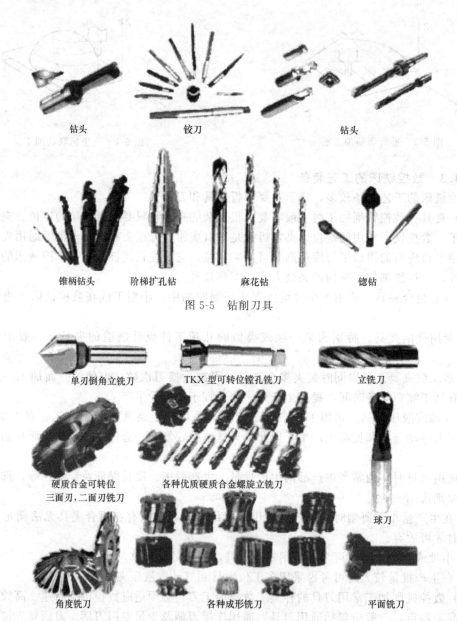

图 5-5 钻削刀具

图 5-6 铣刀类型

同的要求,主要有以下特点:刚性好(尤其是粗加工刀具),振动及热变形小;互换性好,便于快速换刀;寿命高,切削性能稳定,可靠;刀具的尺寸便于调整,以减少换刀调整时间,刀具应能可靠地断屑或卷屑、以利于切屑系列化,标准化,以利于编程和刀具管理。

① 数控铣削刀具的基本要求

a. 铣刀刚性要好。一是为提高生产效率而采用大切削用量的需要;二是为适应数控铣床加工过程中难以调整切削用量的特点。例如,当工件各处的加工余量相差悬殊时,通用铣床遇到这种情况很容易采取分层铣削方法加以解决,而数控铣削就必须按程序规定的走刀路线前进,遇到余量大时无法像通用铣床那样"随机应变",除非在编程时能够预先考虑到,否则铣刀必须返回原点,用改变切削面高度或加大刀具半径补偿值的方法从头开始加工,多走几刀。但这样势必造成余量少的地方经常走空刀,降低了生产效率,如刀具刚性较好就不必这么办。再者，在通用铣床上加工时，若遇到刀具刚性不足，比较容易从振动、手感等方面及时发现，并及时调整切削用量，而数控铣削时则很难办到。在数控铣削中，因铣刀刚性较差而断刀并造成工件损伤的事例是常有的，所以解决数控铣刀的刚性问题是至关重要的。

　　b. 铣刀的耐用度要高。尤其是当一把铣刀加工的内容很多时，如刀具不耐用而磨损较快，就会影响工件的表面质量与加工精度，而且会增加换刀引起的调刀与对刀次数，也会使工作表面留下因对刀误差而形成的接刀台阶，降低了工件的表面质量。

　　除上述两点之外，铣刀切削刃的几何角度参数的选择及排屑性能等也非常重要，切屑黏刀形成积屑瘤在数控铣削中是十分忌讳的。总之，根据被加工工件材料的热处理状态、切削性能及加工余量，选择刚性好、耐用度高的铣刀，是充分发挥数控铣床的生产效率和获得满意的加工质量的前提。

　　② 数控铣刀的选择　数控铣床上所采用的刀具要根据被加工零件的材料、几何形状、表面质量要求、热处理状态、切削性能及加工余量等，选择刚性好、耐用度高的刀具。应用于数控铣削加工的刀具主要有面铣刀、立铣刀、键槽铣刀、球头铣刀、鼓形铣刀和成形铣刀等。

　　a. 铣刀类型选择。被加工零件的几何形状是选择刀具类型的主要依据。铣较大平面时，为了提高生产效率和减小加工表面粗糙度，一般采用刀片镶嵌式盘形面铣刀；加工平面零件周边轮廓、凹槽、较小的台阶面应选择立铣刀；加工空间曲面、模具型腔或凸模成形表面等多选用模具铣刀；加工封闭的键槽选用键槽铣刀；加工变斜角零件的变斜角面选用鼓形铣刀；加工立体型面和变斜角轮廓外形常采用球头铣刀、鼓形刀；加工各种直的或圆弧形的凹槽、斜角面、特殊孔等应选用成形铣刀；孔加工时，可采用钻头、镗刀等孔加工刀具。

　　b. 铣刀主要参数的选择。选择铣刀时应根据不同的加工材料和加工精度要求，选择不同参数的铣刀进行加工。数控铣床上使用最多的是可转位面铣刀和立铣刀，下面重点介绍面铣刀和立铣刀参数的选择。

　　面铣刀主要参数的选择：标准可转位面铣刀直径为 $\phi 16 \sim 630\,\text{mm}$，应根据侧吃刀量选择适当的铣刀直径，尽量包容整个加工宽度，以提高加工精度和效率。粗铣时，铣刀直径要小些，因为粗铣切削力大，选小直径铣刀可减小切削扭矩。精铣时，铣刀直径要大些，尽量包容工件整个加工宽度，以提高加工精度和效率，并减小相邻两次进给之间的接刀痕。

　　可转位面铣刀有粗齿、中齿和密齿 3 种。粗齿铣刀容屑空间较大，常用于粗铣钢件；粗铣带断续表面的铸件和在平稳条件下铣削钢件时，可选用中齿铣刀；密齿铣刀的每齿进给量较小，主要用于加工薄壁铸件。

　　立铣刀主要参数的选择：立铣刀的刀具半径 R 应小于零件内轮廓的最小曲率半径 ρ，一般取 $R=(0.8 \sim 0.9)\rho$。零件的加工高度 $H \leqslant (1/4 \sim 1/6)R$，以保证刀具有足够的刚度。当加工肋时，刀具直径为 $D=(5 \sim 10)b$，b 为肋的厚度。

5.2　平面加工数控铣削的工艺性分析

　　数控铣削加工的工艺性分析是编程前的重要工艺准备工作之一，关系到机械加工的效果和成败，不容忽视。进行数控加工时，数控机床是接受数控系统的指令，完成各种运动实现加工的。因此，在编制加工程序之前，需要对影响加工过程的各种工艺因素，如加工顺序、走刀路线、切削用量、加工余量、刀具的尺寸及是否需要切削液等都要预先确定好并编入程序中。根据加工实践，数控铣削加工工艺分析所要解决的主要问题大致可归纳为以下几个方面。

5.2.1　平面加工工艺分析

（1）任务描述　如图 5-7 所示，材料为 45 钢锻件，毛坯尺寸为 236mm × 122mm × 42mm，单件生产。

技术要求：

① 下表面与上表面（A 面）平行度要求 0.02mm，下侧面与左侧面（C 面）的垂直度要求 0.02mm。

② 加工表面粗糙度上表面（A 面）、左侧面（C 面）为 $Ra0.8\mu m$，下表面为 $Ra1.6\mu m$，其余加工表面均为 $Ra3.2\mu m$。

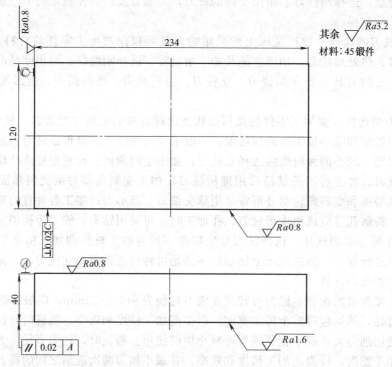

图 5-7　平面加工实例

（2）短期目标

① 掌握平面类零件加工的工艺设计方法。

② 掌握数控铣削刀具的选择及进给路线的安排。

③ 掌握手工编程的方法，正确使用坐标系选择及运动路径控制指令。

（3）零件的加工工艺分析与设计

① 工件结构分析

a. 几何元素分析。该工件外形规则，结构简单，包含了平面、轮廓等几何元素。

b. 精度分析。该工件被加工部分的形位公差、表面粗糙度要求较高。下表面与上表面（A 面）平行度要求 0.02mm，下侧面与左侧面（C 面）的垂直度要求 0.02mm。加工表面粗糙度上表面（A 面）、左侧面（C 面）为 $Ra0.8\mu m$，下表面为 $Ra1.6\mu m$，其余加工表面均为 $Ra3.2\mu m$。各加工部分的尺寸要求不高，按未注公差尺寸加工。

c. 材料分析。材料为 45 钢锻件，具有较好的机械加工性能，适合数控铣床加工。

② 工件的基准分析

a. 设计基准分析。工件长度、宽度方向的设计基准为两条中心线，高度方向的设计基准为上表面（A 面）。

b. 工艺基准分析。考虑工件的加工和定位，工艺基准为上表面（A 面）、下表面、右侧面。其中，下表面为粗基准。

③ 加工工艺路线的总体设计

a. 根据工件的几何元素要求，本工件的加工方法包括平面铣削、外轮廓铣削。

b. 按照铣削加工基面先行、先粗后精的工艺原则，并根据安装次数分为两道工序。

c. 工件的加工工艺路线如下：

粗精铣上表面（A 面）、侧面至长度、宽度尺寸成，控制高度尺寸；

粗精铣下表面，保证高度尺寸 40mm，侧面接刀加工而成。

④ 刀具选择　刀具的选用与工件几何特征、加工方法、加工精度、材料等因素相关。

上下表面铣削用面铣刀，根据侧吃刀量选择面铣刀直径，使铣刀工作时有合理的切入、切出角，且铣刀直径应尽量包容工件整个加工宽度，以提高加工精度和效率，并减小相邻两次进给之间的接刀痕迹，选择 ϕ125mm 的 4 刃面铣刀。侧面铣削用立铣刀，铣刀半径只受轮廓最小曲率半径限制，选择 ϕ10mm 的 3 刃立铣刀。工件材料为 45 钢，铣刀材料用硬质合金刀即可。

本工件的刀具选用见表 5-1。

表 5-1　刀具选用表（一）

零件名称	平面加工实例		零件材料	45 钢锻件
零件图号			机床名称	数控铣床(立式)
序号	刀具号	刀具名称	刀具规格	刀补地址		刀具材料
				长度	半径	
1	T1	面铣刀	ϕ125	H1		硬质合金
2	T2	立铣刀	ϕ10	H2	D1＝5.5　D2＝5	硬质合金

⑤ 刀路设计

a. 切入、切出方式的选择。铣削平面外轮廓零件时，一般采用立铣刀侧刃进行切削。由于主轴系统和刀具刚性变化，当铣刀沿工件轮廓切向切入工件时，也会在切入处产生刀痕。为了减少刀痕，切入、切出时可沿零件外轮廓曲线延长线的切线方向切入切出工件。

b. 铣削方向选择。铣刀旋转方向与工件进给方向一致为顺铣，铣刀旋转方向与工件进给方向相反为逆铣。为使各加工表面具有较好的表面质量，采用顺铣方式铣削，即外轮廓铣削时宜采用沿工件顺时针方向铣削，对内轮廓宜采用逆时针方向铣削。

c. 铣削路线选择。加工本工件外轮廓时，加工刀路如图 5-8 所示，1 点运行到 2 点建立刀具半径补偿，然后按顺序铣削加工。由 6 点插补到 7 点切出，由 7 点插补到 1 点取消刀具半径补偿。

⑥ 工件装夹　工件采用平口钳装夹，试切法对刀。

⑦ 工件检测　确定关键尺寸、检测基准、所需工量具。

a. 检测基准的选择。检测基准是测量工件的形状、位置和尺寸误差时采用的基准。工件以中心线为测量基准。

b. 量具选择。轮廓尺寸用千分尺和游标卡尺测量，深度尺寸用游标卡尺测量，表面质量用表面粗糙度样板检测，用百分表校正平口钳及工件上表面垂直度和平面度。

量具选用见表 5-2。

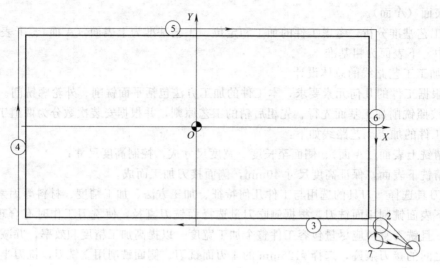

图 5-8 外轮廓加工刀路（一）

表 5-2 量具选用表

序号	量 具 名 称	规 格	说 明
1	千分尺		
2	游标卡尺	量程 0～300mm，精度：±0.02	
3	表面粗糙度样板		
4	百分表	量程 0～50mm，精度 0.01mm	

⑧ 切削参数确定　加工材料为 45 钢锻件，硬度较高，切削力大，粗铣深度除留精加工余量外，一刀切完。根据刀具材料和工具材料，加工上下表面时选择切削速度为 80m/min，加工侧面时选择切削速度为 30m/min。根据公式 $n = 1000v/\pi D$ 计算，粗精加工上下表面转速取 200r/min，进给速度取 80mm/min。侧面粗加工转速取 600r/min，精加工转速取 1000r/min，粗加工进给速度取 150mm/min，精加工进给速度取 100mm/min。

根据上述工艺分析和设计，工序卡如表 5-3。

（4）数控编程

① 编程原点的确定　选择 FANUC 0i MC 系统数控铣床，以工件上平面对称中心为工件编程原点，尺寸较大方向作为 X 轴方向。加工程序见表 5-4。

② 数学处理　数控铣床采用刀具半径补偿功能，所以只要计算工件轮廓上的基点坐标（图 5-9）即可，不需计算刀心轨迹及坐标。

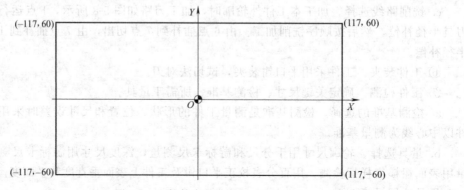

图 5-9　工件轮廓基点坐标（一）

表 5-3　数控铣削加工工序卡（一）

数控铣削加工工序卡 1	零件名称	平面加工实例	零件图号		共 1 页
	设备名称	数控铣床(立式)	数控系统	FANUC 0i	第 1 页

材料	硬度	毛坯种类
45	20HRC	锻件

序号	工步内容	切削用量 n/(r/min)	切削用量 f/(mm/min)	切削用量 a_p/mm	刀具 编号	刀具 刀具规格	量具
1	粗精铣削上表面，保证尺寸 41mm	200	80	0.5	T1	ϕ125mm	千分尺
2	粗加工侧面	600	150	0.5	T2	ϕ10mm	游标尺
3	精加工侧面，保证尺寸 234mm、120mm	1000	100	0.5	T2	ϕ10mm	游标尺

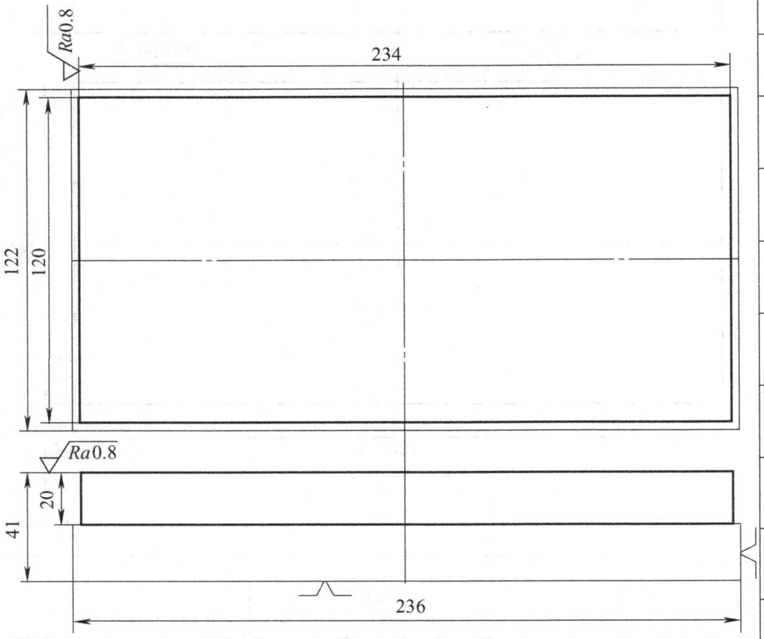

Ra0.8
234
122
120
Ra0.8
20
41
236

更改标记	处数	更改依据	签字	日期

编制：
日期：

负责人：
日期：

材料	硬度	毛坯种类	数控铣削加工工序卡 2	零件名称		平面加工实例		零件图号			FANUC 0i			续表 共 1 页 第 1 页
				设备名称		数控铣床（立式）		数控系统			刀具			
45	20HRC	锻件		序号	工步内容	$n/$ (r/min)	切削用量 $f/$ (mm/min)	a_p /mm	编号	刀具规格	量具
				1	粗精铣削下表面，保证尺寸 40mm	200	80	0.5	T1	$\phi125mm$	千分尺
				2	粗加工侧面接刀而成	600	150	0.5	T2	$\phi10mm$	游标尺
				3	精加工侧面接刀而成，保证尺寸 234mm，120mm	1000	100	0.5	T2	$\phi10mm$	游标尺

更改标记	处数	更改依据	签字	日期

编制：
日期：

负责人：
日期：

③ 参考程序

表 5-4　工件加工参考程序（一）

上、下表面铣削程序

刀　　具	φ125 面铣刀（粗加工程序）	
程 序 段 号	数控程序	程序注释
	O001	程序号
N10	G54 G90 G17 G49 G40;	选择坐标系及平面取消刀补值
N20	M3 S200 T1;	主轴正转
N30	M08;	切削液开
N40	G0 G43 Z150 H1;	Z 轴快速定位，调用刀具 1 号长度补偿
N50	X190 Y0;	刀具快速定位加工起点
N60	Z−1	下刀到加工面，留 0.3mm 精加工余量
N70	G1 X−190 F80;	平面铣削
N80	G49 G0 Z150;	Z 轴快速退刀，取消刀具长度补偿
N90	M9;	切削液关
N100	M30;	主轴停转，程序结束

侧面铣削程序

刀　　具	φ10mm 立铣刀（粗加工程序）	
程 序 段 号	数控程序	程序注释
	O002	程序号
N10	T2;	手工换刀
N20	G54 G90 G17 G49 G40;	选择坐标系及平面取消刀补值
N30	M3 S600;	主轴正转
N40	M08;	切削液开
N50	G0 G43 Z150 H2;	Z 轴快速定位，调用刀具 2 号长度补偿
N60	X150 Y−80;	刀具快速定位右下角加工起点
N70	G1 G41 X130 Y−60 Z−20 F150 D1;	建立刀具半径轨迹，留 0.5mm 精加工余量
N80	X−117;	轮廓加工轨迹
N90	Y60;	轮廓加工轨迹
N100	X117;	轮廓加工轨迹
N110	Y−70;	轮廓加工轨迹
N120	G0 G40 X150 Y−80;	取消刀具半径补偿，快速回到加工起点
N130	G49 G0 Z150;	Z 向快速退刀，取消刀具长度补偿
N140	M9;	切削液关
N150	M30;	主轴停转，程序结束

（5）制造成本估算与报价　数控加工报价包括成本和利润，由材料费、加工费、检测费、管理费以及毛利润组成。

① 工时定额　本工件预计加工工时为 2h。

② 材料价格（需要计算工件重量）　以 2009 年 9 月杭州市场价格计算，45 钢板料价格为××元/吨，本工件材料成本约××元。

③ 加工费　本工件为普通立式数控铣床加工，以宁波市场为参考，价格约××元/小时，本工件加工成本约××元。

本工件制造成本计算见表 5-5。

表 5-5　数控加工报价单（一）

数控加工报价单						名称		图号	
材料费	名称	材质	毛坯尺寸			数量	单价	合计	
			L	W	H				
		45 锻件	236	122	42	1			
	材料费小计								
加工费	项目	数量	单件工时		合计工时		单件加工费		合计加工费
		1	2h		2h				
	加工费小计								
检测费	项目	仪器	规格			工时		合计检测费	
	尺寸	游标卡尺							
	尺寸	千分尺							
	检测费小计								
管理费 10%									
毛利 25%									
合计									

5.2.2　理论参考知识

（1）选择并确定数控铣削加工部位及工序内容　数控铣削加工有着自己的特点和适用对象，若要充分发挥数控铣床的优势和关键作用，就必须正确选择数控铣床类型、数控加工对象与工序内容。通常将下列加工内容作为数控铣削加工的主要选择对象：

① 工件上的曲线轮廓，特别是由数学表达式给出的非圆曲线与列表曲线等曲线轮廓；

② 已给出数学模型的空间曲面；

③ 形状复杂、尺寸繁多、划线与检测困难的部位；

④ 用通用铣床加工时难以观察、测量和控制进给的内外凹槽；

⑤ 以尺寸协调的高精度孔或面；

⑥ 能在一次安装中顺带铣出来的简单表面或形状；

⑦ 采用数控铣削后能成倍提高生产率，大大减轻体力劳动强度的一般加工内容。

（2）零件的工艺性分析　零件的工艺性分析主要内容包括数控加工零件图样分析和结构工艺性分析，下面结合数控铣削加工的特点进一步说明其结构工艺性。

① 零件图样尺寸的正确标注　构成零件轮廓的几何元素（点、线、面）的相互关系（如相切、相交、垂直和平行等）是数控编程的重要依据。因此，在分析零件图样时，务必要分析几何元素的给定条件是否充分，应无引起矛盾的多余尺寸或者影响工序安排的封闭尺寸等。发现问题及时与设计人员协商解决。

② 保证获得要求的加工精度　检查零件的加工要求，如尺寸加工精度、形位公差及表面粗糙度在现有的加工条件下是否可以得到保证，是否还有更经济的加工方法或方案。此外，虽然数控机床精度很高，但对一些特殊情况，如过薄的底板与肋板，因为加工时产生的切削拉力及薄板的弹性退让极易产生切削面的振动，使薄板厚度尺寸公差难以保证，其表面粗糙度也将增大，根据实践经验，对面积较大的薄板，当其厚度小于 3mm 时，就应在工艺上充分重视这一问题。

③ 零件内腔外形的尺寸统一　零件的内腔与外形应尽量采用统一的几何类型和尺寸，

这样可以减少刀具规格和换刀次数，方便编程，提高生产效益。

④ 尽量统一零件轮廓内壁圆弧的尺寸

a. 内槽圆角的大小决定着刀具直径的大小，所以内槽圆角半径不应太小。对于图 5-10 所示零件，其结构工艺性的好坏与被加工轮廓的高低、转角圆弧半径的大小等因素有关。图 5-10（b）与图 5-10（a）相比，转角圆弧半径 R 大，可以采用直径较大的立铣刀来加工；加工平面时，进给次数也相应减少，表面加工质量也会好一些，因而工艺性较好；反之，工艺性较差。通常 $R<0.2H$（H 为被加工工件轮廓面的最大高度）时，可以判定零件该部位的工艺性不好。

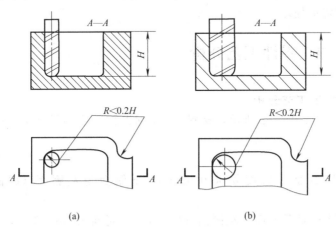

图 5-10　内槽结构工艺性

b. 零件铣槽底平面时，槽底圆角半径 r 不要过大。如图 5-11 所示，铣刀端面刃与铣削平面的最大接触直径 $d=D-2r$（D 为铣刀直径），当 D 一定时，r 越大，铣刀端面刃铣削平面的面积越小，加工平面的能力就越差，效率越低，工艺性也越差。当 r 大到一定程度时，甚至必须用球头铣刀加工，这是应该尽量避免的。

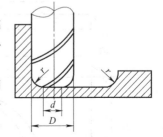

图 5-11　零件底面圆弧半径对工艺性的影响

⑤ 分析零件的变形情况　铣削工件在加工时的变形将影响加工质量。这时，可采用常规方法如粗、精加工分开及对称去余量法等，也可采用热处理的方法，如对钢件进行调质处理，对铸铝件进行退火处理等。加工薄板时，切削力及薄板的弹性退让极易产生切削面的振动，使薄板厚度尺寸公差和表面粗糙度难以保证，这时，应考虑合适的工件装夹方式。

（3）数控铣削零件毛坯的工艺性分析　零件在进行数控铣削加工时，由于加工过程的自动化，有关余量的大小、装夹方式等问题在选择毛坯时应仔细考虑。因此，对零件图进行工艺分析之后，还应结合数控铣削的特点，对所用毛坯进行工艺性分析。

① 毛坯应有充分的加工余量。毛坯主要指锻、铸件，因模锻时的欠压余量与允许的错模量会造成余量不等，铸造时也会因砂型误差、收缩量及金属液体的流动性差不能充满型腔等造成余量不等。另外，锻造、铸造后，毛坯的翘曲与扭曲变形量的不同也会造成加工余量不充分、不稳定。因此，除板料外，不管是铸件、锻件还是型材，只要准备采用数控铣削加工，其加工面均应有较充分的余量。经验表明，数控加工中最难保证的是加工面与非加工面之间的尺寸，这一点应引起特别重视。在这种情况下，如果已确定或准备采用数控铣削加工，应事先对毛坯的设计进行必要的更改或在设计时就加以充分考虑，即在零件图样注明的

非加工面也增加适当的余量。

② 分析毛坯的装夹适应性。主要考虑毛坯在加工时定位和夹紧的可靠性与方便性，以便充分发挥数控铣削在一次安装中加工出较多待加工面。对于不便装夹的毛坯，可考虑在毛坯上另外增加装夹余量或工艺凸台来定位与夹紧，也可以制出工艺孔或另外准备工艺凸耳来特制工艺孔作为定位基准。

③ 分析毛坯的余量大小及均匀性。主要是考虑在加工时要不要分层切削，分几层切削。也要分析加工中与加工后的变形程度，考虑是否应采取预防性措施与补救措施。对于热轧中、厚铝板，经淬火时效后很容易在加工中与加工后变形，所以需要考虑分层切削，最好采用经预拉伸处理的淬火板坯。

5.3 轮廓加工零件工艺分析

5.3.1 轮廓加工工艺分析

（1）任务描述 如图 5-12 所示，材料为 45 钢锻件，毛坯尺寸为 236mm×122mm×27mm，单件生产。

技术要求：

① 中心平面与 B 面平行度要求 0.02mm，下侧面与左侧面（C 面）的垂直度要求 0.02mm。

② 加工表面粗糙度下表面、左侧面（C 面）、下侧面为 $Ra0.8\mu m$，其余加工表面均为 $Ra3.2\mu m$。

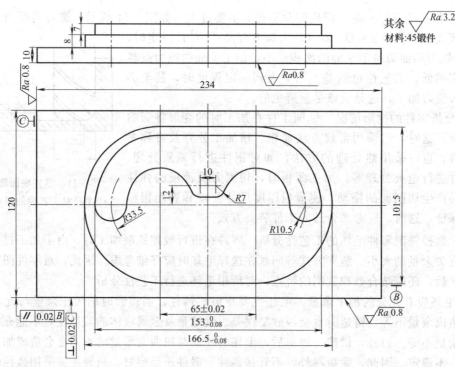

图 5-12 轮廓加工实例

（2）短期目标

① 掌握平面轮廓类零件加工的工艺设计方法。

② 掌握数控铣削刀具的选择及进给路线的安排。

③ 掌握手工编程的方法，正确使用坐标系选择及运动路径控制指令、刀具补偿指令及应用。

（3）零件的加工工艺分析与设计

① 工件结构分析

a. 几何元素分析。该工件外形规则，结构简单，包含了平面、轮廓（含凸台）等几何元素。

b. 精度分析。该工件被加工部分的形位公差、表面粗糙度要求较高。中心平面与 B 面平行度要求 0.02mm，下侧面与左侧面（C 面）的垂直度要求 0.02mm。加工表面粗糙度下表面、左侧面（C 面）、下侧面为 $Ra0.8\mu m$，其余加工表面均为 $Ra3.2\mu m$。各加工部分的尺寸要求较高，凸台宽度方向尺寸达 IT8～IT7 级精度，其余尺寸按未注公差加工。

c. 材料分析。材料为 45 钢锻件，具有较好的机械加工性能，适合数控铣床加工。

② 工件的基准分析

a. 设计基准分析。工件长度、宽度方向的设计基准为两条中心线。

b. 工艺基准分析。考虑工件的加工和定位，工艺基准为上表面、下表面、右侧面。其中，下表面为粗基准。

③ 加工工艺路线的总体设计

a. 根据工件的几何元素要求，本工件的加工方法包括平面铣削、外轮廓铣削。

b. 按照铣削加工基面先行、先粗后精、先主后次的工艺原则，凸台为装配面，属于主要表面。并根据安装次数分为两道工序，工件的加工工艺路线如下：

粗精铣上表面，凸台至尺寸成；

粗精铣下表面，保证高度尺寸 25mm，侧面至尺寸成。

④ 刀具选择　刀具的选用与工件几何特征、加工方法、加工精度、材料等因素相关。

上下表面铣削用面铣刀，根据侧吃刀量选择面铣刀直径，使铣刀工作时有合理的切入、切出角，且铣刀直径应尽量包容工件整个加工宽度，以提高加工精度和效率，并减小相邻两次进给之间的接刀痕迹，选择 $\phi125mm$ 的 4 刃面铣刀。侧面、凸台铣削用立铣刀，铣刀半径只受轮廓最小曲率半径限制，选择 $\phi10mm$ 的 3 刃立铣刀。工件材料为 45 钢，铣刀材料用硬质合金刀即可。

刀具选用见表 5-6。

表 5-6　刀具选用表（二）

零件名称		平面加工实例		零件材料		45 钢锻件
零件图号				机床名称		数控铣床（立式）
序号	刀具号	刀具名称	刀具规格	刀补地址		刀具材料
				长度	半径	
1	T1	面铣刀	$\phi125$	H1		硬质合金
2	T2	立铣刀	$\phi10$	H2	D1＝5.5 D2＝5	硬质合金

⑤ 刀路设计

a. 切入、切出方式的选择。铣削平面外轮廓零件时，一般采用立铣刀侧刃进行切削。由于主轴系统和刀具刚性变化，当铣刀沿工件轮廓切向切入工件时，也会在切入处产生刀痕。为了减少刀痕，切入、切出时可沿零件外轮廓曲线延长线的切线方向切入切出工件，为有利于消除工件上刀痕，采用此圆弧切入切出。

b. 铣削方向选择。铣刀旋转方向与工件进给方向一致为顺铣，铣刀旋转方向与工件进给方向相反为逆铣。为使各加工表面具有较好的表面质量，采用顺铣方式铣削，即外轮廓铣削时宜采用沿工件顺时针方向铣削，对内轮廓宜采用逆时针方向铣削。

c. 铣削路线选择。加工本工件外轮廓时，加工刀路如图 5-13 所示，环形凸台由 1 点运行到 2 点建立刀具半径补偿，然后按顺序铣削加工。由 10 点插补到 11 点切出，由 11 点插补到 1 点取消刀具半径补偿。腰圆形凸台由 12 点运行到 13 点建立刀具半径补偿，然后按顺序铣削加工。由 17 点插补到 18 点切出，由 18 点插补到 12 点取消刀具半径补偿。工件外轮廓尺寸及要求与平面加工项目一样，在此不赘述。

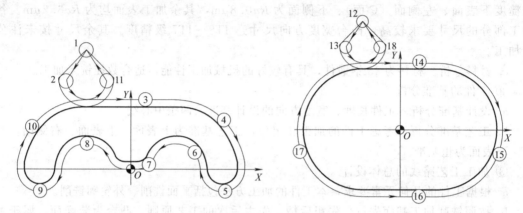

图 5-13　外轮廓加工刀路（二）

⑥ 工件装夹　工件采用平口钳装夹，试切法对刀。

⑦ 工件检测　确定关键尺寸、检测基准、所需工量具。

a. 检测基准的选择。检测基准是测量工件的形状、位置和尺寸误差时采用的基准。工件以中心线为测量基准。

b. 量具选择。轮廓尺寸用千分尺和游标卡尺测量，深度尺寸用游标卡尺测量，表面质量用表面粗糙度样板检测，用百分表校正平口钳及工件上表面垂直度和平面度。

量具选用表见表 5-7。

表 5-7　量具选用表（二）

序号	量具名称	规　　格	说　明
1	千分尺		
2	游标卡尺	量程 0～300mm，精度：±0.02	
3	表面粗糙度样板		
4	百分表	量程 0～50mm，精度 0.01mm	

⑧ 切削参数确定　加工材料为 45 钢锻件，硬度较高，切削力大，粗铣深度除留精加工余量外，一刀切完。根据刀具材料和工具材料，加工上下表面时选择切削速度为 80m/min，加工侧面时选择切削速度为 30m/min。根据公式 $n=1000v/\pi D$ 计算，粗精加工上下表面转速取 200r/min，进给速度取 80mm/min。侧面、凸台粗加工转速取 600r/min，精加工转速取 1000r/min，粗加工进给速度取 150mm/min，精加工进给速度取 100mm/min。

根据上述工艺分析和设计，工序卡如表 5-8。

表 5-8　**数控铣削加工工序卡（二）**

零件名称	轮廓加工实例	零件图号			共 1 页
设备名称	数控铣床（立式）	数控系统	FANUC 0i		第 1 页

序号	工步内容	$n/$ (r/min)	$f/$ (mm/min)	a_p /mm	刀具 编号	刀具规格	量具
		切削用量			刀具		
1	粗精铣削上表面，保证尺寸 26mm	200	80	0.5	T1	ϕ125mm	千分尺
2	粗铣环形凸台	600	150	0.5	T2	ϕ10mm	游标尺
3	精铣环形凸台凸台至尺寸成，保证尺寸 $153_{-0.08}^{0}$	1000	100	0.5	T2	ϕ10mm	游标尺
4	粗铣腰圆形凸台	600	150	0.5	T2	ϕ10mm	游标尺
5	精铣腰圆形凸台凸台至尺寸 $166.5_{-0.08}^{0}$ 成，保证尺寸	1000	100	0.5	T2	ϕ10mm	游标尺

编制：　　　　　　　　　　负责人：
日期：　　　　　　　　　　日期：

数控铣削加工工序卡 1

材料	硬度	毛坯种类
45	20HRC	锻件

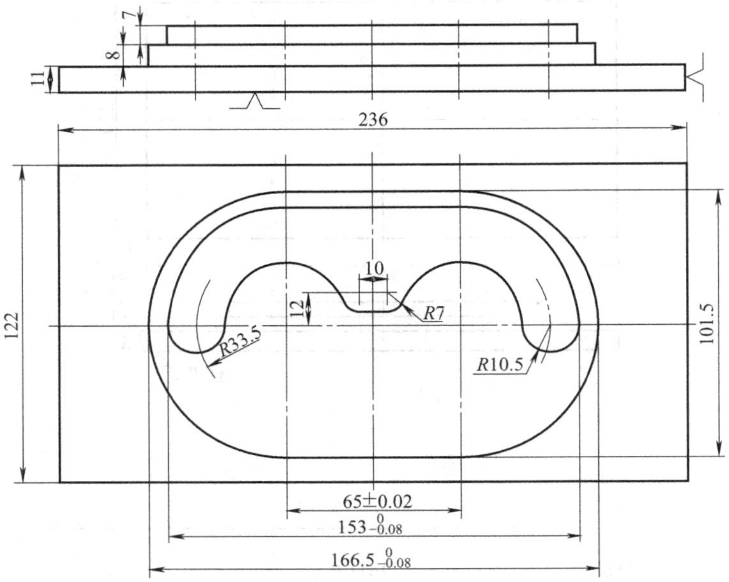

尺寸：101.5、236、122、R10.5、R7、R33.5、10、12、65±0.02、$153_{-0.08}^{0}$、$166.5_{-0.08}^{0}$、8、11、L

更改标记	处数	更改依据	签字	日期

续表

数控铣削加工工序卡 2		零件名称		轮廓加工实例	零件图号			共 1 页
		设备名称		数控铣床（立式）	数控系统	FANUC 0i		第 1 页

序号	工步内容	切削用量			刀具		量具
		$n/$ (r/min)	$f/$ (mm/min)	a_p /mm	编号	刀具规格	
1	粗精铣削下表面，保证尺寸 10mm	200	80	0.5	T1	ϕ125mm	千分尺
2	粗加工侧面	600	150	0.5	T2	ϕ10mm	游标尺
3	精加工侧面，保证尺寸 234mm，120mm	1000	100	0.5	T2	ϕ10mm	游标尺

材料	硬度	毛坯种类				
45	20HRC	锻件				

更改标记	处数	更改依据	签字	日期

编制：　日期：　　负责人：　日期：

（4）数控编程

① 编程原点的确定　选择 FANUC 0i MC 系统数控铣床，以工件上平面对称中心为工件编程原点，尺寸较大方向作为 X 轴方向。加工程序见表 5-9。

② 数学处理　数控铣床采用刀具半径补偿功能，所以只要计算工件轮廓上的基点坐标（图 5-14）即可，不需计算刀心轨迹及坐标。

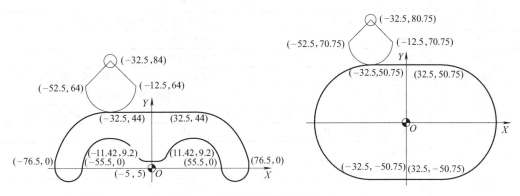

图 5-14　工件轮廓基点坐标（二）

③ 参考程序

表 5-9　工件加工参考程序（二）

环形凸台铣削程序

刀　　　具	$\phi10$ 立铣刀（粗加工程序）	
程 序 段 号	数控程序	程序注释
	O003	程序号
N10	G54 G90 G17 G49 G40;	选择坐标系及平面取消刀补值
N20	M3 S600 T2;	主轴正转
N30	M08;	切削液开
N40	G0 G43 Z150 H2;	Z 轴快速定位，调用刀具 2 号长度补偿
N50	X−32.5 Y84;	刀具快速定位加工起点
N60	Z−7;	下刀到加工面，留 0.3mm 精加工余量
N70	G41 G1 X−52.5 Y64 F150 D1;	建立刀具半径轨迹，留 0.5mm 精加工余量
N80	G3 X−32.5 Y44 R20	圆弧切入
N90	G1 X32.5	轮廓加工轨迹
N100	G2 X76.5 Y0 R44	轮廓加工轨迹
N110	X55.5 R10.5	轮廓加工轨迹
N120	G3 X11.42 Y9.2 R23	轮廓加工轨迹
N130	G2 X5 Y5 R7	轮廓加工轨迹
N140	G1 X−5	轮廓加工轨迹
N150	G2 X−11.42 Y9.2 R7	轮廓加工轨迹
N160	G3 X−55.5 Y0 R23	轮廓加工轨迹
N170	G2 X−76.5 R10.5	轮廓加工轨迹
N180	X−32.5 Y44 R44	轮廓加工轨迹
N190	G3 X−12.5 Y64 R20	圆弧切出
N200	G40 G1 X−32.5 Y84	回到加工起点，取消刀具半径补偿
N210	G49 G0 Z150;	Z 轴快速退刀，取消刀具长度补偿
N220	M9;	切削液关
N230	M30;	主轴停转，程序结束

腰圆形凸台铣削程序

刀 具	ϕ10mm 立铣刀（粗加工程序）	
程 序 段 号	数控程序	程序注释
	O004	程序号
N10	T2；	手工换刀
N20	G54 G90 G17 G49 G40；	选择坐标系及平面取消刀补值
N30	M3 S600；	主轴正转
N40	M08；	切削液开
N50	G0 G43 Z150 H2；	Z轴快速定位，调用刀具2号长度补偿
N60	X−32.5 Y90.75；	刀具快速定位左上角加工起点
N70	G1 G41 X−52.5 Y70.75 Z−14.5 F150 D1；	建立刀具半径轨迹，留0.5mm精加工余量
N80	G3 X−32.5 Y50.75 R20	圆弧切入
N90	G1 X32.5	轮廓加工轨迹
N100	G2 Y−50.75 R50.75	轮廓加工轨迹
N110	G1 X−32.5	轮廓加工轨迹
N120	G2 Y50.75 R50.75	轮廓加工轨迹
N130	G3 X−12.5 Y70.75 R20	圆弧切出
N140	G40 G1 X−32.5 Y90.75	取消刀具半径补偿，快速回到加工起点
N150	G49 G0 Z150；	Z向快速退刀，取消刀具长度补偿
N160	M9；	切削液关
N170	M30；	主轴停转，程序结束

（5）制造成本估算与报价　数控加工报价包括成本和利润，由材料费、加工费、检测费、管理费以及毛利润组成。

① 工时定额　本工件预计加工工时为2h。

② 材料价格（需要计算工件重量）　以2009年9月杭州市场价格计算，45钢板料价格为××元/吨，本工件材料成本约××元。

③ 加工费

本工件为普通立式数控铣床加工，以杭州市场为参考，价格约××元/小时，本工件加工成本约××元。

本工件制造成本计算见表5-10。

表 5-10　数控加工报价单 （二）

数控加工报价单						名称		图号
材料费	名称	材质	毛坯尺寸/mm			数量	单价	合计
			L	W	H			
		45	236	122	26	1		
	材料费小计							
加工费	项目	数量	单件工时	合计工时		单件加工费	合计加工费	
		1	2h	2h				
	加工费小计							

续表

数控加工报价单				名称	图号
检测费	项目	仪器	规格	工时	合计检测费
	尺寸	游标卡尺			
	尺寸	千分尺			
	检测费小计				
	管理费 10%				
	毛利 25%				
	合计				

5.3.2　理论参考知识

① 加工顺序的安排　数控铣削一般采用工序集中原则划分工序，符合第 3 章所述切削加工顺序的安排原则。通常按照从简单到复杂的原则，先加工平面、沟槽、孔，再加工内腔、外形，最后加工曲面，先加工精度要求低的表面，再加工精度要求高的部位等。在安排数控铣削加工顺序时还应注意以下问题：上道工序的加工不能影响下道工序的定位与夹紧，中间穿插有通用机床加工工序的也要综合考虑；一般先进行内腔加工，后进行外形加工；以相同定位、夹紧方式或同一把刀具加工的工序，最好连续进行，以减少重复定位次数与换刀次数；在同一次安装中进行的多道工序，应先安排对工件刚性破坏较小的工序。

总之，加工顺序的安排应根据零件的结构和毛坯状况，以及安装时定位与夹紧的需要综合考虑。

② 确定对刀点与换刀点　按照前面章节讲述的方法，确定对刀点和换刀点。对刀点可以设在零件上、夹具上或机床上，但必须与零件的定位基准有已知的准确关系。当对刀精度要求较高时，对刀点应尽量选在零件的设计基准或工艺基准上。对刀点往往也是工件的加工原点。

数控铣削加工中，一般取工件的上表面中某一点为 Z 向对刀点，X、Y 方向就实际情况而定。对于对称工件，可以取对称中心作为对刀点；以孔定位的零件，可以取孔的中心；一般情况下可以取工件上方便操作的一角点为对刀点。

"换刀点"应根据工序内容来安排，为了防止换刀时刀具碰伤工件，换刀点往往设在距离零件较远的地方。

③ 走刀路线的确定　走刀路线的确定与零件的加工精度和表面质量密切相关。安排走刀路线时，除了考虑第 3 章的原则外，还要注意以下几个方面。

a. 避免引入反向间隙误差。数控机床在反向运动时会出现反向间隙，如果在走刀路线中将反向间隙带入，就会影响刀具的定位精度，增加工件的定位误差。如精镗图 5-15 (a) 所示的 4 个孔，当孔的位置精度要求较高时，安排镗孔路线的问题就显得比较重要，安排不当就有可能把坐标轴的反向间隙带入，直接影响孔的位置精度。这里给出两个方案，方案 A 如图 5-15 (a) 所示，方案 B 如图 5-15 (b) 所示。

从图 5-15 中不难看出，方案 A 中由于Ⅳ孔与Ⅰ、Ⅱ、Ⅲ孔的定位方向相反，X 向的反向间隙会使定位误差增加，而影响Ⅳ孔的位置精度。

在方案 B 中，当加工完Ⅲ孔后并没有直接在Ⅳ孔处定位，而是多运动了一段距离，然后折回来在Ⅳ孔处定位。这样Ⅰ、Ⅱ、Ⅲ孔与Ⅳ孔的定位方向是一致的，就可以避免引入反

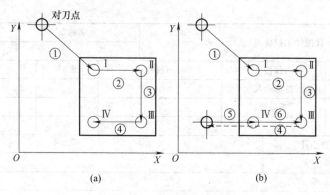

图 5-15　镗铣加工路线

向间隙的误差，从而提高了Ⅳ孔与各孔之间的孔距精度。

b. 切入切出路径。在铣削轮廓表面时一般采用立铣刀侧面刃口进行切削，由于主轴系统和刀具的刚性变化，当沿法向切入工件时，会在切入处产生刀痕，所以应尽量避免沿法向切入工件。当铣削外表面轮廓形状时，应安排刀具沿零件轮廓曲线的切向切入工件，并且在其延长线上加入一段外延距离，以保证零件轮廓的光滑过渡。同样，在切出零件轮廓时也应从工件曲线的切向延长线上切出，如图 5-16（a）所示。

当铣削内表面轮廓形状时，也应该尽量遵循从切向切入的方法，但此时切入无法外延，最好安排从圆弧过渡到圆弧的走刀路线。切出时也应多安排一段过渡圆弧再退刀，如图5-16（b）所示。当实在无法沿零件曲线的切向切入、切出时，铣刀只有沿法线方向切入和切出，在这种情况下，切入、切出点应选在零件轮廓两几何要素的交点上，而且进给过程中要避免停顿。

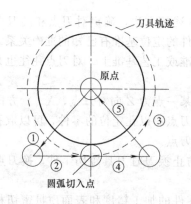

(a) 铣削外圆加工路径

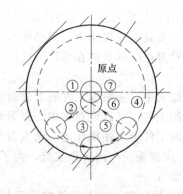

(b) 铣削内圆加工路径

图 5-16　铣削圆的加工路线

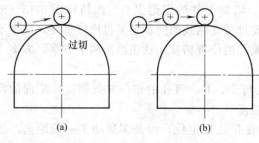

图 5-17　刀具半径补偿点

为了消除由于系统刚性变化引起进、退刀时的痕迹，可采用多次走刀的方法，减小最后精铣时的余量，以减小切削力。

在切入工件前应该已经完成刀具半径补偿，而不能在切入工件时同时进行刀具补偿，如图 5-17（a）所示，这样会产生过切现象。为此，应在切入工件前的切向延长线上另找一点，作为完成刀具半径补偿点，如

图 5-17（b）所示。

④ 顺铣和逆铣的选择　铣削有顺铣和逆铣两种方式，如图 5-18 所示。当工件表面无硬皮，机床进给机构无间隙时，应选用顺铣。因为采用顺铣加工后，零件已加工表面质量好，刀具磨损小。精铣时，尤其当零件材料为铝镁合金、钛合金或耐热合金时，应尽量采用顺铣。当工件表面有硬皮，机床的进给机构有间隙时，应选用逆铣。因为逆铣时，刀齿是从已加工表面切入，不会崩刀；机床进给机构的间隙不会引起振动和爬行。

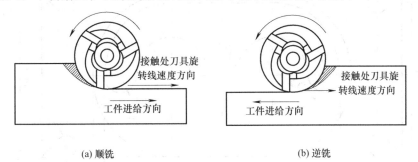

图 5-18　顺铣和逆铣切削方式

5.4　型腔加工工艺分析

5.4.1　型腔类零件工艺分析

（1）任务描述　如图 5-19 所示，材料为 45 钢锻件，毛坯尺寸为 236mm×122mm×42mm，单件生产。

技术要求：

① 下表面与上表面（A 面）平行度要求 0.02mm，中心平面与 B 面平行度要求 0.02mm，下侧面与左侧面（C 面）的垂直度要求 0.02mm，环形凹槽半圆柱面轴线与上表面（A 面）的垂直度要求 0.02mm。

② 加工表面粗糙度上表面、左侧面（C 面）、下侧面为 Ra0.8μm，下表面为 Ra1.6μm，其余加工表面均为 Ra3.2μm。

（2）短期目标

① 掌握平面型腔类零件加工的工艺设计方法。

② 掌握数控铣削刀具的选择及进给路线的安排。

③ 掌握手工编程的方法，正确使用坐标系选择及运动路径控制指令、刀具补偿指令及应用、简化编程指令的应用。

（3）零件的加工工艺分析与设计

① 工件结构分析

a. 几何元素分析。该工件外形规则，结构简单，包含了平面、开口槽、型腔等几何元素。

b. 精度分析。该工件被加工部分的形位公差、表面粗糙度要求较高。下表面与上表面（A 面）平行度要求 0.02mm，中心平面与 B 面平行度要求 0.02mm，下侧面与左侧面（C 面）的垂直度要求 0.02mm，环形凹槽半圆柱面轴线与上表面（A 面）的垂直度要求 0.02mm。加工表面粗糙度上表面、左侧面（C 面）、下侧面为 Ra0.8μm，下表面为 Ra1.6μm，其余加工表面均为 Ra3.2μm。各加工部分的尺寸要求较高，开口槽、型腔宽度

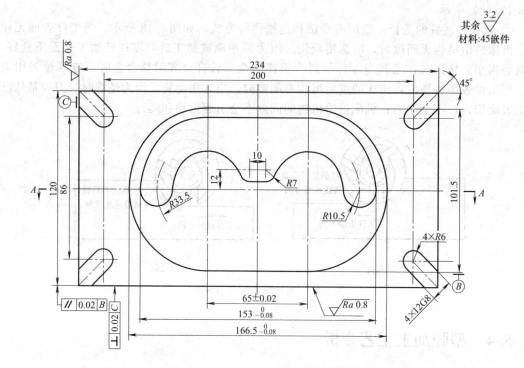

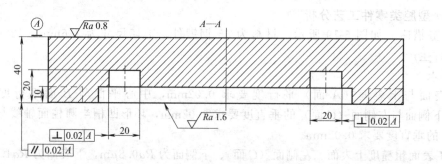

图 5-19 型腔加工实例

方向尺寸达 IT8～IT7 级精度，其余尺寸按未注公差加工。

　　c. 材料分析。材料为 45 钢锻件，具有较好的机械加工性能，适合数控铣床加工。

　　② 工件的基准分析

　　a. 设计基准分析。工件长度、宽度方向的设计基准为两条中心线，高度方向的设计基准为下表面。

　　b. 工艺基准分析。考虑工件的加工和定位，工艺基准为上表面、下表面、右侧面。其中，下表面为粗基准。

　　③ 加工工艺路线的总体设计

　　a. 根据工件的几何元素要求，本工件的加工方法包括平面铣削、开口槽、型腔铣削。

　　b. 按照铣削加工基面先行、先粗后精、先主后次的工艺原则，型腔为装配面，属于主要表面。并根据安装次数分为两道工序，工件的加工工艺路线如下：

　　粗精铣上表面，侧面至长度、宽度尺寸成，控制高度尺寸；

　　粗精铣下表面，保证高度尺寸 40mm；粗精铣腰圆形凹槽、环形凹槽及开口槽至尺寸成；侧面接刀加工而成。

④ 刀具选择　刀具的选用与工件几何特征、加工方法、加工精度、材料等因素相关。

上下表面铣削用面铣刀，根据侧吃刀量选择面铣刀直径，使铣刀工作时有合理的切入、切出角，且铣刀直径应尽量包容工件整个加工宽度，以提高加工精度和效率，并减小相邻两次进给之间的接刀痕迹，选择ϕ125mm 的 4 刃面铣刀。侧面铣削用立铣刀，铣刀半径只受轮廓最小曲率半径限制，选择ϕ10mm 的 3 刃立铣刀。由于立铣刀端面中心处无切削刃而不能作轴线进给，型腔铣削用键槽铣刀，因开口槽宽度为 12mm，型腔最小曲率半径为 7mm，选择ϕ12mm 的 3 刃键槽铣刀。工件材料为 45 钢，铣刀材料用硬质合金刀即可。

本工件的刀具选用见表 5-11。

表 5-11　刀具选用表（三）

零 件 名 称		平面加工实例		零 件 材 料		45 钢锻件
零件图号				机床名称		数控铣床(立式)
序号	刀具号	刀具名称	刀具规格	刀补地址		刀具材料
				长度	半径	
1	T1	面铣刀	ϕ125	H1		硬质合金
2	T2	立铣刀	ϕ10	H2	D1＝5.5 D2＝5	硬质合金
3	T3	键槽铣刀	ϕ12	H3	D3＝6.5 D4＝5	硬质合金

⑤ 刀路设计

a. 切入、切出方式的选择。铣削平面外轮廓零件时，一般采用立铣刀侧刃进行切削。由于主轴系统和刀具刚性变化，当铣刀沿工件轮廓切向切入工件时，也会在切入处产生刀痕。为了减少刀痕，切入、切出时可沿零件外轮廓曲线延长线的切线方向切入切出工件，为有利于消除工件上刀痕，采用此圆弧切入切出。

b. 铣削方向选择。铣刀旋转方向与工件进给方向一致为顺铣，铣刀旋转方向与工件进给方向相反为逆铣。为使各加工表面具有较好的表面质量，采用顺铣方式铣削，即外轮廓铣削时宜采用沿工件顺时针方向铣削，对内轮廓宜采用逆时针方向铣削。

c. 铣削路线选择。加工本工件外轮廓时，加工刀路如图 5-20 所示，腰圆形凹槽由 1 点运行到 2 点建立刀具半径补偿，然后按顺序铣削加工。由 6 点插补到 7 点切出，由 7 点插补到 1 点取消刀具半径补偿。环形凹槽由 8 点运行到 9 点建立刀具半径补偿，然后按顺序铣削加工，由 18 点插补到 19 点切出，由 19 点插补到 8 点取消刀具半径补偿。开口槽由于采用ϕ12mm 键槽铣刀铣削，可直接轴线进给，无需引入刀具半径补偿，故编程轨迹为开口槽轴线，即由 1 点下刀运行到 2 点，加工到 3 点抬刀；空运行到 4 点下刀，经 5 点加工到 6 点抬刀；空运行到 7 点下刀，经 8 点加工到 9 点抬刀；空运行到 10 点下刀，经 11 点加工到 12 点退刀。

⑥ 工件装夹　工件采用平口钳装夹，试切法对刀。

⑦ 工件检测　确定关键尺寸、检测基准、所需工量具。

a. 检测基准的选择。检测基准是测量工件的形状、位置和尺寸误差时采用的基准。工件以中心线为测量基准。

b. 量具选择。轮廓尺寸用千分尺和游标卡尺测量，深度尺寸用游标卡尺测量，表面质量用表面粗糙度样板检测，用百分表校正平口钳及工件上表面垂直度和平面度。

量具选用表见表 5-12。

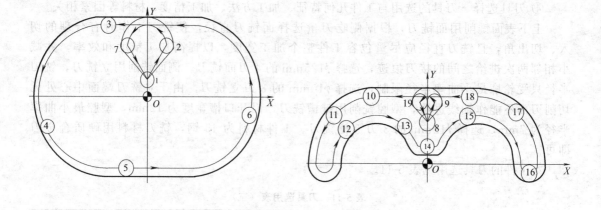

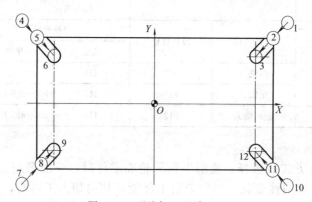

图 5-20　型腔加工刀路

表 5-12　量具选用表（三）

序号	量具名称	规　格	说　明
1	千分尺		
2	游标卡尺	量程 0～300mm，精度：±0.02	
3	表面粗糙度样板		
4	百分表	量程 0～50mm，精度 0.01mm	

　　⑧ 切削参数确定　加工材料为 45 钢锻件，硬度较高，切削力大，粗铣深度除留精加工余量外，一刀切完。根据刀具材料和工具材料，加工上下表面时选择切削速度为 80m/min，加工侧面时选择切削速度为 30m/min。根据公式 $n=1000v/\pi D$ 计算，粗精加工上下表面转速取 200r/min，进给速度取 80mm/min。侧面、凹槽和开口槽粗加工转速取 600r/min，精加工转速取 1000r/min，粗加工进给速度取 150mm/min，精加工进给速度取 100mm/min。

　　根据上述工艺分析和设计，工序卡如表 5-13。

　　（4）数控编程

　　① 编程原点的确定　选择 FANUC 0i MC 系统数控铣床，以工件上平面对称中心为工件编程原点，尺寸较大方向作为 X 轴方向。加工程序见表 5-14。

　　② 数学处理 数控铣床采用刀具半径补偿功能，所以只要计算工件轮廓上的基点坐标（图 5-21）即可，不需计算刀心轨迹及坐标。

表 5-13　数控铣削加工工序卡（三）

数控铣削加工工序卡	零件名称	型腔加工实例	零件图号		FANUC 0i		共 1 页
	设备名称	数控铣床（立式）	数控系统				第 1 页
材料	硬度	毛坯种类	切削用量			刀具	
45	20HRC	锻件					

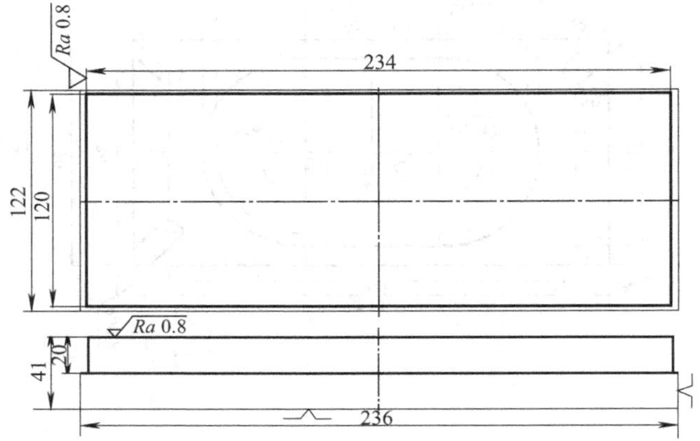

序号	工步内容	n/(r/min)	f/(mm/min)	a_P/mm	编号	刀具规格	量具
1	粗精铣削上表面，保证尺寸 41mm	200	80	0.5	T1	φ125mm	千分尺
2	粗加工侧面	600	150	0.5	T2	φ10mm	游标尺
3	精加工侧面，保证尺寸 236mm、120mm	1000	100	0.5	T2	φ10mm	游标尺

编制：　日期：　　负责人：　日期：

234　236　120　122　41　20　Ra 0.8

| 更改标记 | 处数 | 更改依据 | 签字 | 日期 |

续表

	数控铣削加工工序卡 2			零件名称	型腔加工实例	零件图号		共 1 页
				设备名称	数控铣床（立式）	数控系统	FANUC 0i	第 1 页
材料	硬度	毛坯种类						
45	20HRC	锻件						

序号	工步内容	切削用量			刀具		量具
		$n/$ (r/min)	$f/$ (mm/min)	a_P /mm	编号	刀具规格	
1	粗精铣削下表面，保证尺寸 40mm	200	80	0.5	T1	ϕ125mm	千分尺
2	粗加工腰圆形凹槽	600	150	0.5	T2	ϕ10mm	游标尺
3	精加工腰圆形凹槽，保证尺寸 $166.5_{-0.08}^{0}$	1000	100	0.5	T2	ϕ10mm	游标尺
4	粗加工环形凹槽	600	150	0.5	T2	ϕ10mm	游标尺
5	精加工环形凹槽，保证尺寸 $153_{-0.08}^{0}$	1000	100	0.5	T2	ϕ10mm	游标尺
6	粗精加工开口槽，保证 $4 \times 12H8$	1000	100	0.5	T2	ϕ10mm	游标尺
7	粗加工侧面	600	150	0.5	T2	ϕ10mm	游标尺
8	精加工侧面，保证尺寸 234mm，120mm	1000	100	0.5	T2	ϕ10mm	游标尺

编制：		负责人：	
日期：		日期：	

更改标记	处数	更改依据	签字	日期

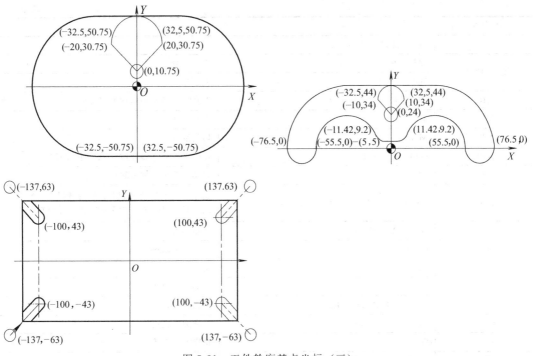

图 5-21 工件轮廓基点坐标（三）

③ 参考程序

表 5-14 工件加工参考程序（三）

腰圆形凹槽铣削程序

刀 具	ϕ10mm 立铣刀（粗加工程序）	
程 序 段 号	数控程序	程序注释
	O005	程序号
N10	T2;	手工换刀
N20	G54 G90 G17 G49 G40;	选择坐标系及平面取消刀补值
N30	M3 S600;	主轴正转
N40	M08;	切削液开
N50	G0 G43 Z150 H2;	Z 轴快速定位,调用刀具 2 号长度补偿
N60	X0 Y10.75;	刀具快速定位加工起点
N70	G1 G41 X20 Y30.75 Z−9.5 F150 D1;	建立刀具半径轨迹,留 0.5mm 精加工余量
N80	G3 X0 Y50.75 R20;	圆弧切入
N90	G1 X−32.5;	轮廓加工轨迹
N100	G3 Y−50.75 R50.75;	轮廓加工轨迹
N110	G1 X32.5;	轮廓加工轨迹
N120	G3 Y50.75 R50.75;	轮廓加工轨迹
N130	G1 X0;	轮廓加工轨迹
N140	G3 X−20 Y30.75 R20;	圆弧切出
N150	G40 G1 X0 Y10.75;	取消刀具半径补偿,快速回到加工起点
N160	G49 G0 Z150;	Z 向快速退刀,取消刀具长度补偿
N170	M9;	切削液关
N180	M30;	主轴停转,程序结束

环形凹槽铣削程序

刀　　具	ϕ10 立铣刀（粗加工程序）	
程 序 段 号	数控程序	程序注释
	O006	程序号
N10	G54 G90 G17 G49 G40；	选择坐标系及平面取消刀补值
N20	M3 S600 T2；	主轴正转
N30	M08；	切削液开
N40	G0 G43 Z150 H2；	Z轴快速定位，调用刀具2号长度补偿
N50	X0 Y24；	刀具快速定位加工起点
N60	G41 G1 X10 Y34 Z—19.5 F150 D1；	建立刀具半径轨迹，留 0.5mm 精加工余量；精加工时改 Z—19.5 为 Z—20 进行轮廓精加工
N70	G3 X0 Y44 R10；	圆弧切入
N80	G1 X—32.5；	轮廓加工轨迹
N90	G3 X—76.5 Y0 R44；	轮廓加工轨迹
N100	X—55.5 R10.5；	轮廓加工轨迹
N110	G2 X—11.42 Y9.2 R23；	轮廓加工轨迹
N120	G3 X—5 Y5 R7；	轮廓加工轨迹
N130	G1 X5；	轮廓加工轨迹
N140	G3 X11.42 Y9.2 R7；	轮廓加工轨迹
N150	G2 X55.5 Y0 R23；	轮廓加工轨迹
N160	G3 X76.5 R10.5；	轮廓加工轨迹
N170	X32.5 Y44 R44；	轮廓加工轨迹
N180	G1 X0；	轮廓加工轨迹
N190	G3 X—10 Y34 R10；	圆弧切出
N200	G40 G1 X0 Y24；	回到加工起点，取消刀具半径补偿
N210	G49 G0 Z150；	Z轴快速退刀，取消刀具长度补偿
N220	M9；	切削液关
N230	M30；	主轴停转，程序结束

开口槽铣削程序

刀　　具	ϕ10mm 立铣刀（粗加工程序）	
程 序 段 号	数控程序	程序注释
	O007	程序号
	T3；	手工换刀
N10	G54 G90 G17 G49 G40；	选择坐标系及平面取消刀补值
N20	M3 S1000 T3；	主轴正转
N30	M08；	切削液开
N40	G0 G43 Z150 H3；	Z轴快速定位，调用刀具3号长度补偿
N50	G0 X137 Y63 Z5；	刀具快速定位加工起点
N60	G1 Z—10 F100；	下刀到加工面
N70	X100 Y43；	轮廓加工轨迹
N80	Z5；	退刀
N90	X—137 Y63；	刀具快速定位加工起点
N100	Z—10；	下刀到加工面
N110	X—100 Y43；	轮廓加工轨迹

续表

开口槽铣削程序

刀　具	ϕ10mm 立铣刀(粗加工程序)	
程 序 段 号	数控程序	程序注释
	O007	程序号
N120	Z5;	退刀
N130	X−137 Y−63;	刀具快速定位加工起点
N140	Z−10;	下刀到加工面
N150	X−100 Y−43;	轮廓加工轨迹
N160	Z5;	退刀
N170	X137 Y−63;	刀具快速定位加工起点
N180	Z−10;	下刀到加工面
N190	X100 Y−43;	轮廓加工轨迹
N200	Z5;	退刀
N210	G43 G0 Z150;	Z 轴快速退刀,取消刀具长度补偿
N220	M9;	切削液关
N230	M30;	主轴停转,程序结束

（5）制造成本估算与报价　数控加工报价包括成本和利润,由材料费、加工费、检测费、管理费以及毛利润组成。

① 工时定额　本工件预计加工工时为 2h。

② 材料价格（需要计算工件重量）　以 2009 年 9 月杭州市场价格计算,45 钢板料价格为××元/吨,本工件材料成本约××元。

③ 加工费　本工件为普通立式数控铣床加工,以杭州市场为参考,价格约××元/小时,本工件加工成本约××元。

本工件制造成本计算见表 5-15。

表 5-15　数控加工报价单（三）

数控加工报价单						名称		图号
材料费	名称	材质	毛坯尺寸/mm			数量	单价	合计
			L	W	H			
		45	236	122	42	1		
	材料费小计							
加工费	项目	数量	单件工时		合计工时	单件加工费		合计加工费
		1	2h		2h			
	加工费小计							
检测费	项目	仪器		规格		工时		合计检测费
	尺寸	游标卡尺						
	尺寸	千分尺						
	检测费小计							
	管理费 10%							
	毛利 25%							
	合计							

5.4.2　理论参考知识

（1）定位基准与夹紧方式的确定

① 工件的定位　工件的定位基准应与设计基准保持一致，应防止过定位，对于箱体工件最好选择一面两销作为定位基准，定位基准在数控机床上要细心找正。

② 工件的装夹　在确定零件的装夹方法时，应注意减少次数，尽可能做到一次装夹后能加工出全部待加工表面，以充分发挥数控机床的功能。夹具选择必须力求其结构简单，装卸零件迅速，安装准确可靠。

在数控机床上工件定位安装的基本原则与普通机床相同，工件的装夹方法影响工件的加工精度和加工效率，为了充分发挥出数控机床的工作特点，装夹工件时，应考虑以下几种因素。

a. 尽可能采用通用夹具，必要时才设计制造专用夹具。

b. 结构设计要满足精度要求。

c. 易于定位和夹紧。

d. 夹紧力应尽量靠近支承点，力求靠近切削部位。

e. 对切削力有足够的刚度。

f. 易于排屑的清理。

在实际加工中接触的通用夹具为压板（图 5-22）和虎钳（图 5-23）。

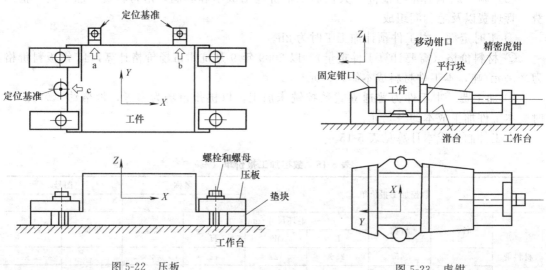

图 5-22　压板　　　　　　　　　　　　图 5-23　虎钳

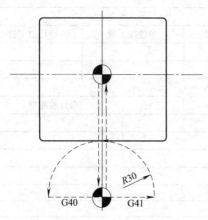

图 5-24　刀具起刀点的确定

图 5-24 所示的工件不大，可采用通用夹具虎钳作为夹紧装置。用虎钳夹紧工件时要注意以下几点：工件安装时要放在钳中的中间部；安装虎钳时要对它固定钳口找正；工件被加工部分要高出钳口，避免刀具与钳口发生干涉；安装工件时，注意工件上浮。

（2）换刀点位置的确定　为了提高零件的加工精度，程序原点应尽量选在零件的设计基准和工艺基准上。例如以孔定位的零件，以孔的中心作为原点较为合适。程序原点还可选在两垂直平面的交线上，不论是用已知直径的铣刀，还是用标准芯棒加塞尺或是用测头都可以很方便地找到这一交线。换刀点是为带刀库的加工中心而设定的。为了防止换刀时刀具与工件或夹具发生碰撞，换刀点应设在被加工零件的外面。

编制程序时需选择一个合理的刀具起始点。刀具起始点也就是程序的起始点，有时又称对刀点或换刀点。在设定起始点时，应考虑以下几项因素。

① 刀具在起始点换刀时，不能与工件或夹具产生干涉碰撞。

② 起始点尽量选在工件外的某一点，但该点必须与工件的定位基准保持一定的精度。在铣削加工时，起始点应尽可能选在工件设计基准或工艺基准上，这样可以提高加工精度。

③ 刀具退回到起始点时，应能方便测量加工中的工件。

④ 刀具的几何尺寸也会影响起始点的位置。

（3）确定走刀路线　在确定走刀路线时，应使数值计算简单，程序段少，以减少程序工作量。为了发挥数控机床的作用，应使加工路线最短，减少空刀时间。对于点位控制的机床，定位精度要求较高，所以定位过程尽可能快。

在进行轮廓加工时，加工路线的确定与程序中各程序段安排次序有关。图 5-25 所示是一个铣槽的例子，图中列举了两种加工路线，程序段安排次序及坐标尺寸都不同。为了保证凹槽侧面最后达到所要求的粗糙度，最终轮廓应由最后一次走刀连续加工出来为好。在加工键槽时，加工路线应选择先从中间走一刀，然后再次连续走刀把两侧边加工出来，这样既保证了侧边的尺寸公差，又保证了两侧边的粗糙度。在铣镗类加工中心上加工零件，为了保证轮廓表面的粗糙度，减小接刀的痕迹，对刀具沿法线方向切入程序要仔细设计，在加工外形时，其切入和切出部分应考虑外延，以保证工件轮廓形状的平滑。刀具的切入和切出分为两种方法。

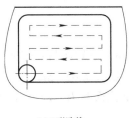

(a) S形路线　　　　　　　　(b) 环绕路线

图 5-25　铣槽

① 刀具沿零件轮廓法向垂直切入。这种垂直切入方法如图 5-26（a）所示，是在切入点 A 作 AB 的法线，在这条法线上使刀具离开切入点 一段距离，而这一距离要大于刀具直径。

② 刀具沿零件轮廓切向切入。切向切入可以是直线切向切入，也可以是圆弧切向切入，如图 5-26（b）、（c）所示。

在铣削凹槽一类的封闭轮廓时，其切入和切出不允许有外延，铣刀要沿零件轮廓的法线切入和切出。在轮廓加工过程中，应避免进给停顿，因为切削力的变化会引起刀具、工件、夹具和机床工艺系统的弹性变形，刀具会在轮廓的停顿处留下凹痕。

在铣削平面轮廓零件时，还要避免在垂直零件表面的方向上下刀或抬刀，因为这样会留下较大的划痕。

走刀路线是数控机床加工过程中，刀具的中心运动轨迹和方向，编制程序时，主要是编

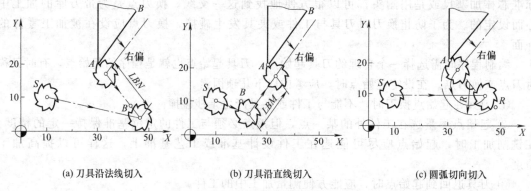

| (a) 刀具沿法线切入 | (b) 刀具沿直线切入 | (c) 圆弧切向切入 |

图 5-26 刀具沿零件的轮廓切入方式

写刀具的运动轨迹和方向，在确定走刀轨迹必须注意以下几点。

① 铣削中，应尽量采用圆弧切入的走刀路线，避免在交接处重复切削而在工件表面上产生痕迹。

② 有保证加工精度和表面粗糙前提下，应尽量缩短加工路线。多次重复的加工动作，可以编制子程序，由主程序调用，减少了程序段数目和编程的工作量，减少空走刀行程，提高生产效率。

5.5 孔加工工艺分析

5.5.1 孔加工零件加工工艺分析

（1）任务描述　如图 5-27 所示，材料为 45 钢锻件，毛坯尺寸为 236mm×122mm×42mm，单件生产。

技术要求：

① 下表面与上表面（A 面）平行度要求 0.02mm，下侧面与左侧面（C 面）的垂直度要求 0.02mm，ϕ34 孔轴线与上表面（A 面）的垂直度要求 0.02mm。

② 加工表面粗糙度上表面、左侧面（C 面）、下侧面为 $Ra0.8\mu m$，下表面为 $Ra1.6\mu m$，其余加工表面均为 $Ra3.2\mu m$。

（2）学习目标

① 掌握孔系零件加工的工艺设计方法。

② 掌握孔加工刀具的选择及进给路线的安排。

③ 掌握手工编程的方法，正确使用坐标系选择及孔加工固定循环指令的应用。

（3）零件的加工工艺分析与设计

① 工件结构分析

a. 几何元素分析。该工件外形规则，结构简单，包含了平面、轮廓、孔与螺纹等几何元素。

b. 精度分析。该工件被加工部分的形位公差、表面粗糙度要求较高。下表面与上表面（A 面）平行度要求 0.02mm，下侧面与左侧面（C 面）的垂直度要求 0.02mm，ϕ34 孔轴线与上表面（A 面）的垂直度要求 0.02mm。加工表面粗糙度上表面、左侧面（C 面）、下侧面为 $Ra0.8\mu m$，下表面为 $Ra1.6\mu m$，其余加工表面均为 $Ra3.2\mu m$。各加工部分的尺寸要求较高，中心距、孔尺寸达 IT8～IT7 级精度，螺纹达 IT6 级精度，其余尺寸按未注公差

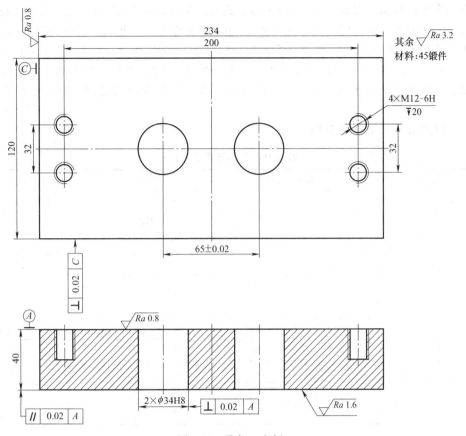

图 5-27　孔加工实例

加工。

　　c. 材料分析。材料为 45 钢锻件，具有较好的机械加工性能，适合数控铣床加工。

　　② 工件的基准分析

　　a. 设计基准分析。工件长度、宽度方向的设计基准为两条中心线，高度方向的设计基准为下表面。

　　b. 工艺基准分析。考虑工件的加工和定位，工艺基准为上表面、下表面、右侧面。其中，下表面为粗基准。

　　③ 加工工艺路线的总体设计

　　a. 根据工件的几何元素要求，本工件的加工方法包括平面铣削、孔加工、螺纹加工。

　　b. 按照铣削加工基面先行、先粗后精、先主后次、先面后孔的工艺原则，并根据安装次数分为两道工序，工件的加工工艺路线如下。

　　粗精铣上表面、侧面至长度、宽度尺寸成，控制高度尺寸；粗精加工 4×M12 的螺纹（螺纹加工路线为：钻→铰→攻）。

　　粗精铣下表面，保证高度尺寸 40mm；侧面接刀加工而成；粗精加工 2×φ34 孔（加工路线为：钻→镗）。

　　④ 刀具选择　刀具的选用与工件几何特征、加工方法、加工精度、材料等因素相关。

　　上下表面铣削用面铣刀，根据侧吃刀量选择面铣刀直径，使铣刀工作时有合理的切入、切出角，且铣刀直径应尽量包容工件整个加工宽度，以提高加工精度和效率，并减小相邻两次进给之间的接刀痕迹，选择 φ125mm 的 4 刃面铣刀。侧面铣削用立铣刀，铣刀半径只受轮廓最小曲率半径限制，选择 $\phi10mm$ 的 3 刃立铣刀。工件材料为 45 钢，铣刀材料用硬质合金刀即可。为保证螺纹加工的精度，先用 $\phi3$ 的中心钻钻中心孔，再选 $\phi9.6$ 的直柄麻花钻钻螺纹底孔，选 $\phi10$ 的铰刀精加工螺纹底孔，最后选择 M12 的机用丝锥攻螺纹。$\phi34$ 孔的加工路线为钻→镗，先用 $\phi3$ 的中心钻钻中心孔，再选 $\phi30$ 的锥柄麻花钻进行粗加工，选择 $\phi34$ 的精镗刀进行精加工。由于孔直径较小，麻花钻、铰刀材料选择高速钢，镗刀材料选择硬质合金。

本工件的刀具选用见表 5-16。

表 5-16　刀具选用表 （四）

零件名称			平面加工实例		零件材料		45 钢锻件
零件图号					机床名称		数控铣床(立式)
序号	刀具号	刀具名称	刀具规格	刀补地址			刀具材料
				长度	半径		
1	T1	面铣刀	$\phi125$	H1			硬质合金
2	T2	立铣刀	$\phi10$	H2	D1＝5.5 D2＝5		硬质合金
3	T4	中心钻	$\phi3$	H4			高速钢
4	T5	直柄麻花钻	$\phi9.6$	H5			高速钢
5	T6	铰刀	$\phi10$	H6			高速钢
6	T7	机用丝锥	M12	H7			高速钢
7	T8	锥柄麻花钻	$\phi30$	H8			高速钢
8	T9	精镗刀	$\phi34$	H9			硬质合金

⑤ 刀路设计

a. XY 平面内进给路线的确定。孔加工时，刀具在 XY 平面内的运动属于点位运动，若对于位置精度要求高的孔系加工的零件，确定进给路线时，一定要注意孔的加工顺序的安排，以避免机械进给系统反向间隙对孔位精度的影响。本例中，孔的位置精度要求不高，进给路线安排如图 5-28 所示。

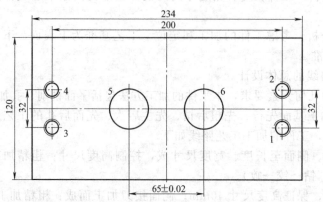

图 5-28　XY 平面内进给路线

b. Z 向进给路线的确定。刀具在 Z 向的进给路线分为快速移动进给路线和工作进给路线。刀具先从初始平面快速运动到距工件加工表面一定距离的 R 平面（距工件加工表面一切入距离的平面）上，然后按工作进给速度运动进行加工。本例中，为减少刀具空行程进给时间，加工中间孔时，刀具不必退回到初始平面，只要退到 R 平面上即可，其进给路线安

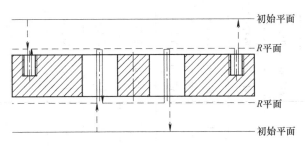

图 5-29　刀具 Z 向进给路线

排如图 5-29 所示。

⑥ 工件装夹　工件采用平口钳装夹，试切法对刀。

⑦ 工件检测　确定关键尺寸、检测基准、所需工量具。

a. 检测基准的选择。检测基准是测量工件的形状、位置和尺寸误差时采用的基准。工件以中心线为测量基准。

b. 量具选择。轮廓尺寸用千分尺和游标卡尺测量，深度尺寸用游标卡尺测量，表面质量用表面粗糙度样板检测，用百分表校正平口钳及工件上表面垂直度和平面度。

量具选用表见表 5-17。

表 5-17　量具选用表（四）

序号	量具名称	规格	说明
1	千分尺		
2	游标卡尺	量程 0～300mm,精度：±0.02	
3	表面粗糙度样板		
4	百分表	量程 0～50mm,精度 0.01mm	

⑧ 切削参数确定　加工材料为 45 钢锻件，硬度较高，切削力大，粗铣深度除留精加工余量外，一刀切完。根据刀具材料和工具材料，加工上下表面时选择切削速度为 80m/min，加工侧面时选择切削速度为 30m/min。根据公式 $n=1000v/\pi D$ 计算，粗精加工上下表面转速取 200r/min，进给速度取 80mm/min。侧面粗加工转速取 600r/min，精加工转速取 1000r/min，粗加工进给速度取 150mm/min，精加工进给速度取 100mm/min。在螺纹及 $\phi34$ 孔加工中，加工中心孔时，选择切削速度为 10m/min，故转速取 1000r/min，进给速度取 50mm/min；钻螺纹底孔时，选择切削速度为 20m/min，故转速取 600r/min，进给速度取 150mm/min；铰螺纹底孔时，选择切削速度为 4m/min，故转速取 100r/min，进给速度取 40mm/min；攻螺纹时，选择切削速度为 4m/min，故转速取 100r/min，进给速度取 1.75mm/r；钻 $\phi34$ 孔底孔时，选择切削速度为 20m/min，故转速取 200r/min，进给速度取 150mm/min；镗 $\phi34$ 孔时，选择切削速度为 80m/min，故转速取 600r/min，进给速度取 150mm/min。

根据上述工艺分析和设计，工序卡见表 5-18。

（4）数控编程

① 编程原点的确定　选择 FANUC 0i MC 系统数控铣床，以工件上平面对称中心为工件编程原点，尺寸较大方向作为 X 轴方向。加工程序见表 5-19。

② 数学处理　数控铣床采用刀具半径补偿功能，所以只要计算工件轮廓上的基点坐标即可，不需计算刀心轨迹及坐标。孔加工时，刀具在 XY 平面内的运动属于点位运动，无需引入刀具半径补偿，引入刀具长度补偿即可。

表 5-18　数控铣削加工工序卡（四）

数控铣削加工工序卡 1		零件名称	孔加工实例	零件图号				共 1 页
		设备名称	数控铣床（立式）	数控系统	FANUC 0i			第 1 页
材料 45	硬度 20HRC	毛坯种类 锻件						

序号	工步内容	切削用量			刀具		量具
		$n/$ (r/min)	$f/$ (mm/min)	$a_p/$ mm	编号	刀具规格	
1	粗精铣削上表面，保证尺寸 41mm	200	80	0.5	T1	ϕ125mm	千分尺
2	粗加工侧面	600	150	0.5	T2	ϕ10mm	游标尺
3	精加工侧面，保证尺寸 234mm,120mm	1000	100	0.5	T2	ϕ10mm	游标尺
4	钻 4×M12 螺纹中心孔	1000	50		T4	ϕ3mm	游标尺
5	钻 4×M12 螺纹底孔	600	150		T5	ϕ9.6mm	游标尺
6′	铰 4×M12 螺纹底孔	100	40		T6	ϕ10mm	游标尺
7	攻螺纹，保证 M12-6H,深 20mm	100	175		T7	M12mm	游标尺

				编制：			负责人：	
				日期：			日期：	
更改标记	处数	更改依据	签字	日期				

4×M12-6H ▽20　32　234　200　32　120　122　$\sqrt{Ra\,0.8}$　236　20　41

续表

数控铣削加工工序卡 2			零件名称	孔加工实例				共 1 页
			设备名称	数控铣床（立式）				第 1 页
材料	硬度	毛坯种类	零件图号					
45	20HRC	锻件	数控系统	FANUC 0i				

序号	工步内容	切削用量			刀具		量具
		$n/$ (r/min)	$f/$ (mm/min)	a_p /mm	编号	刀具规格	
1	粗精铣削下表面，保证尺寸 40mm	200	80	0.5	T1	ϕ125mm	千分尺
2	粗加工侧面	600	150	0.5	T2	ϕ10mm	游标尺
3	精加工侧面，保证尺寸 234mm，120mm	1000	100	0.5	T2	ϕ10mm	游标尺
4	钻 2×ϕ34 中心孔	1000	50		T4	ϕ3mm	游标尺
5	钻 2×ϕ34 孔底孔	200	150		T8	ϕ30mm	游标尺
6	镗 2×ϕ34 孔，保证孔 ϕ34H8，中心距 65±0.02	600	150		T9	ϕ34mm	游标尺

编制：　　　　　　　　负责人：
日期：　　　　　　　　日期：

更改标记	处数	更改依据	签字	日期

③ 参考程序

表 5-19　工件加工参考程序（四）

钻 4×M12 螺纹中心孔程序

刀　具	φ3mm 中心钻	
程 序 段 号	数控程序	程序注释
	O008	程序号
N10	T4;	手工换刀
N20	G54 G90 G17 G49 G40;	选择坐标系及平面取消刀补值
N30	M3 S1000;	主轴正转
N40	M08;	切削液开
N50	G0 G43 Z150 H4;	Z 轴快速定位初始平面,调用刀具 4 号长度补偿
N60	G99 G81 X100 Y－16 Z－2 R5 F50;	钻孔 1 中心孔,并回到 R 平面
N70	X100 Y16;	钻孔 2 中心孔,并回到 R 平面
N80	X－100 Y－16;	钻孔 3 中心孔,并回到 R 平面
N90	G98 X－100 Y16;	钻孔 4 中心孔,并回到初始平面
N100	G49 G0 Z300;	Z 向快速退刀,取消刀具长度补偿
N110	M9;	切削液关
N120	M30;	主轴停转,程序结束

钻 4×M12 螺纹底孔程序

刀　具	φ9.6mm 直柄麻花钻	
程 序 段 号	数控程序	程序注释
	O009	程序号
N10	T5;	手工换刀
N20	G54 G90 G17 G49 G40;	选择坐标系及平面取消刀补值
N30	M3 S600;	主轴正转
N40	M08;	切削液开
N50	G0 G43 Z150 H5;	Z 轴快速定位初始平面,调用刀具 5 号长度补偿
N60	G99 G82 X100 Y－16 Z－23 R5 F150;	钻孔 1,并回到 R 平面
N70	X100 Y16;	钻孔 2,并回到 R 平面
N80	X－100 Y－16;	钻孔 3,并回到 R 平面
N90	G98 X－100 Y16;	钻孔 4,并回到初始平面
N100	G49 G0 Z300;	Z 向快速退刀,取消刀具长度补偿
N110	M9;	切削液关
N120	M30;	主轴停转,程序结束

铰 4×M12 螺纹底孔程序

刀　具	φ10mm 铰刀	
程 序 段 号	数控程序	程序注释
	O0010	程序号
	T6;	手工换刀
N10	G54 G90 G17 G49 G40;	选择坐标系及平面取消刀补值
N20	M3 S100 T6;	主轴正转
N30	M08;	切削液开
N40	G0 G43 Z150 H6;	Z 轴快速定位初始平面,调用刀具 6 号长度补偿
N50	G99 G82 X100 Y－16 Z－23 R5 F40;	铰孔 1,并回到 R 平面

铰 4×M12 螺纹底孔程序

刀具	ϕ10mm 铰刀	
程序段号	数控程序	程序注释
	O0010	程序号
N60	X100 Y16；	铰孔 2,并回到 R 平面
N70	X−100 Y−16；	铰孔 3,并回到 R 平面
N80	G98 X−100 Y16；	铰孔 4,并回到初始平面
N90	G49 G0 Z300；	Z 向快速退刀,取消刀具长度补偿
N100	M9；	切削液关
N110	M30；	主轴停转,程序结束

4×M12 攻螺纹程序

刀具	M12 机用丝锥	
程序段号	数控程序	程序注释
	O0011	程序号
	T7；	手工换刀
N10	G54 G90 G17 G49 G40；	选择坐标系及平面取消刀补值
N20	M3 S100 T7；	主轴正转
N30	M08；	切削液开
N40	G0 G43 Z150 H7；	Z 轴快速定位初始平面,调用刀具 7 号长度补偿
N50	G99 G84 X100 Y−16 Z−23 R5 F1.75；	孔 1 攻螺纹,并回到 R 平面
N60	X100 Y16；	孔 2 攻螺纹,并回到 R 平面
N70	X−100 Y−16；	孔 3 攻螺纹,并回到 R 平面
N80	G98 X−100 Y16；	孔 4 攻螺纹,并回到初始平面
N90	G49 G0 Z300；	Z 向快速退刀,取消刀具长度补偿
N100	M9；	切削液关
N110	M30；	主轴停转,程序结束

钻 2×ϕ34 孔中心孔程序

刀具	ϕ3mm 中心钻	
程序段号	数控程序	程序注释
	O0012	程序号
N10	T4；	手工换刀
N20	G54 G90 G17 G49 G40；	选择坐标系及平面取消刀补值
N30	M3 S1000；	主轴正转
N40	M08；	切削液开
N50	G0 G43 Z150 H4；	Z 轴快速定位初始平面,调用刀具 4 号长度补偿
N60	G99 G81 X−32.5 Y0 Z−2 R5 F50；	钻孔 5 中心孔,并回到 R 平面
N70	G98 X32.5；	钻孔 6 中心孔,并回到初始平面
N80	G49 G0 Z300；	Z 向快速退刀,取消刀具长度补偿
N90	M9；	切削液关
N100	M30；	主轴停转,程序结束

钻 2×φ34 孔底孔程序

刀具	φ30mm 锥柄麻花钻	
程序段号	数控程序	程序注释
	O0013	程序号
N10	T8;	手工换刀
N20	G54 G90 G17 G49 G40;	选择坐标系及平面取消刀补值
N30	M3 S200;	主轴正转
N40	M08;	切削液开
N50	G0 G43 Z150 H8;	Z轴快速定位初始平面,调用刀具 8 号长度补偿
N60	G99 G81 X−32.5 Y0 Z−50 R5 F150;	钻孔 5,回到 R 平面
N70	G98 X32.5;	钻孔 6,并回到初始平面
N80	G49 G0 Z300;	Z向快速退刀,取消刀具长度补偿
N90	M9;	切削液关
N100	M30;	主轴停转,程序结束

镗 2×φ34 孔程序

刀具	φ34mm 精镗刀	
程序段号	数控程序	程序注释
	O0014	程序号
	T9;	手工换刀
N10	G54 G90 G17 G49 G40;	选择坐标系及平面取消刀补值
N20	M3 S600 T9;	主轴正转
N30	M08;	切削液开
N40	G0 G43 Z150 H9;	Z轴快速定位初始平面,调用刀具 9 号长度补偿
N50	G99 G85 X−32.5 Y0 Z−50 R5 F150;	镗孔 5,并回到 R 平面
N60	G98 X32.5;	镗孔 6,并回到初始平面
N70	G49 G0 Z300;	Z向快速退刀,取消刀具长度补偿
N80	M9;	切削液关
N90	M30;	主轴停转,程序结束

（5）制造成本估算与报价　数控加工报价包括成本和利润,由材料费、加工费、检测费、管理费以及毛利润组成。

所示工件为普通立式数控铣床加工,以宁波市场为参考,价格约××元/小时,本工件加工成本约××元。

所示工件制造成本计算见表 5-20。

表 5-20　数控加工报价单（四）

数控加工报价单						名称		图号	
材料费	名称	材质	毛坯尺寸/mm			数量	单价	合计	
			L	W	H				
		45	236	122	42	1			
	材料费小计								

续表

数控加工报价单				名称		图号
加工费	项目	数量	单件工时	合计工时	单件加工费	合计加工费
		1	2h	2h		
	加工费小计					
检测费	项目	仪器		规格	工时	合计检测费
	尺寸	游标卡尺				
	尺寸	千分尺				
	检测费小计					
管理费 10%						
毛利 25%						
合计						

5.5.2　理论参考知识——刀具的选择

刀具的选择是数控加工工艺中的重要内容。它不仅影响数控机床的加工效率，而且直接影响加工质量。在对零件加工部位进行工艺分析之后，应根据机床的加工能力、工件材料的加工工序、切削用量以及其他相关因素正确选用刀具及刀柄。刀具选择总的原则是：安装调整方便，刚性好，耐用度和精度高。在满足加工要求的前提下，尽量选择较短的刀柄，以提高刀具加工的刚性。

选取刀具时，要使刀具的尺寸与被加工工件的表面尺寸相适应。生产中，平面零件周边轮廓的加工常采用立铣刀；铣削平面时，应选硬质合金刀片铣刀；加工凸台、凹槽时，选高速钢立铣刀；加工毛坯表面或粗加工孔时，可选取镶硬质合金刀片的玉米铣刀；对一些立体型面和变斜角轮廓外形的加工，常采用球头铣刀、环形铣刀、锥形铣刀和盘形铣刀。

在进行自由曲面加工时，由于球头刀具的端部切削速度为零，因此，为保证加工精度，切削行距一般取得很密，故球头刀具常用于曲面的精加工。而平头刀具在表面加工质量和切削效率方面都优于球头刀，因此，只要在保证不过切的前提下，无论是曲面的粗加工还是精加工，都应优先选择平头刀。另外，刀具的耐用度和精度与刀具价格关系极大，必须引起注意的是，在大多数情况下，选择好的刀具虽然增加了刀具成本，但由此带来的加工质量和加工效率的提高，则可以使整个加工成本大大降低。

在加工中心上，各种刀具分别装在刀库上，按程序规定随时进行选刀和换刀动作。因此必须采用标形刀柄，以便使钻、扩、铰、铣削等工序用的标形刀具，迅速、准确地装到机床主轴或刀库上去。编程人员应了解机床上所用刀柄的结构尺寸、调整方法以及调整范围，以便在编程时确定刀具的径向和轴向尺寸。目前我国的加工中心采用 TSG 工具系统，其刀柄有直柄（三种规格）和锥柄（四种规格）两种，共包括 16 种不同用途的刀柄。

在经济型数控加工中，由于刀具的刃磨、测量和更换多为人工手动进行，占用辅助时间较长，因此，必须合理安排刀具的排列顺序。

思考与练习

1. 数控铣床的主要功能是什么？
2. 数控铣削适用于哪些场合？

3. 数控铣削加工常用刀具的特点有哪些？

4. 被加工零件轮廓的内壁圆弧尺寸为何要尽量统一？

5. 什么是顺铣？什么是逆铣？它们各有什么特点？

6. 铣削加工过程中，为什么要切线进入切向退出？

7. 工件定位和夹紧时主要考虑哪些因素？

8. 编制如图所示零件的加工工艺。

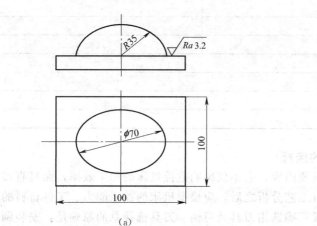

(a)

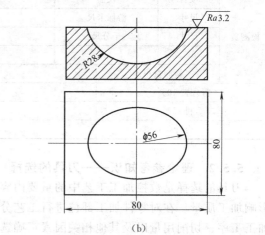

(b)

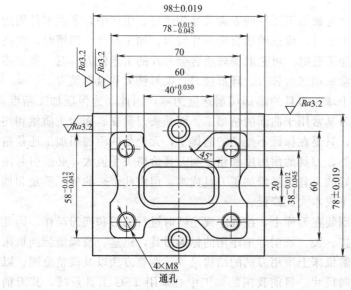

(c)

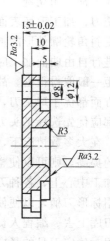

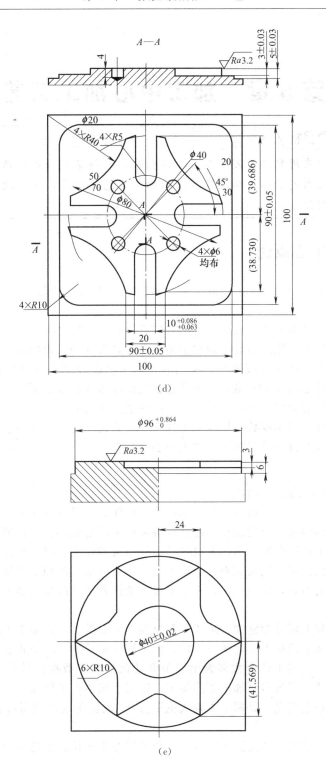

(d)

(e)

第6章 加工中心加工工艺

　　熟悉加工中心应用自动换刀及典型换刀程序，理解掌握数控铣床、加工中心的孔加工刀具、孔加工固定循环、典型孔结构的加工工艺及编程，了解数控加工中心对刀及对刀方案的合理设计。

6.1　加工中心概述

　　加工中心（Machining Center，MC）是由机械设备与数控系统组成的适用于加工复杂零件的高效率自动化机床。

　　加工中心是目前世界上产量最高、应用最广泛的数控机床之一。加工中心是从数控铣床发展而来的，它与数控铣床的最大区别在于加工中心具有自动换刀功能。它的综合加工能力较强，工件一次装夹后能完成较多的加工内容，加工精度较高，就中等加工难度的批量工件，其效率是普通设备的5～10倍，特别是它能完成许多普通设备不能完成的加工，对形状较复杂、精度要求高的单件加工或中小批量多品种生产更为适用。

　　加工中心是高效、高精度数控机床，工件在一次装夹中便可完成多道工序的加工，同时还备有刀具库，并且有自动换刀功能。加工中心所具有的这些丰富的功能，决定了加工中心程序编制的复杂性。

6.1.1　加工中心的主要功能

　　加工中心能实现3轴或3轴以上的联动控制，以保证刀具进行复杂表面的加工。加工中心除具有直线插补和圆弧插补功能外，还具有各种加工固定循环、刀具半径自动补偿、刀具长度自动补偿、加工过程图形显示、人机对话、故障自动诊断、离线编程等功能。

　　加工中心与数控铣床的最大区别在于加工中心具有自动交换加工刀具的能力，通过在刀库上安装不同用途的刀具，可在一次装夹中通过自动换刀装置改变主轴上的加工刀具，实现多种加工功能。

　　加工中心从外观上可分为立式、卧式和复合加工中心等。立式加工中心的主轴垂直于工作台，主要适用于加工板材类、壳体类工件，也可用于模具加工。卧式加工中心的主轴轴线与工作台台面平行，它的工作台大多为由伺服电动机控制的数控回转台，在工件一次装夹中，通过工作台旋转可实现多个加工面的加工，适用于箱体类工件加工。复合加工中心主要是指在一台加工中心上有立、卧两个主轴或主轴可90°改变角度，因而可在工件一次装夹中实现5个面的加工。

　　加工中心上如果带有自动交换工作台，一个工件在工作位置上进行加工的同时，另一工件在装卸位置的工作台上进行装卸，可大大缩短辅助时间，提高加工效率。

6.1.2　加工中心加工的主要对象

　　加工中心作为一种高效、多功能自动化机床，在现代化生产中扮演着重要角色。在加工中心上，零件的制造工艺与传统工艺以及普通数控机床加工工艺有很大不同，加工中心自动化程度的不断提高和工具系统的发展使其工艺范围不断扩展。现代加工中心功能的加强和工具系统的发展使其工艺范围不断扩大，使工件一次装夹后实现多表面、多特征、多工位的连续、高效、高精度加工，工序高度集中。

针对加工中心的工艺特点，加工中心适宜加工形状复杂、加工内容多、精度要求较高、需用多种类型的普通机床和众多的工艺装备，且经多次装夹和调整才能完成加工的零件，主要的加工对象有下列几种。

（1）既有平面又有孔系的零件　加工中心具有自动换刀装置，在一次安装中，可以完成零件上平面铣削、孔系的钻削、镗削、铰削及攻螺纹等多工步加工。加工的部位可在一个平面上，也可以在不同的平面上。复合加工中心一次安装可以完成除装夹面以外的 5 个面的加工。因此，既有平面又有孔系的零件是加工中心的首选对象。这类零件常见的有箱体类零件和盘、套、板类零件。

① 箱体类零件　箱体类零件是指具有一个以上孔系，内部有一定型腔，在长、宽、高方向有一定比例的零件。箱体类零件很多，如机床主轴箱、泵壳、变速器箱体等，如图 6-1 所示。箱体类零件一般都要进行多工位孔系及平面加工，精度要求较高，特别是形状精度和位置精度要求较严格，通常经过铣、钻、扩、镗、铰、锪、攻螺纹等工步，需要刀具较多，工装套数多，需多次装夹找正，手工测量次数多，因此，导致工艺复杂，加工周期

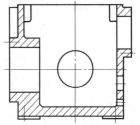

图 6-1　箱体类零件示例

长，成本高，在普通机床上加工难度大，精度不易保证。这类零件在加工中心上加工，一次安装可完成普通机床 60％～95％ 的工序内容，零件各项精度一致性好，质量稳定，生产周期短，成本低。

对于加工工位较多、工作台需多次旋转角度才能完成的零件，一般选用卧式加工中心；当加工工位较少、且跨距不大时，可选用立式加工中心，从一端进行加工。

在加工中心上加工箱体类零件时，应注意以下几点。

a. 应先铣面，后加工孔；在孔系加工中，先加工大孔，后加工小孔；待所有孔系全部完成粗加工后，再进行精加工。

b. 通常情况下，直径≥φ30 的孔都应预制出毛坯孔。在普通机床上完成毛坯孔粗加工，预留余量 4～6mm，再由加工中心进行半精加工和精加工。

c. 对于箱体上跨距较大的同轴孔，尽量采取调头加工，以缩短刀具、辅具的长径比，增加刀具的刚性，确保加工质量。

d. 一般情况下，在 M6～20 范围内的螺纹孔可在加工中心上直接完成。直径在 M6 以下的螺纹，在加工中心上完成底孔加工，通过其他手段攻螺纹。因为在加工中心上攻螺纹不能随机控制加工状态，小直径丝锥易折断。直径在 M20 以上的螺纹，可采用镗刀片镗削加工。

② 盘、套、板类零件　这类零件是指带有键槽或径向孔，后端面分布的孔隙、曲面的盘套或轴类零件，如带法兰的轴套、带有键槽或方头的轴类零件等。还有具有较多孔加工的板类零件，如图 6-2 所示的端盖。

端面有分布孔系、曲面的盘、套、板类零件宜选择立式加工中心加工；有径向孔的可选用卧式加工中心或车削中心加工。

（2）结构形状复杂、普通机床难加工的零件　主要表面由复杂曲线、曲面组成的零件，加工时需要多坐标联动加工，这在普通机床上是无法完成的，加工中心是加工这

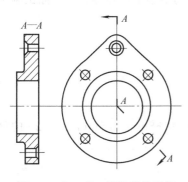

图 6-2　盘、套、板类零件示例

类零件的最有效的设备，常见的典型零件有以下几类。

① 凸轮类。这类零件有各种曲线的盘形凸轮、圆柱凸轮、圆锥凸轮和端面凸轮等，加工时，可根据凸轮表面复杂程度，选用三轴、四轴或五轴联动的加工中心。

② 整体叶轮类。整体叶轮常见于航空发动机的压气机、空气压缩机、船舶水下推进器

图 6-3 压气机转子

等，它除具有一般曲面难加工的特点外，还存在许多特殊的加工难点，如通道狭窄，刀具很容易与加工表面和邻近曲面产生干涉。图 6-3 所示为压气机转子，它的叶面是一个典型的三维空间曲面，加工这样的型面，可采用四轴以上联动的加工中心。

③ 模具类。常见的模具有锻压模具、铸造模具、铸塑模具及橡胶模具等。采用加工中心加工模具，由于工序高度集中，动模、静模等关键件的精加工基本上是在一次安装中完成全部机加工内容，尺寸积累误差及修配工作量小。同时，模具的可复制性强，互换性好。

（3）外形不规则的异形零件　异形零件是外形不规则的零件，大多要点、线、面多工位混合加工，如支架、机座、样板、靠模等。图 6-4 所示为支架。异形零件的刚性一般较差，夹压及切削变形难以控制，加工精度也难以保证。这类零件由于外形不规则，在普通机床上只能采取工序分散的原则加工，需要工装较多，周期较长。利用加工中心多工位点、线、面混合加工的特点，可以完成大部分甚至全部工序内容。实践证明，利用加工中心加工异形零件时，形状越复杂、精度要求越高，越能显示其优越性。

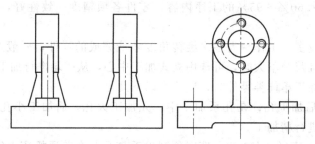

图 6-4 支架

（4）特殊加工　在熟练掌握了加工中心的功能后，配合一定的工装和专用工具，利用加工中心可完成一些特殊的工艺内容，如在金属表面刻字、刻线、刻图案。在加工中心的主轴上装上高频电火花电源，可对金属表面进行线扫描，表面淬火；在加工中心装上高速磨头，可进行各种曲线、曲面的磨削等。

上述是根据零件特征选择的适合加工中心加工的几类零件。此外，还有以下一些适合加工中心加工的零件：周期性投产的零件、加工精度要求较高的中小批量零件、新产品试制中的零件。

6.2　曲面加工加工工艺

6.2.1　典型曲面加工工艺分析

（1）任务描述　如图 6-5 所示，材料为 45 钢，毛坯尺寸为 85mm×85mm×70mm 的材料 1 块，该件为单件生产。

技术要求：

① 不许用锉刀去毛刺；

② 未注公差尺寸按 IT12；

③ 加工表面粗糙度侧平面及底面均为 $Ra3.2\mu m$。

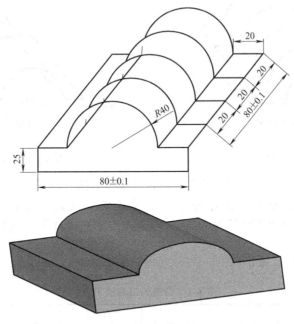

图 6-5　半圆曲面

（2）学习目标

① 了解球头刀加工曲面的选刀方法。

② 掌握手工编程的方法。

③ 掌握曲面侧向进刀的布距大小。

④ 掌握曲面加工切削用量的选择。

（3）零件的加工工艺分析与设计

① 工件结构分析

a. 几何元素分析。该工件外形规则，结构简单，包含了平面、曲面圆弧等几何元素。

b. 精度分析。该工件被加工部分的各尺寸和形位公差、表面粗糙度要求较高，中等精度等级。

c. 材料分析。板的材料为 45 钢，调质状态，硬度为 20～30HRC，适合数控铣削加工。

② 工件的基准分析　如图 6-6 所示。

a. 设计基准分析。工件的设计基准为对称中心线。

b. 工艺基准分析。考虑工件的加工和定位，工艺基准为工件底面、侧面。

③ 加工工艺路线的总体设计　根据工件的几何元素要求，本工件的加工方法包括平面铣削、曲面铣削。按照铣削加工的工艺原则，工件的加工工艺路线如图 6-7 所示。

a. 基准面（1～2 面）加工，控制尺寸。

b. 基准面（3～4 面）加工，控制尺寸。

c. 基准面第 5 面加工。

d. 加工上表面——曲面加工，控制零件高度。

e. 曲面粗加工外轮廓。

f. 曲面精加工外轮廓。

外轮廓加工路线见图 6-8。

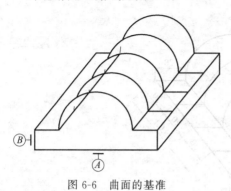

图 6-6　曲面的基准　　　　　　　　　　　　图 6-7　凸板的加工工序

④ 刀具选择　刀具的选用与工件几何特征、加工方法、加工精度、材料等因素相关。

表面用盘铣刀，曲面轮廓用球头刀，从曲面轮廓几何元素看，粗铣时选用直径为 $\phi20mm$ 球头刀，精铣时选用直径为 $\phi12mm$ 球头刀。工件材料为 45 钢，铣刀材料用普通硬质合金刀即可。

本工件的刀具选用见表 6-1。

表 6-1　凸板的刀具选用表

零件名称		凸板		零件材料		45 钢
零件图号				机床名称		加工中心(立式)
序号	刀具号	刀具名称	刀具规格	刀补地址		刀具材料
				长度	半径	
1	T1	盘铣刀	$\phi80mm$	H1	—	硬质合金
2	T2	球头刀	$\phi20mm$	H2	D1＝8.2	硬质合金
3	T3	球头刀	$\phi12mm$	H3	—	钨钢刀

⑤ 刀路设计

a. 切入、切出方式的选择。铣削平面外轮廓零件时，一般采用球头刀进行切削。由于主轴系统和刀具刚性变化，当铣刀沿工件轮廓切向切入工件时，也会在切入处产生刀痕。为了减少刀痕，切入、切出时可沿零件曲面侧面切线方向切入切出工件。

b. 铣削方向选择。铣刀旋转方向与工件进给方向一致为顺铣，铣刀旋转方向与工件进给方向相反为逆铣。一般情况下尽可能采用顺铣，即外轮廓铣削时宜采用沿工件顺时针方向铣削。曲面铣削采用侧向步距进给。

c. 铣削路线选择见图 6-8。

⑥ 工件装夹　工件采用平口钳装夹，试切法对刀。

⑦ 工件检测　确定关键尺寸、检测基准、所需工量具。

a. 检测基准的选择。检测基准是测量工件的形状、位置和尺寸误差时采用的基准。零件以中心线或零件外轮廓单侧面为测量基准。

b. 量具选择。轮廓尺寸用千分尺和游

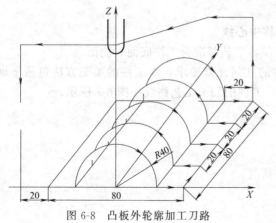

图 6-8　凸板外轮廓加工刀路

标卡尺测量,深度尺寸用游标卡尺测量,曲面圆弧采用大圆弧样板刀检测,表面质量用表面粗糙度样板检测,用百分表校正平口钳及工件上表面垂直度和平面度。

量具选用见表 6-2。

表 6-2 量具选用表

序　　号	量 具 名 称	规　　格	说　　明
1	千分尺	25～50mm	测量型腔与外侧面形位精度
2	游标卡尺	量程 0～150mm,精度:±0.02	测量型腔及键槽尺寸精度
3	表面粗糙度样板	$Ra1.6～3.2$	测量表明粗糙度
4	百分表	量程 0～50mm,精度 0.01mm	测量夹具和工件定位精度
5	R 规	$R40mm$	检测 $R40$ 圆弧精度

⑧ 切削参数确定 加工材料为 45 钢,硬度较高,切削力大,粗铣深度除留精加工余量外,一刀切完。根据刀具材料和工具材料,选择切削速度为 30m/min,则转速 $n=1000v/\pi D$。经计算,粗加工转速取 600r/min,精加工转速取 1000r/min。粗加工进给速度取 150mm/min,精加工进给速度取 100mm/min。Z 向背吃刀量取轮廓高度 1.5mm。

根据上述工艺分析和设计,工序卡见表 6-3。

表 6-3 数控铣工序卡

数控铣工序卡			零件名称	曲面零件	零件图号		01	共 1 页
			设备名称	数控铣(立式)	数控系统		FANUC 0i	第 1 页
材料	硬度	毛坯种类	序号	工序内容	切削用量		刀具		量具

材料	硬度	毛坯种类	序号	工序内容	$n/$ (r/ min)	$f/$ (mm/ min)	$a_p/$ mm	编号	刀具 规格	量具
45	20HRC	板料	1	基准面(第 1～6 面)加工,控制尺寸精度	500	160	0.5	T1	φ80mm	游标尺 千分尺
			2	开粗加工曲面,余量1	600	150	4	T2	φ20mm	游标尺 千分尺
			3	半精加工曲面,余量 0.5	1000	100	0.5	T3	φ16mm	游标尺
			4	精加工曲面,余量 0.5	1000	100	0.5	T4	φ12mm	游标尺

更改标记	处数	更改依据	签字	日期	编制: 日期:		负责人: 日期:	

(4) 数控编程

① 编程原点的确定 选择 FANUC 0i MC 系统加工中心,以工件上平面对称中心为工件编程原点,尺寸较大方向作为 X 轴方向。加工程序见表 6-4。

② 数学处理 加工中采用刀具半径补偿功能,所以只要计算工件轮廓上的基点坐标即

可，不需计算刀心轨迹及坐标。

③ 参考程序

表 6-4　参考程序

程序段号	数控程序	程序注释
	曲面零件加工参考程序	
	O001	程序号
N10	T1	1号刀
N20	G91 G28 Z0;	Z轴回零
N30	G90 G54 G49 G40 M3 S500;	主轴正转,给 G54 坐标
N40	G43 Z150 H1;	1号刀长度补偿
N50	G0 X50 Y−50;	快速定位
N60	Z−0.5;	下刀试铣平面,控制尺寸修改 Z−0.5
N70	G1 X20 F300;	切削平面
N80	G0 Y100;	Y轴移动
N90	G1 X0;	X轴切削进给
N100	Y−50;	Y轴切削进给
N110	X−30	X轴切削进给
N120	Y100	Y轴切削经给
N130	G0 G49 Z150;	提刀,取消补偿
N140	M5;	主轴停止
N150	M30;	程序结束
	曲面轮廓铣削参考程序	
	O002	程序号
N10	T2;	T2 开粗加工曲面;
N20	G91 G28 Z0;	Z轴回零
N30	G40 G49 G80;	取消半径和长度补偿,钻孔循环
N50	G18 G0X−60Z−100;	选择平面,快速定位
N60	M3 S600;	主轴旋转,S 为 600
N70	G1 G42 X20 D01 F100;	进刀给右刀补
N80	G3 X80 I40	轮廓程序
N90	G4 0G1 X20;	取消刀补
N100	Y20	轮廓程序
N110	G41 X−20	左刀补
N120	G2 X−80 I−40;	轮廓程序
N130	G40 G1 X−20;	取消刀补
N140	Y20;	轮廓程序
N150	G42 X20;	右刀补
N160	G3 X80 I40;	轮廓程序
N170	G40 G1 X20;	取消刀补
N180	Y20;	轮廓程序
N190	G41 X−20;	左刀补
N200	G2 X−80 I−40;	轮廓程序
N210	G40 G1 X−20;	取消刀补
N220	Y20;	轮廓程序
N230	G42 X20;	右刀补
N240	G3 X80 I40;	轮廓程序
N250	G40 G1 X20;	取消刀补
N260	G0Z100;	提刀
N270	G91 G28 Y0;	Y轴回零,方便测量

曲面轮廓铣削参考程序		
程序段号	数控程序	程序注释
	O002	程序号
N280	M9；	切削液停
N290	M5；	主轴停转
N295	M0；	
N300	G0 X－60 Y－80；	快速移动工作台
N310	T3 M06；	T3 为精加工刀具
N320	G91 G28 Z0；	
N330	G40 G49 G80；	
N340	G18 G0 X－60 Z－100；	
N350	M3 S600；	
N360	G1 G42 X20 D01 F100；	
N370	G3 X80 I40	
N380	G40 G1 X20；	
N390	Y20	
N400	G41 X－20	
N410	G2 X－80 I－40；	
N420	G40 G1 X－20；	
N430	Y20；	
N440	G42 X20；	
N450	G3 X80 I40；	
N460	G40 G1 X20；	
N470	Y20；	
N480	G41 X－20；	
N490	G2 X－80 I－40；	
N500	G40 G1 X－20；	
N510	Y20；	
N520	G42 X20；	
N530	G3 X80 I40；	
N540	G40 G1 X20；	
N550	G0 Z100；	
N560	G91 G28 Y0；	
N570	M9；	
N580	M5；	
N590	G0 X－60 Y－80；	
N600	M30；	程序结束

（5）制造成本估算与报价 数控加工报价包括成本和利润，由材料费、加工费、检测费、管理费以及毛利润组成。

① 工时定额 本工件预计加工工时为 2.5h。

② 材料价格 以 2009 年 9 月宁波市场价格计算，45 钢板料价格为每千克 5.5 元，本工件材料成本约 80.00 元。

③ 加工费 本工件为普通立式加工中心加工，以宁波市场为参考，价格约每小时 30.00 元，本工件加工成本约 70.00 元。

本工件制造成本计算见表 6-5。

6.2.2 理论参考知识

（1）加工中心与数控铣床的区别 加工中心与数控铣床的重要区别在于加工中心具备自动换刀机构（ATC）。

表 6-5　数控加工报价单

数控加工报价单						名称		图号	
						凹板		1	
材料费	名称	材质	毛坯尺寸/mm			数量	单价	合计	
			L	W	H				
	曲面零件	45	85	85	70	1	80.00	80.00	
	材料费小计		80.00						
加工费	项目	数量	单件工时		合计工时		单件加工费		合计加工费
	平面加工	6 面	1h		1h		30.00		30.00
	曲面轮廓	1	1.5h		1.5h		45.00		45.00
	加工费小计		75.00						
检测费	项目	仪器		规格		工时		合计检测费	
	尺寸	游标卡尺		0~200mm		1min		0.2 元	
	尺寸	千分尺		0~25mm,25~50mm		1min		0.2 元	
	检测费小计		0.40 元						
管理费	10%								
毛利	25%								
合计			200.00						

在加工中心编程中，由 M06 指令与刀具指令 T 结合实施自动换刀，即将当前刀具与 T 指令选择的刀具进行交换。

根据加工中心 ATC 的装置类型，有两种类型的程序，见表 6-6。

表 6-6　两种类型的换刀程序

无机械手的换刀程序	带机械手的换刀程序
指令格式:T× M06; 或　　　 M06 T×;	指令格式:T ×; … … M06;
换刀过程为:还刀—找刀—装刀	换刀过程为:找刀—换刀
说明:式中×是指要安装到主轴上的刀具	

例 6-1　M06 T2

该程序的执行过程为：如果主轴上没有刀具，则刀库旋转找刀 2 号刀，装到主轴上；如果主轴上有刀，则先把主轴上安装的刀具送回到原来的刀座中，然后刀库旋转找刀，并进行换刀。

例 6-2

G01 X50 Y52 T05	刀库选刀(5 号刀具)
…	使用当前刀具进行切削
G91 G28 Z0	主轴回到换刀点
M06	换刀,将当前刀具与 5 号刀进行位置交换

（2）数控加工中心加工的类型　数控镗铣床和加工中心在结构、工艺和编程等方面有许多相似之处。特别是全功能型数控镗铣床与加工中心相比，区别主要在于数控镗铣床没有自

动刀具交换装置（ATC，Automatic Tools Changer）及刀具库，只能用手动方式换刀，而加工中心因具备 ATC 及刀具库，故可将使用的刀具预先安排存放于刀具库内，需要时再通过换刀指令，由 ATC 自动换刀。数控镗铣床和加工中心都能够进行铣削、钻削、镗削及攻螺纹等加工。

① 按主轴的空间状态分类有：

a. 立式加工中心机床；

b. 卧式加工中心机床；

c. 立、卧两用式加工中心机床。

② 按联动轴数目分类有：

a. 2.5 轴联动的加工中心机床；

b. 3 轴联动的加工中心机床；

c. 4 轴联动的加工中心机床；

d. 5 轴联动的加工中心机床。

（3）加工中心的工艺特点　加工中心是一种功能较全的数控机床，它集铣削、钻削、铰削、镗削、攻螺纹和切螺纹于一身，使其具有多种工艺手段，与普通机床加工相比，加工中心具有许多显著的工艺特点。

① 加工精度高　在加工中心上加工，其工序高度集中，一次装夹即可加工出零件上大部分甚至全部表面，避免了工件多次装夹所产生的装夹误差，因此，加工表面之间能获得较高的相互位置精度。

② 精度稳定　整个加工过程由程序自动控制，不受操作者人为因素的影响，加上机床的位置补偿功能与较高的定位精度和重复定位精度，加工出的零件尺寸一致性好。

③ 效率高　一次装夹能完成较多表面的加工，减少了多次装夹工件所需的辅助时间。

④ 表面质量好　加工中心主轴转速和各轴进给量均是无级调速，有的甚至具有自适应控制功能，能随刀具和工件材质及刀具参数的变化，把切削参数调整到最佳数值，从而提高了各加工表面的质量。

⑤ 软件适应性大　零件每个工序的加工内容、切削用量、工艺参数都可以编入程序，可以随时修改，这给新产品试制，实行新的工艺流程和试验提供了方便。

⑥ 不同坐标轴加工中心加工工艺特点

a. 三坐标　三坐标数控镗铣床与加工中心的共同特点是除具有普通铣床的工艺性能外，还具有加工形状复杂的二维以至三维复杂轮廓的能力。这些复杂轮廓零件的加工有的只需二轴联动（如二维曲线、二维轮廓和二维区域加工），有的则需三轴联动（如三维曲面加工），它们所对应的加工一般相应称为二轴（或 2.5 轴）加工与三轴加工。对于三坐标加工中心（无论是立式还是卧式），由于具有自动换刀功能，适于多工序加工，如箱体等需要铣、钻、铰及攻螺纹等多工序加工的零件。特别是在卧式加工中心上，加装数控分度转台后，可实现四面加工，而若主轴方向可换，则可实现五面加工，因而能够一次装夹完成更多表面的加工，特别适合于加工复杂的箱体类、泵体、阀体、壳体等零件。

b. 四坐标　四坐标是指在 X、Y 和 Z 三个平动坐标轴基础上增加一个转动坐标轴（A 或 B），且四个轴一般可以联动。其中，转动轴既可以作用于刀具（刀具摆动型），也可以作用于工件（工作台回转/摆动型）；机床既可以是立式的也可以是卧式的；此外，转动轴既可以是 A 轴（绕 X 轴转动）也可以是 B 轴（绕 Y 轴转动）。由此可以看出，四坐标数控机床可具有多种结构类型，但除大型龙门式机床上采用刀具摆动外，实际中多以工作台旋转/摆动的结构居多。但不管是哪种类型，其共同特点是相对于静止的工件来说，刀具的运动位置不仅是任意可控的，而且刀具轴线的方向在刀具摆动平面内也是可以控制的，从而可根据加工对象的几何特征按保持有效切削状态或根据避免刀具干涉等需要来调整刀具相对零件表面的姿态。因此，四坐标加工可以获得比三坐标加工更广的工艺范围和更好的加工效果。

c. 五坐标　对于五坐标机床，都具有两个回转坐标。相对于静止的工件来说，其运动合成可使刀具轴线的方向在一定的空间内（受机构结构限制）任意控制，从而具有保持最佳切削状态及有效避免刀具干涉的能力。因此，五坐标加工又可以获得比四坐标加工更广的工艺范围和更好的加工效果，特别适宜于三维曲面零件的高效高质量加工以及异型复杂零件的加工。采用五轴联动对三维曲面零件的加工，可用刀具最佳几何形状进行切削，不仅加工表面粗糙度低，而且效率也大幅度提高。一般认为，一台五轴联动机床的效率可以等于两台三轴联动机床，特别是使用立方氮化硼等超硬材料铣刀进行高速铣削淬硬钢零件时，五轴联动加工可比三轴联动加工发挥更高的效益。

⑦ 高速加工中心的工艺特点　高速加工技术是当代先进制造技术的重要组成部分，拥有高效率、高精度及高表面质量等特征。有关高速加工的含义，通常有如下几种观点：切削速度很高，通常认为其速度超过普通切削的 5～10 倍；机床主轴转速很高，一般将主轴转速在 10000～20000r/min 以上定为高速切削；进给速度很高，通常达 15～50m/min，最高可达 90m/min；对于不同的切削材料和所采用的刀具材料，高速切削的含义也不尽相同。其优点在于：

• 加工时间短，效率高。高速切削的材料去除率通常是常规的 3～5 倍。

• 刀具切削状况好，切削力小，主轴轴承、刀具和工件受力均小。切削力降低大概 30%～90%，提高了加工质量。刀具和工件受热影响小。切削产生的热量大部分被高速流出的切屑所带走，故工件和刀具热变形小，有效地提高了加工精度。

• 工件表面质量好。首先 a_p 与 a_e 小，工件粗糙度好，其次切削线速度高，机床激振频率远高于工艺系统的固有频率，因而工艺系统振动很小。

(4) 变斜角面的加工方案

① 对曲率变化较小的变斜角面　选用 X、Y、Z 和 A 四坐标联动的数控铣床，采用立铣刀（但当零件斜角过大，超过机床主轴摆角范围时，可用角度成型铣刀加以弥补）以插补方式摆角加工。

② 对曲率变化较大的变斜角面　用四坐标联动加工难以满足加工要求，最好用 X、Y、Z、A 和 B（或 C 转轴）的五坐标联动数控铣床，以圆弧插补方式摆角加工。

③ 采用三坐标数控铣床进行 2.5 轴加工　其刀具常为球头铣刀和鼓形铣刀，以直线或圆弧插补方式进行分层铣削加工，加工后的残留面积用钳修法清除，因为一般球头铣刀的球径较小，所以只能加工大于 90°的开斜角面；而鼓形铣刀的鼓径较大（比球头铣刀的球径大），能加工小于 90°的闭斜角（指工件斜角 $\alpha > 90°$）面，且加工后的叠刀刀峰较小，因此鼓形铣刀的加工效果比球头刀好，图 6-9 所示为用鼓形铣刀铣削变斜角面的情形。由于鼓形铣刀的鼓径可以做得比球头铣刀的球径大，所以加工后的残留面积高度小，加工效果比球头铣刀好。

(5) 曲面轮廓的加工方案　立体曲面的加工应根据曲面形状、刀具形状以及精度要求采用不同的铣削加工方法，如两轴半、三轴、四轴及五轴等联动加工。

① 对曲率变化不大和精度要求不高的曲面的粗加工　常用两轴半坐标的行切法加工，即 x、y、z 三轴中任意两轴作联动插补，第三轴作单独的周期进给。如图 6-10 所示，将 x 向分成若干段，球头铣刀沿 yz 面所截进行铣削，每一段加工完后进给 Δx，再加工另一相邻曲线，如此依次切削即可加工出整个曲面。在行切法中，要根据轮廓表面粗糙度的要求及刀

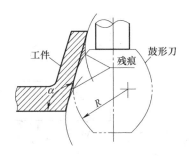

图 6-9　用鼓形铣刀分层铣削变斜角面

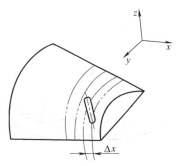

图 6-10　两轴半坐标行切法加工曲面

头不干涉相邻表面的原则选取 Δx。球头铣刀的刀头半径应选得大一些，有利于散热，但刀头半径应小于内凹曲面的最小曲率半径。

两轴半坐标加工曲面的刀心轨迹 O_1O_2 和切削点轨迹 ab 如图 6-11 所示。图中 $ABCD$ 为被加工曲面，P_{yz} 平面为平行于 yz 坐标平面的一个行切面，刀心轨迹 O_1O_2 为曲面 $ABCD$ 的等距面 $IJKL$ 与行切面 P_{yz} 的交线，显然 O_1O_2 是一条平面曲线。由于曲面的曲率变化，改变了球头刀与曲面切削点的位置，使切削点的连线成为一条空间曲线，从而在曲面上形成扭曲的残留沟纹。

② 对曲率变化较大和精度要求较高的曲面的精加工　常用 x、y、z 三坐标联动插补的行切法加工。如图 6-11、图 6-12 所示，P_{yz} 平面为平行于坐标平面的一个行切面，它与曲面的交线为 ab。由于是三坐标联动，球头刀与曲面的切削点始终处在平面曲线 ab 上，可获得较规则的残留沟纹。但这时的刀心轨迹 O_1O_2 不在 P_{yz} 平面上，而是一条空间曲线。

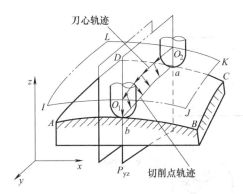

图 6-11　两轴半坐标行切法加工
曲面的切削点轨迹（一）

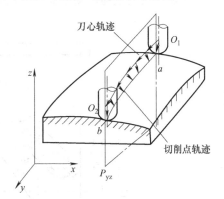

图 6-12　两轴半坐标行切法加工
曲面的切削点轨迹（二）

③ 叶轮、螺旋桨等零件　因其叶片形状复杂，刀具易于相邻表面干涉，常用五坐标联动加工。其加工原理如图 6-13 所示。半径为 R_i 的圆柱面与叶面的交线 AB 为螺旋线的一部分，螺旋角为 ψ_i，叶片的径向叶型线（轴向割线）EF 的倾角 α 为后倾角，螺旋线 AB 用极坐标加工方法，并且以折线段逼近。逼近段 mn 是由 C 坐标旋转 $\Delta\theta$ 与 z 坐标位移 Δz 的合成。当 AB 加工完后，刀具径向位移 Δx（改变 R_i），再加工相邻的另一条叶型线，依次加工即可形成整个叶面。由于叶面的曲率半径较大，所以常采用立铣刀加工，以提高生产率并简化程序。因此为保证铣刀端面始终与曲面贴合，铣刀还应作由坐标 A 和坐标 B 形成的 ΔQ 的摆角运动。在摆角的同时，还应作直角坐标的附加运动，以保证铣刀端面中心始终位于编程值所规定的位置上，所以需要五坐标加工。这种加工的编程计算相当复杂，一般采用自动

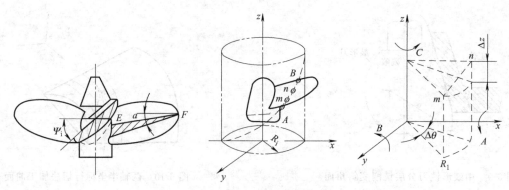

图 6-13 曲面的五坐标联动加工

编程。

6.3 加工中心凹凸板综合项目

6.3.1 凹板加工工艺分析

（1）任务描述 如图 6-14 所示，材料为 45 钢，毛坯尺寸为 165mm×165mm×15mm 的材料 2 块，凹件与凸件均为单件生产，最后两件要求配合。

技术要求：

① 工件表面去毛刺、倒棱；

② 加工表面粗糙度侧平面及底面均为 $Ra3.2\mu m$。

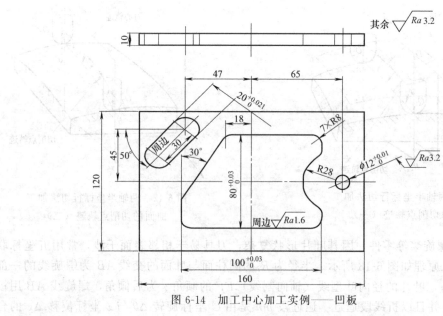

图 6-14 加工中心加工实例——凹板

（2）学习目标

① 掌握加工中心加工与数控铣床加工的主要区别。

② 掌握加工中心加工的工艺设计方法。

③ 掌握手工编程的方法，正确使用换刀指令。

（3）零件的加工工艺分析与设计

① 工件结构分析

a. 几何元素分析。该工件外形规则，结构简单，包含了平面、轮廓等几何元素。

b. 精度分析。该工件被加工部分的各尺寸和形位公差、表面粗糙度要求较高，部分尺寸达 IT8～IT7 级精度。

c. 材料分析。凸板的材料为 45 钢，调质状态，硬度为 20～30HRC，适合加工中心加工。

② 工件的基准分析　如图 6-15 所示。

a. 设计基准分析。工件的设计基准为两条中心线 L_1、L_2。

b. 工艺基准分析。考虑工件的加工和定位，工艺基准为 A、B、C 三个面。其中，C 面为粗基准。

③ 加工工艺路线的总体设计　根据工件的几何元素要求，本工件的加工方法包括平面铣削、外轮廓铣削。按照铣削加工的工艺原则，工件的加工工艺路线如图 6-16 所示。

a. 粗基准面（C 面）加工，控制尺寸。

b. 与粗基准面对照的上平面加工，控制厚度尺寸。

c. 加工左侧面。

d. 加工右侧面，控制长度尺寸。

e. 加工前侧面。

f. 加工后侧面，控制宽度尺寸。

g. 外轮廓粗加工。

h. 外轮廓精加工。

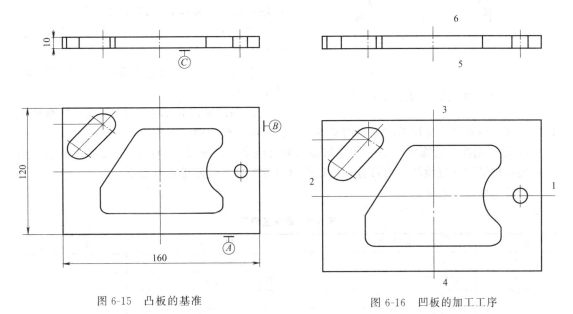

图 6-15　凸板的基准　　　　　　　　图 6-16　凹板的加工工序

④ 刀具选择　刀具的选用与工件几何特征、加工方法、加工精度、材料等因素相关。

上下表面用盘铣刀，外轮廓铣削用立铣刀，从外轮廓几何元素看，圆弧轮廓直径为 ϕ20mm，所选铣刀直径不得大于 ϕ20mm，此项目粗铣时选用直径为 ϕ16mm 立铣刀，精铣时选用直径为 ϕ10mm 立铣刀，均为 2 刃。工件材料为 45 钢，铣刀材料用普通硬质合金刀即可。

本工件的刀具选用见表 6-7。

表 6-7　凹板的刀具选用表

零件名称		凸板		零件材料		45 钢	
零件图号				机床名称		加工中心（立式）	
序号	刀具号	刀具名称	刀具规格	刀补地址		刀具材料	
				长度	半径		
1	T1	盘铣刀	$\phi80$	H1		硬质合金	
2	T2	立铣刀	$\phi16$,2 刃	H1	D1=8.2	硬质合金	
3	T3	立铣刀	$\phi10$,2 刃	H1	D3=8	硬质合金	

⑤ 刀路设计

a. 切入、切出方式的选择。铣削平面外轮廓零件时，一般采用立铣刀侧刃进行切削。由于主轴系统和刀具刚性变化，当铣刀沿工件轮廓切向切入工件时，也会在切入处产生刀痕。为了减少刀痕，切入、切出时可沿零件外轮廓曲线延长线的切线方向切入切出工件。

b. 铣削方向选择。铣刀旋转方向与工件进给方向一致为顺铣，铣刀旋转方向与工件进给方向相反为逆铣。一般情况下尽可能采用顺铣，即外轮廓铣削时宜采用沿工件顺时针方向铣削。

c. 铣削路线选择。加工本工件外轮廓时，刀具由 1 点运行到 2 点建立刀具半径补偿，然后按顺序铣削加工。切出由 9 点插补到 10 点取消刀具半径补偿，如图 6-17 所示。

⑥ 工件装夹　工件采用平口钳装夹，试切法对刀。

⑦ 工件检测　确定关键尺寸、检测基准、所需工量具。

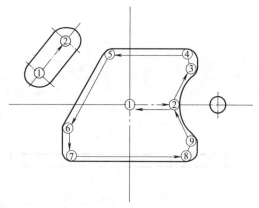

图 6-17　凸板外轮廓加工刀路

a. 检测基准的选择。检测基准是测量工件的形状、位置和尺寸误差时采用的基准。零件以中心线为测量基准。

b. 量具选择。轮廓尺寸用千分尺和游标卡尺测量，深度尺寸用游标卡尺测量，表面质量用表面粗糙度样板检测，用百分表校正平口钳及工件上表面垂直度和平面度。

量具选用表见表 6-8。

表 6-8　量具选用表

序　号	量具名称	规　格	说　明
1	千分尺		
2	游标卡尺	量程 0~150mm，精度：±0.02	
3	表面粗糙度样板		
4	百分表	量程 0~50mm，精度 0.01mm	

⑧ 切削参数确定　加工材料为 45 钢，硬度较高，切削力大，粗铣深度除留精加工余量外，一刀切完。根据刀具材料和工具材料，选择切削速度为 30m/min，则转速 $n=1000v/\pi D$。经计算，粗加工转速取 600r/min，精加工转速取 1000r/min。粗加工进给速度取 150mm/min，精加工进给速度取 100mm/min。Z 向背吃刀量取轮廓高度 3mm。

（4）数控加工工艺文件制订　根据上述工艺分析和设计，工序卡见表 6-9。

表 6-9　加工中心工序卡（一）

加工中心工序卡			零件名称	凹板		零件图号			共 1 页
			设备名称	加工中心(立式)		数控系统	FANUC 0i		第 1 页

材料	硬度	毛坯种类	序号	工序内容	切削用量				刀具	量具
					$n/$ (r/ min)	$f/$ (mm/ min)	$a_p/$ mm	编号	刀具 规格	
45	20HRC	板料	1	铣削上下平面,保证尺寸 10mm	500	160	0.5	T1	ϕ80mm	千分尺
			2	粗加工内形轮廓	600	150	2.7	T2	ϕ16mm	游标尺
			3	精加工内形轮廓	1000	100	3	T3	ϕ10mm	游标尺

更改标记	处数	更改依据	签字	日期	编制:　　　　　　　　负责人:
					日期:　　　　　　　　日期:

（5）数控编程

① 编程原点的确定　选择 FANUC 0i MC 系统加工中心，以工件上平面对称中心为工件编程原点，尺寸较大方向作为 X 轴方向。加工程序见表 6-10。

② 数学处理　加工中采用刀具半径补偿功能，所以只要计算工件轮廓上的基点坐标即可，不需计算刀心轨迹及坐标。

③ 参考程序

表 6-10　凹件加工参考程序（自动生成程序）

刀具	ϕ16mm 键槽铣刀(粗加工程序)	
程序段号	数控程序	程序注释
	O001	程序号
N10	T2 M06	加工中心换刀
N20	G54 G90 G17 G49 G40;	选择坐标系及平面取消刀补值
N30	M3 S600;	主轴正转
N40	M08;	切削液开
N50	G43 Z150 H2;	Z 轴快速定位,调用刀具 2 号长度补偿
N60	G0 X4.586 Y32.0	刀具快速定位右上角加工起点
N70	G43 Z3.695 H01	下刀到加工面,建立刀具半径轨迹
N80	Z−6.305 F15.0	轮廓加工轨迹
N90	G1 Z−11.305	轮廓加工轨迹
N100	G17 G3 X−0.414 Y37.0 R5.0 F183.8	轮廓加工轨迹
N110	G1 X−42.414 F245.0	轮廓加工轨迹

刀具	$\phi16mm$ 键槽铣刀(粗加工程序)	
程序段号	数控程序	程序注释
	O001	程序号
N120	G3 X−47.414 Y32.0 R5.0 F183.8	轮廓加工轨迹
N130	G1 Y28.153 F245.0	轮廓加工轨迹
N140	G3 X−45.304 Y24.073 R5.0 F183.8	轮廓加工轨迹
N150	G2 Y−24.073 R29.5 F272.7	轮廓加工轨迹
N160	G3 X−47.414 Y−28.153 R5.0 F183.8	轮廓加工轨迹
N170	G1 Y−32.0 F245.0	轮廓加工轨迹
N180	G3 X−42.414 Y−37.0 R5.0 F183.8	轮廓加工轨迹
N190	G1 X16.956 F245.0	轮廓加工轨迹
N200	G3 X21.286 Y−34.5 R5.0 F183.8	轮廓加工轨迹
N210	G1 X46.586 Y9.321 F245.0	轮廓加工轨迹
N220	Y32.0	轮廓加工轨迹
N230	G3 X41.586 Y37.0 R5.0 F183.8	轮廓加工轨迹
N240	G1 X−0.414 F245.0	轮廓加工轨迹
N250	G3 X−5.414 Y32.0 R5.0 F183.8	轮廓加工轨迹
N260	G0 Z3.695 F245.0	轮廓加工轨迹
N270	X4.586	轮廓加工轨迹
N280	Z−6.305 F15.0	轮廓加工轨迹
N290	G1 Z−21.305	轮廓加工轨迹
N300	G3 X−0.414 Y37.0 R5.0 F183.8	轮廓加工轨迹
N301	G1 X−42.414 F245.0	轮廓加工轨迹
N302	G3 X−47.414 Y32.0 R5.0 F183.8	轮廓加工轨迹
N310	G1 Y28.153 F245.0	轮廓加工轨迹
N320	G3 X−45.304 Y24.073 R5.0 F183.8	轮廓加工轨迹
N330	G2 Y−24.073 R29.5 F272.7	轮廓加工轨迹
N340	G3 X−47.414 Y−28.153 R5.0 F183.8	轮廓加工轨迹
N350	G1 Y−32.0 F245.0	轮廓加工轨迹
N360	G3 X−42.414 Y−37.0 R5.0 F183.8	轮廓加工轨迹
N370	G1 X16.956 F245.0	轮廓加工轨迹
N380	G3 X21.286 Y−34.5 R5.0 F183.8	轮廓加工轨迹
N390	G1 X46.586 Y9.321 F245.0	轮廓加工轨迹
N400	Y32.0	轮廓加工轨迹
N410	G3 X41.586 Y37.0 R5.0 F183.8	轮廓加工轨迹
N420	G1 X−0.414 F245.0	轮廓加工轨迹
N430	G3 X−5.414 Y32.0 R5.0 F183.8	轮廓加工轨迹
N440	G0 Z3.695 F245.0	轮廓加工轨迹
N450	G00 Z150	Z 向快速退刀
N470	M9;	切削液关
N480	M30;	主轴停转,程序结束

6.3.2 加工中心凸板综合项目

(1) 任务描述

如图 6-18 所示,材料为 45 钢,毛坯尺寸为 101mm×101mm×25mm,单件生产。

技术要求:

① 工件表面去毛刺、倒棱;

② 加工表面粗糙度侧平面及底面均为 $Ra3.2\mu m$。

(2) 学习目标

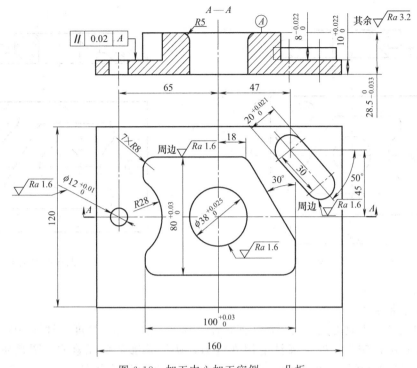

图 6-18　加工中心加工实例——凸板

① 掌握加工中心加工与数控铣床加工的主要区别。

② 掌握加工中心加工的工艺设计方法。

③ 掌握手工编程的方法，正确使用换刀指令。

（3）零件的加工工艺分析与设计

① 工件结构分析

a. 几何元素分析。该工件外形规则，结构简单，包含了平面、轮廓等几何元素。

b. 精度分析。该工件被加工部分的各尺寸和形位公差、表面粗糙度要求较高，部分尺寸达 IT8～IT7 级精度。

c. 材料分析。凸板的材料为 45 钢，调质状态，硬度为 20～30HRC，适合加工中心加工。

② 工件的基准分析　　如图 6-19 所示。

a. 设计基准分析。工件的设计基准为两条中心线 L_1、L_2。

b. 工艺基准分析。考虑工件的加工和定位，工艺基准为 A、B、C 三个面。其中，C 面为粗基准。

③ 加工工艺路线的总体设计　　根据工件的几何元素要求，本工件的加工方法包括平面铣削、外轮廓铣削。按照铣削加工的工艺原则，工件的加工工艺路线如图 6-20 所示。

a. 粗基准面（C 面）加工，控制尺寸。

b. 与粗基准面对照的上平面加工，控制厚度尺寸。

c. 加工左侧面。

d. 加工右侧面，控制长度尺寸。

e. 加工前侧面。

f. 加工后侧面，控制宽度尺寸。

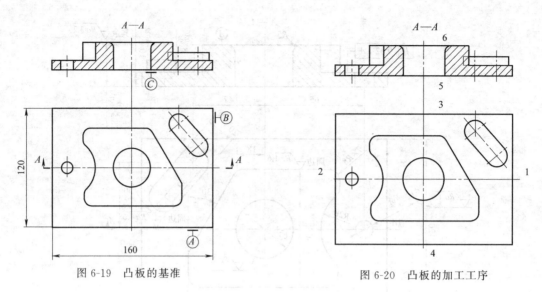

图 6-19 凸板的基准　　　　　　　图 6-20 凸板的加工工序

g. 外轮廓粗加工。

h. 外轮廓精加工。

④ 刀具选择　刀具的选用与工件几何特征、加工方法、加工精度、材料等因素相关。

上下表面用盘铣刀，外轮廓铣削用立铣刀，从外轮廓几何元素看，圆弧轮廓直径为 $\phi 20 mm$，所选铣刀直径不得大于 $\phi 20 mm$，此项目粗铣时选用直径为 $\phi 16 mm$ 立铣刀，精铣时选用直径为 $\phi 10 mm$ 立铣刀，均为 2 刃。工件材料为 45 钢，铣刀材料用普通硬质合金刀即可。

本工件的刀具选用见表 6-11。

表 6-11　凸板的刀具选用表

零件名称		凸板		零件材料		45 钢	
零件图号				机床名称		加工中心（立式）	
序号	刀具号	刀具名称	刀具规格	刀补地址		刀具材料	
				长度	半径		
1	T1	盘铣刀	$\phi 80$	H1		硬质合金	
2	T2	立铣刀	$\phi 16, 2$ 刃	H1	D1 = 8.2	硬质合金	
3	T3	立铣刀	$\phi 10, 2$ 刃	H1	D3 = 8	硬质合金	

⑤ 刀路设计

a. 切入、切出方式的选择。铣削平面外轮廓零件时，一般采用立铣刀侧刃进行切削。由于主轴系统和刀具刚性变化，当铣刀沿工件轮廓切向切入工件时，也会在切入处产生刀痕。为了减少刀痕，切入、切出时可沿零件外轮廓曲线延长线的切线方向切入切出工件。

b. 铣削方向选择。铣刀旋转方向与工件进给方向一致为顺铣，铣刀旋转方向与工件进给方向相反为逆铣。一般情况下尽可能采用顺铣，即外轮廓铣削时宜采用沿工件顺时针方向铣削。

c. 铣削路线选择。加工本工件外轮廓时，有两种路径选择。

方式一：刀具由 1 点运行到 2 点建立刀具半径补偿，然后按顺序铣削加工。切出由 9 点插补到 10 点取消刀具半径补偿，如图 6-21（a）所示。

方式二：刀具由 1 点运行到 2 点建立刀具半径补偿，然后按圆弧切入和切出铣削加工。切入由 2 点到 3 点圆弧（大于刀具半径）切入，切出由 3 点插补到 14 点，14 点回到 1 点取

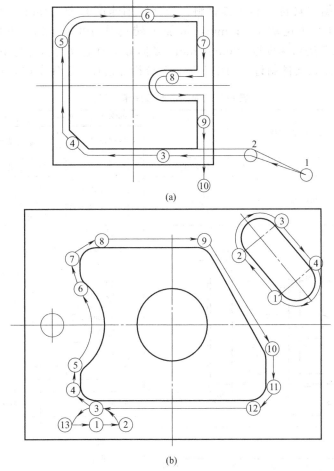

图 6-21　凸板外轮廓加工刀路

消刀具半径补偿，图 6-21 (b) 所示。

采用此圆弧切入切出有利于消除工件上留下刀痕，进刀给刀补，退刀取刀补，因此选择方式二。

⑥ 工件装夹　工件采用平口钳装夹，试切法对刀。

⑦ 工件检测　确定关键尺寸、检测基准、所需工量具。

a. 检测基准的选择。检测基准是测量工件的形状、位置和尺寸误差时采用的基准。零件以中心线为测量基准。

b. 量具选择。轮廓尺寸用千分尺和游标卡尺测量，深度尺寸用游标卡尺测量，表面质量用表面粗糙度样板检测，用百分表校正平口钳及工件上表面垂直度和平面度。

量具选用表见表 6-12。

表 6-12　量具选用表

序　号	量具名称	规　格	说　明
1	千分尺		
2	游标卡尺	量程 0～150mm，精度：±0.02	
3	表面粗糙度样板		
4	百分表	量程 0～50mm，精度 0.01mm	

⑧ 切削参数确定　加工材料为 45 钢，硬度较高，切削力大，粗铣深度除留精加工余量外，一刀切完。根据刀具材料和工具材料，选择切削速度为 30m/min，则转速 $n = 1000v/\pi D$。经计算，粗加工转速取 600r/min，精加工转速取 1000r/min。粗加工进给速度取 150mm/min，精加工进给速度取 100mm/min。Z 向背吃刀量取轮廓高度 3mm。

（4）数控加工工艺文件制订　根据上述工艺分析和设计，工序卡如表 6-13。

表 6-13　加工中心工序卡（二）

加工中心工序卡			零件名称	凸板	零件图号		共 1 页
			设备名称	加工中心（立式）	数控系统	FANUC 0i	第 1 页

材料	硬度	毛坯种类	序号	工序内容	$n/$ (r/min)	$f/$ (mm/min)	$a_p/$ mm	编号	刀具规格	量具
45	20HRC	板料	1	铣削上下平面，保证尺寸 20mm	500	160	0.5	T1	ϕ80mm	千分尺
			2	粗加工外形轮廓	600	150	2.7	T2	ϕ16mm	游标尺
			3	精加工外形轮廓	1000	100	3	T3	ϕ10mm	游标尺

					编制：日期：	负责人：日期：
更改标记	处数	更改依据	签字	日期		

（5）数控编程

① 编程原点的确定　选择 FANUC 0i MC 系统加工中心，以工件上平面对称中心为工件编程原点，尺寸较大方向作为 X 轴方向。加工程序见表 6-14。

② 数学处理　加工中采用刀具半径补偿功能，所以只要计算工件轮廓上的基点坐标即可，不需计算刀心轨迹及坐标。

③ 参考程序

表 6-14　凸件加工参考程序

刀具	ϕ16mm 键槽铣刀（粗加工程序）	
程序段号	数控程序	程序注释
	O001	程序号
N10	T2 M06	加工中心换刀
N20	G54 G90 G17 G49 G40；	选择坐标系及平面取消刀补值
N30	M3 S600；	主轴正转
N40	M08；	切削液开
N50	G43 Z150 H2；	Z 轴快速定位，调用刀具 2 号长度补偿
N60	X60 Y−60；	刀具快速定位右下角加工起点
N70	Z0.3；	下刀到加工面，留 0.3mm 余量，精加工改 Z0；精加工时改 Z0.3 为 Z−3 进行加工

续表

刀具	$\phi16\text{mm}$ 键槽铣刀（粗加工程序）	
程序段号	数控程序	程序注释
	O001	程序号
N80	G1 G41 X50 Y−40 F150 D02；	建立刀具半径轨迹
N90	G1 X−28；	轮廓加工轨迹
N100	G1 X−40 Y−28	轮廓加工轨迹
N110	G1 Y30	轮廓加工轨迹
N120	G02 X−30 Y40R10	轮廓加工轨迹
N130	G1 X40	轮廓加工轨迹
N140	G1 Y30	轮廓加工轨迹
N150	G1 X20	轮廓加工轨迹
N160	G3 X20 Y−10R10	轮廓加工轨迹
N170	G1 X40	轮廓加工轨迹
N180	G1Y−60	轮廓加工轨迹
N190	G0 G40 Z150	Z 向快速退刀，取消刀补
N200	M9	切削液关
N210	M30	主轴停转，程序结束
刀具	$\phi16\text{mm}$ 键槽铣刀（粗加工程序）	

外形轮廓铣削参考程序

程序段号	数控程序	程序注释
	O001	程序号
N10	T2 M06	加工中心换刀
N20	G54 G90 G17 G49 G40；	选择坐标系及平面取消刀补值
N30	M3 S600；	主轴正转
N40	M08；	切削液开
N50	G43 Z150 H2；	Z 轴快速定位，调用刀具 2 号长度补偿
N60	X40 Y60	刀具快速定位右下角加工起点
N70	Z−3	下刀至加工面 Z−3mm
N80	G1 G41 X60 Y−60 F150 D02；	建立刀具半径轨迹
N90	G3 X40 Y40 R20；	圆弧切入
N100	G1 X−28 Y−40	轮廓加工轨迹
N110	X−40 Y−28	轮廓加工轨迹
N120	Y30	轮廓加工轨迹
N130	G2 X−30 Y40 R10	圆弧轮廓加工轨迹
N140	G1 X40	轮廓加工轨迹
N150	Y20；	轮廓加工轨迹
N160	X20；	轮廓加工轨迹
N170	G3 Y−20 R10；	圆弧轮廓加工轨迹
N180	G1 X40；	轮廓加工轨迹
N190	Y−40；	轮廓加工轨迹
N200	G3 X20 Y−60 R20；	圆弧切出轨迹
N210	G1 G40 X40 Y−60；	取消刀补
N220	G0 Z150；	Z 向快速退刀
N230	M9；	切削液关
N240	M30；	主轴停转，程序结束

6.3.3　理论参考知识

（1）装夹方案的确定和夹具的选择

① 定位基准的选择　零件上应有一个或几个共同的定位基准。该定位基准一方面要能

保证零件经多次装夹后其加工表面之间相互位置的正确性，如多棱体、复杂箱体等在卧式加工中心上完成四周加工后，要重新装夹加工剩余的加工表面，用同一基准定位可以避免由基准转换引起的误差；另一方面要满足加工中心工序集中的特点，即一次安装尽可能完成零件上较多表面的加工。定位基准最好是零件上已有的面或孔，若没有合适的面或孔，也可专门设置工艺孔或工艺凸台等作定位基准。

选择定位基准时，应注意减少装夹次数，尽量做到在一次安装中能把零件上所有要加工表面都加工出来。因此，常选择工件上不需数控铣削的平面和孔作定位基准。对薄板件，选择的定位基准应有利于提高工件的刚性，以减小切削变形。定位基准应尽量与设计基准重合，以减少定位误差对尺寸精度的影响。

② 装夹方案的确定　在零件的工艺分析中，已确定了零件在加工中心上加工的部位和加工时用的定位基准，因此，在确定装夹方案时，只需根据已选定的加工表面和定位基准确定工件的定位夹紧方式，并选择合适的夹具。此时，主要考虑以下几点。

a. 夹紧机构或其他元件不得影响进给，加工部位要敞开。要求夹持工件后夹具上一些组成件（如定位块、压块和螺栓等）不能与刀具运动轨迹发生干涉。

b. 必须保证最小的夹紧变形。工件在粗加工时，切削力大，需要夹紧力大，但又不能把工件夹压变形。否则，松开夹具后零件发生变形。因此，必须慎重选择夹具的支承点、定位点和夹紧点。有关夹紧点的选择原则见第 2 章。如果采用了相应措施仍不能控制工件变形，只能将粗、精加工分开，或者粗、精加工使用不同的夹紧力。

c. 装卸方便，辅助时间尽量短。由于加工中心效率高，装夹工件的辅助时间对加工效率影响较大，所以要求配套夹具在使用中也要装卸快而方便。

d. 对小型零件或工序不长的零件，可以考虑在工作台上同时装夹几件进行加工，以提高加工效率。

e. 夹具结构应力求简单。由于零件在加工中心上加工大都采用工序集中原则，加工的部位较多，同时批量较小，零件更换周期短，夹具的标准化、通用化和自动化对加工效率的提高及加工费用的降低有很大影响。因此，对批量小的零件应优先选用组合夹具。对形状简单的单件小批量生产的零件，可选用通用夹具。只有对批量较大，且周期性投产，加工精度要求较高的关键工序才设计专用夹具，以保证加工精度和提高装夹效率。

f. 夹具应便于与机床工作台面及工件定位面间的定位连接。加工中心工作台面上一般都有基准 T 形槽，转台中心有定位圆、台面侧面有基准挡板等定位元件。固定方式一般用 T 形槽螺钉或工作台面上的紧固螺孔，用螺栓或压板压紧。夹具上用于紧固的孔和槽的位置必须与工作台上的 T 形槽和孔的位置相对应。

(2) 加工方法的选择　加工中心加工零件的表面不外乎平面、平面轮廓、曲面、孔和螺纹等。所选加工方法要与零件的表面特征、所要求达到的精度及表面粗糙度相适应。

① 面加工方案分析　平面、平面轮廓及曲面在镗铣类加工中心上唯一的加工方法是铣削。经粗铣的平面，尺寸精度可达 IT12～IT14 级（指两平面之间的尺寸），表面粗糙度 Ra 值可达 $12.5～50\mu m$。经粗、精铣的平面，尺寸精度可达 IT7～IT9 级，表面粗糙度 Ra 值可达 $1.6～3.2\mu m$。

a. 平面轮廓加工。平面轮廓多由直线和圆弧或各种曲线构成，通常采用三坐标数控铣床进行两轴半坐标加工。

b. 固定斜角平面加工。固定斜角平面是与水平面成一固定夹角的斜面，常用如下的加工方法。

ⅰ. 当零件尺寸不大时，可用斜垫板垫平后加工；如果机床主轴可以摆角，则可以摆成适当的角，用不同的刀具来加工。当零件尺寸很大，斜面斜度又较小时，常用行切法加工。

ⅱ. 对于正圆台和斜筋表面，一般可用专用的角度成形铣刀加工。其效果比采用五坐标数控铣床摆角加工好。

c. 变斜角面加工常用的加工方案有下列两种：

ⅰ. 对曲率变化较小的变斜角面，选用 x、y、z 和 A 四坐标联动的数控铣床，采用立铣刀以插补方式摆角加工。

ⅱ. 对曲率变化较大的变斜角面，用四坐标联动加工难以满足加工要求，最好用 x、y、z、A 和 B（或 C 转轴）的五坐标联动数控铣床，以圆弧插补方式摆角加工。

② 孔加工方法分析　有钻削、扩削、铰削和镗削等。大直径孔还可采用圆弧插补方式进行铣削加工。

a. 对于直径大于 $\phi30mm$ 的已铸出或锻出毛坯孔的孔加工，一般采用粗镗—半精镗—孔口倒角—精镗加工方案，孔径较大的可采用立铣刀粗铣—精铣加工方案。有空刀槽时可用锯片铣刀在半精镗之后、精镗之前铣削完成，也可用镗刀进行单刀镗削，但单刀镗削效率低。

b. 对于直径小于 $\phi30mm$ 的无毛坯孔的孔加工，通常采用锪平端面—打中心孔—钻—扩—孔口倒角—铰加工方案，有同轴度要求的小孔，须采用锪平端面—打中心孔—钻—半精镗—孔口倒角—精镗（或铰）加工方案。为提高孔的位置精度，在钻孔工步前须安排锪平端面和打中心孔工步。孔口倒角安排在半精加工之后、精加工之前，以防孔内产生毛刺。

c. 螺纹的加工根据孔径大小，一般情况下，直径在 M6～20mm 之间的螺纹，通常采用攻螺纹方法加工。直径在 M6mm 以下的螺纹，在加工中心上完成底孔加工，通过其他手段攻螺纹。因为在加工中心上攻螺纹，小直径丝锥容易折断。直径在 M20mm 以上的螺纹，可采用镗刀片镗削加工。

6.4　槽轮板零件加工工艺

6.4.1　槽轮板加工工艺分析

（1）任务描述　材料为 90mm×90mm×25mm 的铝合金材料，试制订图 6-22 所示零件的加工中心加工工艺。

（2）加工工艺分析

① 铣圆柱体外轮廓和凹圆弧主程序

a. 粗铣圆柱外轮廓，留 0.50mm 单边余量。

b. 粗铣 $4\times R30$ 凹圆弧，留 0.50mm 单边余量。

② 半精铣、精铣圆柱外轮廓和凹圆弧

a. 安装 $\phi20mm$ 精立铣刀并对刀，设定刀具参数，半精铣圆柱外轮廓和凹圆弧，留 0.10mm 单边余量。

b. 实测工件尺寸，调整刀具参数，精铣圆柱外轮廓和凹圆弧至要求尺寸。

③ 铣半圆形槽

a. 安装 $\phi12mm$ 粗立铣刀并对刀，设定刀具参数，选择程序，粗铣各槽，留 0.50mm 单边余量。

b. 安装 $\phi12mm$ 精立铣刀并对刀，设定刀具参数，半精铣各槽，留 0.10mm 单边余量。

c. 实测工件尺寸，调整刀具参数，精铣各半圆形槽至要求尺寸。

④ 铣矩形槽

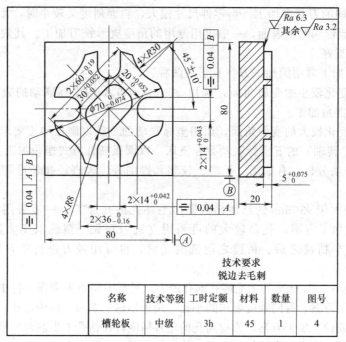

技术要求
锐边去毛刺

名称	技术等级	工时定额	材料	数量	图号
槽轮板	中级	3h	45	1	4

图 6-22　槽轮板

a. 安装 ϕ12mm 键槽铣刀并对刀，设定刀具参数，选择程序，粗铣矩形槽，留 0.50mm 单边余量。

b. 安装 ϕ12mm 精立铣刀并对刀，设定刀具参数，半精铣矩形槽，留 0.10mm 单边余量。

c. 实测矩形槽的尺寸，调整刀具参数，精铣矩形槽至要求尺寸。

（3）华中数控加工中心参考程序

粗铣、半精铣和精铣时使用同一加工程序，只需调整刀具参数分 3 次调用相同的程序进行加工即可。精加工时换 ϕ20mm 和 ϕ12mm 精立铣刀。

① 铣圆柱体外轮廓和凹圆弧主程序

%1

G54 G00 G90 Z100

X0 Y0

M3 S600

X52 Y−46

Z2

G01 Z−5 F200

G41 D1 X40 Y−36 F80

X−36

Y36

X36

Y−36

G00 Z2

G40 X52 Y−45.5

G01 Z−5 F200

G41D1 X40 Y−35

```
X0
G02 J35
G00 Z2
G40 X20 Y－45.5
G68 X0 Y0 P45
M98 P10
G68 X0 Y0 P135
M98 P10
G68 X0 Y0 P225
M98 P10
G68 X0 Y0 P315
M98 P10
G69
G00 Z100
M05
M00
G55 G00 Z100
X0 Y0
M03 S800
G0 Z5
M98 P20
G68 X0 Y0 P90
M98 P20
G68 X0 Y0 P180
M98 P20
G68 X0 Y0 P270
M98 P20
G69
G00 Z100
M05
M00
G56 G00 Z100
X0Y0
M3 S800
G0 Z5
G68 X0 Y0 P45
M98 P30
G69
G00 Z100
X0Y0
M5
M30
```

② 铣凹圆弧子程序

%10

G42 D1 G0 X32.709 Y−12.457

G01 Z−5F30

G02 X32.709 Y−12.457 R30

G00 Z2

G40 X50 Y0

M99

③ 铣半圆形槽子程序

%20

G01 Z−5 F100

G41 G01 D1 X36 Y7 F80

X25

G03 X25 Y−7R7

G01 X36

G00 Z1

G40 G0048 Y0

M99

④ 铣矩形槽子程序

%30

G01 Z−5 F30

G41 D1 X15 Y2 F60

G03 X7 Y10 R8

G01 X−7

G03 X−15 Y2 R8

G01 Y−2

G03 X−7 Y−10 R8

G01 X7

G03 X15 Y−2 R8

G01 Y2

G00 Z2

G40 X0 Y0

M99

6.4.2　理论参考知识

（1）加工阶段的划分　在加工中心上加工的零件，其加工阶段的划分主要根据零件是否已经过粗加工、加工质量要求的高低、毛坯质量的高低以及零件批量的大小等因素确定。

若零件已在其他机床上经过粗加工，加工中心只是完成最后的精加工，则不必划分加工阶段。

对加工质量要求较高的零件，若其主要表面在上加工中心加工之前没有经过粗加工，则应尽量将粗、精加工分开进行。使零件粗加工后有一段自然时效过程，以消除残余应力和恢复切削力、夹紧力引起的弹性变形、切削热引起的热变形，必要时还可以安排人工时效处理，最后通过精加工消除各种变形。

对加工精度要求不高，而毛坯质量较高，加工余量不大，生产批量很小的零件或新产品试制中的零件，利用加工中心良好的冷却系统，可把粗、精加工合并进行。但粗、精加工应划分成两道工序分别完成。粗加工用较大的夹紧力，精加工用较小的夹紧力。

（2）加工顺序的安排　在加工中心上加工零件，一般都有多个工步，使用多把刀具，因此加工顺序安排得是否合理，直接影响到加工精度、加工效率、刀具数量和经济效益。在安排加工顺序时同样要遵循"基面先行"、"先粗后精"、"先主后次"及"先面后孔"的一般工艺原则。此外还应考虑：

① 减少换刀次数，节省辅助时间。一般情况下，每换一把新的刀具后，应通过移动坐标，回转工作台等将由该刀具切削的所有表面全部完成。

② 每道工序尽量减少刀具的空行程移动量，按最短路线安排加工表面的加工顺序。

安排加工顺序时可参照采用粗铣大平面—粗镗孔、半精镗孔—立铣刀加工—加工中心孔—钻孔—攻螺纹—平面和孔精加工（精铣、铰、镗等）的加工顺序。

（3）进给路线的确定　确定进给路线时，要在保证被加工零件获得良好的加工精度和表面质量的前提下，力求计算容易，走刀路线短，空刀时间少。进给路线的确定与工件表面状况、要求的零件表面质量、机床进给机构的间隙、刀具耐用度以及零件轮廓形状等有关。确定进给路线主要考虑以下几个方面。

① 铣削零件表面时，要正确选用铣削方式。

② 进给路线尽量短，以减少加工时间。

③ 进刀、退刀位置应选在零件不太重要的部位，并且使刀具沿零件的切线方向进刀、退刀，以避免产生刀痕。在铣削内表面轮廓时，切入切出无法外延，铣刀只能沿法线方向切入和切出，此时，切入切出点应选在零件轮廓的两个几何元素的交点上。

④ 先加工外轮廓，后加工内轮廓。

思考与练习

一、问答题

1. 加工中心有哪些工艺特点？适合加工中心加工的对象有哪些？

2. 选用加工中心应注意哪几个方面？

3. 加工中心对夹具有哪些要求？

4. 在加工中心上钻孔，为什么通常要安排锪平面（对毛坯面）和钻中心孔工步？

5. 在加工中心上钻孔与在普通机床上钻孔相比，对刀具有哪些更高的要求？

二、工艺编制

1. 制订图示零件的加工中心加工工艺。

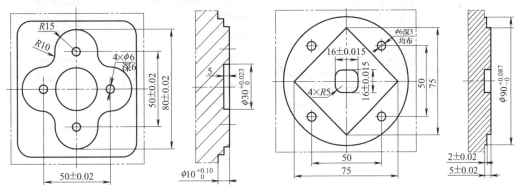

(a)　　　　　　　　　　　　　　(b)

2. 图示的平面槽形凸轮零件，材料为 HT200，毛坯尺寸：左面大圆柱尺寸 $\phi 110 \times 22mm$，右边小圆柱尺寸 $\phi 36 \times 20mm$，采用 TH5660A 立式加工中心加工，小批量生产，编制数控加工工艺过程。

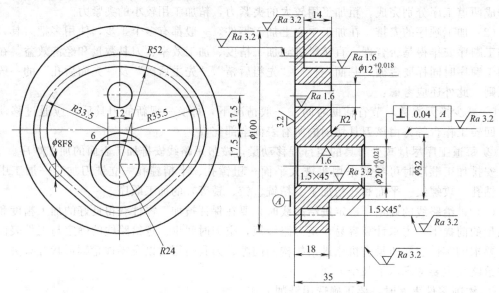

3. 图所示的泵盖零件，材料为 HT200，毛坯尺寸（长×宽×高）为 $170mm \times 110mm \times 30mm$，采用 TH5660A 立式加工中心加工，小批量生产，编制数控加工工艺过程。

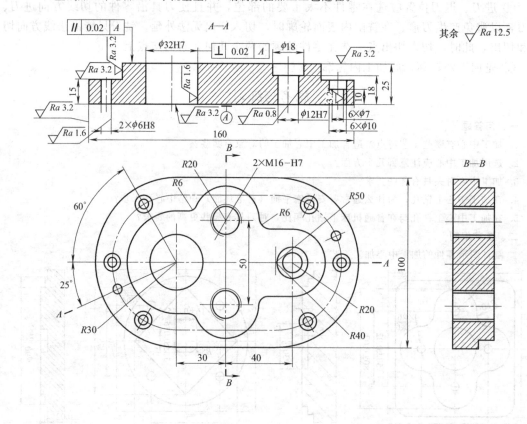

第7章 数控电火花线切割加工工艺

教学目标

了解数控电火花线切割加工的原理、特点与应用。掌握数控线切割加工的主要工艺指标及影响因素。能对简单零件进行数控电火花线切割加工工艺分析。了解数控电火花线切割加工工艺制订的主要内容。

电火花线切割加工是利用电蚀加工原理，在加工过程中使工具与工件之间不断产生脉冲性的火花放电，在局部产生瞬间高温来去除工件多余材料的一种工艺方法。电火花加工适合于通常难加工的材料或零件，如加工各种高熔点、高强度、高韧性材料，以及各种特殊的零件，特别适用于一般金属切削机床难以加工的细缝槽或形状复杂的零件。数控电火花线切割机床通过数字控制系统的控制，采用钼丝进行自动切割任意角度的直线和圆弧，在模具制造、成形刀具加工、精密复杂零件的加工等领域有广泛应用。

7.1 数控电火花线切割机床简介

7.1.1 数控电火花线切割加工原理

当电源的正极和负极靠近时，产生电弧高温，电蚀接触处的金属体，利用这种现象对工件进行加工的装置，如图7-1所示。图中工件2接脉冲电源正极，电极丝接电源负极，在脉冲电源3的作用下，工件2与电极丝4之间产生脉冲放电，在加工过程中，电极丝4在储丝筒7的作用下，相对工件不断往上（下）移动（慢走丝单向移动，快走丝往复移动），这种运动称为走丝运动。安装工件的工作台在机床数控系统的控制下，在水平面的两个坐标方向按预定的控制程序实现切割进给，切割出需要的工件形状。电极丝的走丝运动可减少电极损耗，且不被电火花烧断，同时又可将工作液带入加工缝隙，有利于电蚀产物的排除。

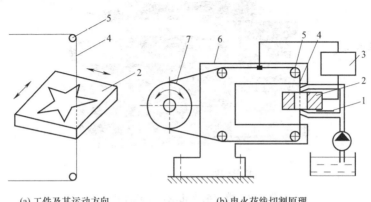

(a) 工件及其运动方向　　　　(b) 电火花线切割原理

图 7-1　电火花线切割原理

1—绝缘底板；2—工件；3—脉冲电源；4—电极丝；5—导向轮；6—支架；7—储丝筒

7.1.2　数控电火花线切割机床分类

（1）按走丝速度分　根据电极丝运行速度不同，电火花线切割机床通常分为快速走丝电火花线切割机床和慢速走丝电火花线切割机床两大类。

① 快速走丝电火花线切割机床。这类机床的电极丝一般采用钼或钨钼合金制作，电极丝作往复循环运动，走丝速度快，为 $8\sim12m/s$。机床振动较大，电极丝在往复循环运动中有损耗，目前能达到的加工精度为（$\pm0.02\sim\pm0.005$)mm，表面粗糙度 $Ra=3.2\sim1.6\mu m$，切割速度 $20\sim160mm^2/min$，快速走丝电火花线切割机床结构简单，价格低廉，且加工效率较高，精度能满足一般生产要求，目前在国内使用较广泛。

② 慢速走丝电火花线切割机床。这类机床的电极丝一般采用黄铜、钨、钼等材料制作，电极丝作单向运动，不重复使用，避免了电极丝损耗，走丝速度为 $1\sim15m/min$，目前加工精度可达（$\pm0.005\sim\pm0.002mm$），表面粗糙度 $Ra=1.6\sim0.1\mu m$，切割速度 $20\sim240mm^2/min$，这类机床是国外生产和使用的主要类型。

（2）按脉冲电源形式分　有 RC 电源、晶体管电源、分组脉冲电源和自适应控制电源线切割机床等。

（3）按加工特点分　有大、中、小型以及普通直壁切割型与锥度切割型，还有切割上下异形的线切割机床等。

（4）按控制方式分　有靠模仿形控制、光电跟踪控制、数字程序控制和微机控制线切割机床等。

7.1.3　数控电火花线切割机床的组成

如图 7-2 所示，数控电火花线切割机床由机床本体、工作台、走丝机构、工作液循环系统、脉冲电源及数控装置等几部分组成。

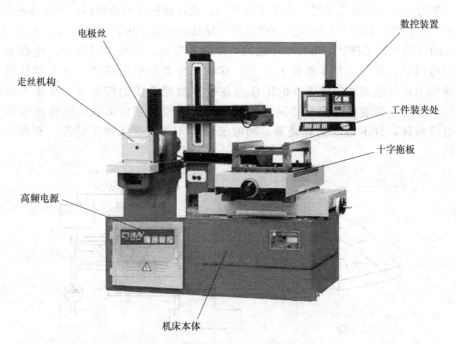

图 7-2　数控电火花线切割机床组成

① 机床本体。是机床的支撑和固定基础，一般为铸件，通常采用箱体式结构。

② 工作台。由伺服电动机、滚珠丝杠、导轨组成，伺服电动机通过滚珠丝杠副传动驱

动 X 向拖板和 Y 向拖板带动工作台移动。

③ 走丝机构。通过电极丝驱动电动机的正、反旋转运动使电极丝往复运行并保持一定张力。

④ 脉冲电源。它是数控电火花线切割机床的最重要组成部分之一，提供工件和电极丝间的放电加工能量，对加工质量和加工效率有直接影响。

⑤ 数控装置。控制电极丝相对工件的运动轨迹和进给速度，实现对工件形状和尺寸的加工。

⑥ 工作液循环系统。保证放电区域正常稳定的工作，对加工工艺指标的影响较大。

7.1.4　数控电火花线切割机床的特点

① 不需要制造特定形状电极，可节约电极制造费用，缩短生产周期。

② 可以加工用一般切削加工方法难以加工或无法加工的形状复杂的工件，加工不同的工件只需编制不同的程序，特别适合小批量形状复杂、单件和新产品的试制。

③ 由于在加工过程中工具电极和工件电极不直接接触，不会像传统的机械加工产生切削力，工件的变形小，工具电极不需要太高强度。且电极丝材料不必比工件材料硬，所以可以加工一般切削加工方法无法加工的高硬度金属材料和半导体材料。

④ 通过对电参数的调节就可实现粗、半精、精加工，操作方便，自动化程度高。

⑤ 采用移动的电极丝加工，单位长度电极丝损耗很小，对加工精度影响小。

⑥ 在切削过程中实际金属去除量很少，所以材料利用率很高，可有效节约贵重材料。

⑦ 和传统切削加工方法相比，线切割加工金属去除率低，因此加工成本高，不适合形状简单、大批量零件加工。

7.1.5　数控电火花线切割机床的应用

数控线切割加工技术自诞生以来得到了迅速的发展和普及，已成为一种重要的高精度自动化的加工方法，在新产品试制、精密零件及模具加工中应用广泛。

① 加工模具。在加工各种形状的冲模时通过调整不同的间隙补偿量只需一次编程就可以切割出凸模、凹模、固定板、卸料板等。此外还可以加工挤压模、粉末冶金模、弯曲模、塑压模等各种类型模具。

② 加工电火花成形加工用的电极。采用线切割加工这类电极特别经济，同时也适用于加工复杂形状的电极。

③ 新产品试制、特殊难加工材料零件的加工。

7.2　典型线切割加工工艺分析

7.2.1　任务描述及准备

（1）任务描述　加工图 7-3 所示的工件，根据图纸要求的尺寸，试编制 ISO 程序，并写出加工的工艺和步骤。

（2）准备工作

① 根据图纸分析，要求加工的工件为低压骨架下型腔（图中的顶杆孔未画出），而且是一模两穴。工件的材料为模具材料，并且在线切割加工之前进行热处理，硬度达到 $52\sim58\mathrm{HRC}$。

② 材料准备。在切割加工前，型腔的外形加工结束并保证尺寸精度和位置精度。考虑到工件在加工前淬火，所以穿丝孔应在未热处理前预制，可用 $\phi4$ 的钻头完成；如有条件可

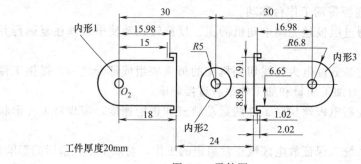

图 7-3 零件图

在热处理完成后在电火花穿孔机上完成（小的顶杆孔只能在电火花穿孔机上加工）。

③ 工件装夹和调整。采用桥式支撑装夹方式，压板夹具固定。在装夹时，两块垫铁各自斜放，使工件和垫铁留有间隙，方便电极丝位置的确定。用百分表找正调整工件，使工件的底平面和工作台平行，工件的直角侧面和工作台 X、Y 互相平行。

④ 上丝、紧丝 和调垂直度。电极丝的松紧适宜，用火花法调整电极丝的垂直度，即电极丝与工件的底平面（装夹面）垂直。

⑤ 电极丝位置的调整。为了保证工件内形相对于外形的位置精度和下型腔的装配精度，必须使电极丝的起始切割点位于下型腔的中心位置。电极丝位置的调整采用火花四面找正。

7.2.2 加工工艺分析

（1）ISO 编程

① 确定工艺基准和编程零点，选择工件底平面作为定位基准面，考虑确定电极丝位置方便，加工基准和设计基准统一，选择直角坐标系 01 为工艺基准。编程零点的选择有两种。

a. 选择 01 为整个切割图形的编程零点，但是这种编程零点的缺点是尺寸标注基准和编程基准不统一，导致编程繁琐，计算量大，编程容易出错。图 7-4 所示。

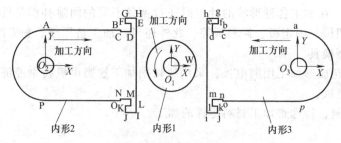

图 7-4 走刀路线分析

b. 分别选择 01、02、03 为三个封闭内形的编程零点。优点是尺寸标注基准和编程基准统一，编程方便简单。

② 确定穿丝点和加工顺序，为方便预制穿丝孔和程序编制，选择 01、02、03 为三个切割图样的穿丝孔。加工顺序为首先切割内形 1，然后切割内形 2，最后切割内形 3。

③ 确定加工路线。

a. 内形 1：01—W—W—01。

b. 内形 2：02—A—B—C—D—E—F—G—H—I—J—K—L—M—N—O—P—A—02。

c. 内形 3：03—a—b—c—d—e—f—g—h—i—j—k—l—m—n—o—p—a—03。

④ 间隙补偿量的确定

a. 根据技术要求，钼丝的直径选为 0.13mm。单边放电间隙为 0.01，配合间隙为 0.01mm。

b. 间隙补偿量 $f_凹 = r_丝 + \delta_电 - \delta_配 = 0.13/2 + 0.01 - 0.01 = 0.065$mm。

（2）加工参数的选择

① 选择加工电参数　根据工件的厚度（20mm），表面粗糙度 Ra 值为 1.6～3.2μm，选择电参数见表 7-1。

表 7-1　加工电参数

峰值电流 i_s/A	脉冲宽度 T_{on}/μs	脉冲间隔 T_{off}/μs	加工速度/(mm/min)
1～4	≤4	$T_{on}/T_{off} = 3～4$	2～5

② 切割　准备工作都结束后可进行切割。切割有两种方向，正向和反向，正向切割和编程的切割方向一致，反向切割正好和编程的切割方向相反。

切割过程中，可调节工作液的流量大小，使工作液始终包住电极丝，切割稳定。

切割过程中，可随时调整电参数，在保证尺寸精度和表面粗糙度的前提下，提高加工效率。

③ 加工的注意事项

a. 在加工过程中，发生短路时，控制系统会自动发出回退指令，开始作原切割路线回退运动，直到脱离短路状态，重新进入正常切割加工。

b. 加工过程中，若发生断丝，此时控制系统立即停止运丝和工作液，控制系统发出两种执行方法的指令：一是回到切割起始点，重新穿丝，这时可选择反向切割；二是在断丝位置穿丝，继续切割。

c. 跳步切割过程中，穿丝时一定要注意电极丝是否在导轮的中间，否则会发生断路，引起不必要的麻烦。

7.3　理论参考知识

数控电火花线切割加工，一般是作为工件尤其是模具加工中的最后工序。要达到加工零件的精度及表面粗糙度要求，应合理控制线切割加工时的各种工艺参数（电参数、切割速度、工件装夹等）。数控线切割机床的加工工艺路线如图 7-5 所示。

图 7-5　数控线切割机床的加工工艺路线

7.3.1　线切割加工主要工艺指标

① 切割速度。在保持一定表面粗糙度的切削加工过程中，单位时间内电极丝中心在工件上切过的面积总和称为切割速度，单位为 mm^2/min。切割速度是反映加工效率的一项重要指标，数值上等于电极丝中心沿图形加工轨迹的进给速度乘以工件厚度。

② 表面粗糙度。线切割加工中的工件表面粗糙度通常用轮廓算术平均值偏差 Ra 值表示。快速走丝线切割的 Ra 值一般为 3.2～1.6μm，慢速走丝线切割的 Ra 值可达 1.6～0.1μm。

③ 切割精度。线切割加工后，工件的尺寸精度、形状精度和位置精度总称为切割精度。高速走丝线切割的切割精度可达 0.01mm，慢速走丝线切割的切割精度可达 0.005mm。

7.3.2 线切割加工工艺分析

（1）分析零件图 首先需要对零件的结构工艺性和技术要求进行分析，明确加工要求，其次分析哪些表面可作为工艺基准，确定定位方法。

① 工艺基准的选择。

a. 分析选择主要定位基准面，以保证工件能正确、可靠地装夹在机床的夹具上，并尽量采用基准重合与基准统一的原则。

b. 应尽量选择工艺基准作为电极丝的定位基准，确保电极丝相对于工件有正确的位置。

② 表面粗糙度及加工精度分析。电火花线切割加工表面和传统的机械加工表面不同，它的表面是由无数小坑和硬凸起所组成，粗细较均匀，特别有利于保存润滑油，其表面润滑性能和耐磨损性能均较好，因此采用线切割加工时工件表面粗糙度可以较传统的机械加工降低一个等级。在线切割加工时合理确定表面粗糙度对于加工速度的提高是很重要的，如没有特殊要求对表面粗糙度的要求不能太高。

目前，大多数线切割机床的脉冲当量一般为 0.001mm，再加上机床系统误差的影响，切割加工精度一般为 6 级左右。

③ 凹角、尖角的尺寸分析。凹角和尖角的尺寸要符合线切割加工的特点。线切割加工是用电极丝作为工具电极来加工的，因为电极丝有一定的直径 d，加工时又有一定的加工间隙 δ，使电极丝中心运动轨迹与加工面相距 L，即 $L=d/2+\delta$，如图 7-6 所示。在加工凸、凹模类零件时，假定凸、凹模的单面配合间隙为 $Z/2$，加工凹模类零件时电极丝中心轨迹应放大，补偿距离 $\Delta R_1=d/2+\delta$，如图 7-7（a）所示。加工凸模类零件时，电极丝中心轨迹应缩小，补偿距离 $\Delta R_2=(d/2+\delta)-Z/2$，如图 7-7（b）所示。

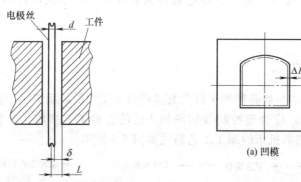

图 7-6 电极丝与工件加工面位置   图 7-7 电极丝中心轨迹的偏移

（2）工件材料的选择及热处理 采用数控线切割加工的工件材料，如果选择不当在先前的热处理及机械粗加工中会产生第一次较大变形，材料内部残余应力显著增加，在进行线切割加工时由于大面积去除金属和切断加工会使材料内部残余应力相对平衡状态受到破坏，材料会产生第二次较大变形，从而达不到加工尺寸精度的要求，淬火不当的工件在切割过程中甚至会出现裂纹，因此进行数控线切割加工的工件应选择锻造性能好、淬透性好、内部组织均匀、热处理变形小的材料，并采用合适的热处理方法以达到加工后变形小、精度高的目的。

（3）切割路线确定 在选择切割路线时应注意以下方面。

① 应将工件与其夹持的部分安排在切割路线的末端，如图 7-8 所示。图 7-8（a）所示为先切割靠近夹持的部分，使主要连接部位被隔离，余下材料与夹持部分连接较少，工件刚性下降，易变形，影响加工精度，应采用图 7-8（b）所示的切割路线。

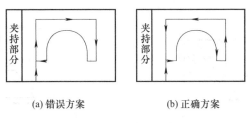

(a) 错误方案　　　　　(b) 正确方案

图 7-8　切割路线的确定

② 尽量避免从工件外侧端面开始向内切割，以防止材料变形，可在工件上预制穿丝孔，再从穿丝孔开始加工，如图 7-9 所示。

图 7-9　切割起点和切割方案的确定

③ 切割孔类零件为减少变形可采用多次切割法保证精度，如图 7-10 所示，第一次粗加工型孔时留 0.1～0.5mm 精加工余量，以补偿材料被切割后由于内应力重新分布而产生的变形，第二次切割为精加工以达到精度要求。

④ 在一块毛坯上切出两个以上零件，不应一次连续切割出来，而应从不同的穿丝孔开始加工，如图 7-11 所示。

⑤ 不能沿工件端面加工，避免电极丝受电火花单向冲击，使电极丝运行不稳定，加工路线距端面应大于 5mm，以保证工件结构强度。

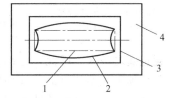

图 7-10　二次切割法
1—第一次切割后理论图形；2—第一次切割后实际图形；3—第二次切割后的图形；4—被切割工件

（4）确定穿丝孔位置　穿丝孔是电极丝相对工件运动的起点，同时也是程序执行的起点，一般选在工件上的基准点处。为缩短开始切割时的切入长度，穿丝孔也可选在距离型孔边缘 2～5mm 处，如图 7-12（a）所示。加工凸模时，为减小变形，电极丝切割时的运动轨迹与边缘的距离应大于 5mm，如图 7-12（b）所示。

线切割加工之前，应将电极丝调整到切割的起始坐标位置上，其调整方法有以下几种。

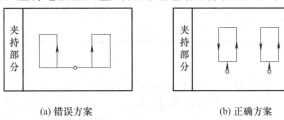

(a) 错误方案　　　　　(b) 正确方案

图 7-11　切割路线的确定

① 目测法。对于加工要求较低的工件，在确定电极丝与工件基准间的相对位置时，可以直接利用目测或借助 2～8 倍的放大镜来进行观察。图 7-13 是利用穿丝处划出的十字基准线，分别沿画线方向观察电极丝与基准线的相对位置，根据两者的偏离情况移动工作台，当电极丝中心分别与纵、横方向基准线重合时，工作台纵、横方向上的读数就确定了电极丝中心的位置。

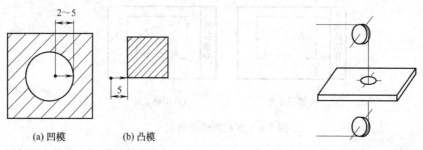

(a) 凹模　　　　　(b) 凸模

图 7-12　切入位置的选择　　　　　　　图 7-13　目测法调整电极丝位置

② 火花法。如图 7-14 所示，移动工作台使工件的基准面逐渐靠近电极丝，在出现火花的瞬时，记下工作台的相应坐标值，再根据放电间隙推算电极丝中心的坐标。此法简单易行，但往往因电极丝靠近基准面时产生的放电间隙，与正常切割条件下的放电间隙不完全相同而产生误差。

③ 自动找中心法。就是使电极丝在工件孔的中心自动定位。

（5）确定加工参数

① 电参数的确定。线切割加工时，可选择的电参数主要包括脉冲宽度和频率、脉冲间隙及峰值电流等，要求获得较好表面粗糙度时，所选用的电参数要小，若要求获得较高的线切割速度，脉冲参数要选大一些，但此时工件的表面粗糙度和电极

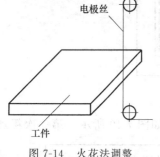

图 7-14　火花法调整
电极丝位置

丝损耗也随之增大，因此，应综合考虑各电参数对加工的影响，合理选择以达到提高生产率、降低加工成本的目的。线切割加工一般都采用晶体管高频脉冲电源，用单个脉冲能量小、脉宽窄、频率高的脉冲参数进行正极性加工。加工时，可改变的脉冲参数主要有电流峰值、脉冲宽度、脉冲间隔、空载电压、放电电流。要求获得较好的表面粗糙度时，所选用的电参数要小；若要求获得较高的切割速度，脉冲参数要选大一些，但加工电流的增大受排屑条件及电极丝截面积的限制，过大的电流易引起断丝，快速走丝线切割加工脉冲参数的选择见表 7-2。

表 7-2　快速走丝线切割加工脉冲参数的选择

应　用	脉冲宽度 $t_i/\mu s$	电流峰值 I_e/A	脉冲间隔 $t_0/\mu s$	空载电压/V
快速切割或加大厚度工件 $Ra>2.5\mu m$	20～40	大于 12	为实现稳定加工，一般选择 $t_0/t_i=3\sim4$ 以上	一般为 70～90
半精加工 $Ra=1.25\sim2.5\mu m$	6～20	6～12		
精加工 $Ra<1.25\mu m$	2～6	4.8 以下		

② 非电参数确定。

a. 电极丝材料和直径。电极丝应具有良好的导电性和抗电蚀性，抗拉强度高、材质均匀。常用电极丝有钼丝、钨丝、黄铜丝和包芯丝等。钨丝抗拉强度高，直径在 0.03～0.1mm 范围内，一般用于各种窄缝的精加工，但价格昂贵。黄铜丝适合于慢速加工，加工表面粗糙度和平直度较好，蚀屑附着少，但抗拉强度差，损耗大，直径在 0.1～0.3mm 范围内，一般用于慢速单向走丝加工。钼丝抗拉强度高，适于快速走丝加工，所以我国快速走丝机床大都选用钼丝作电极丝，直径在 0.08～0.2mm 范围内。

电极丝直径的选择应根据切缝宽窄、工件厚度和拐角尺寸大小来选择。若加工带尖角、窄缝的小型模具宜选用较细的电极丝；若加工大厚度工件或大电流切割时，应选较粗的电极

丝。电极丝的主要类型、规格如下：

钼丝直径：0.08～0.2mm；

钨丝直径：0.03～0.1mm；

黄铜丝直径：0.1～0.3mm；

包芯丝直径：0.1～0.3mm。

b. 工作液的选配。工作液对切割速度、表面粗糙度、加工精度等都有较大影响，加工时必须正确选配。常用的工作液主要有乳化液和去离子水。

c. 慢速走丝线切割加工，目前普遍使用去离子水。为了提高切割速度，在加工时还要加入有利于提高切割速度的导电液，以增加工作液的电阻率。加工淬火钢，使电阻率在 $2 \times 10^4 \Omega \cdot cm$ 左右；加工硬质合金电阻率在 $30 \times 10^4 \Omega \cdot cm$ 左右。

d. 对于快速走丝线切割加工，目前最常用的是乳化液。乳化液是由乳化油和工作介质配制（浓度为 5%～10%）而成的。工作介质可用自来水，也可用蒸馏水、高纯水和磁化水。

（6）工件的装夹

① 工件的装夹。装夹工件时，必须保证工件的切割部位位于机床工作台纵向、横向进给的允许范围之内，避免超出极限。同时应考虑切割时电极丝运动空间。夹具应尽可能选择通用（或标准）件，所选夹具应便于装夹，便于协调工件和机床的尺寸关系。在加工大型模具时，要特别注意工件的定位方式，尤其在加工快结束时，工件的变形、重力的作用会使电极丝被夹紧，影响加工。

a. 悬臂式装夹。通用性强，装夹方便。但由于工件单端压紧，另一端悬空，因此工件底部不易与工作台平行，所以易出现上切割表面与工件上、下平面间的垂直度误差。仅用于加工要求不高或悬臂较短的情况。

b. 两端支撑方式装夹。图 7-15（a）所示为两端支撑方式装夹工件，这种方式装夹方便、稳定，定位精度高，但不适于装夹较大的零件。

c. 桥式支撑方式装夹。这种方式是在通用夹具上放置垫铁后再装夹工件，如图 7-15（b）所示。这种方式装夹方便，对大、中、小型工件都能采用。

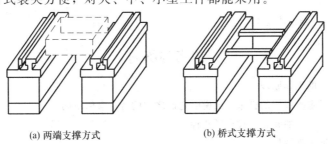

(a) 两端支撑方式　　　　　　(b) 桥式支撑方式

图 7-15　工作的装夹（一）

d. 板式支撑方式装夹。图 7-16（a）所示为板式支撑方式装夹工件。根据常用的工件形状和尺寸，采用有通孔的支撑板装夹工件。这种方式装夹精度高，适于常规生产和批量生产，但通用性差。

e. 复式支撑方式。如图 7-16（b）所示，在桥式夹具上，再装上专用夹具组合而成。装夹方便，特别适合于成批零件加工。可节省工件找正和调整电极丝相对位置等辅助工时，易保证工件加工的一致性。

② 工件的调整。采用以上方式装夹工件，还必须配合找正法进行调整，方能使工件的定位基准面分别与机床的工作台面和工作台的进给方向 X、Y 保持平行，以保证所切割的表面与基准面之间的相对位置精度。常用的找正方法有以下两种。

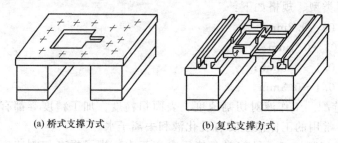

(a) 桥式支撑方式　　(b) 复式支撑方式

图 7-16　工作的装夹（二）

a. 画线法找正。工件的切割图形与定位基准之间的相互位置精度要求不高时，可采用画线法找正，如图 7-17 所示。利用固定在丝架上的划针对准工件上划出的基准线，往复移动工作台，目测划针、基准间的偏离情况，将工件调整到正确位置。

b. 用百分表找正。如图 7-18 所示，用磁力表架将百分表固定在丝架或其他位置上，百分表的测量头与工件基面接触，往复移动工作台，按百分表指示值调整工件的位置，直至百分表指针的偏摆范围达到所要求的数值。找正应在相互垂直的 3 个方向上进行。

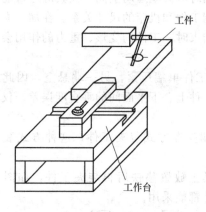

图 7-17　划线法找正

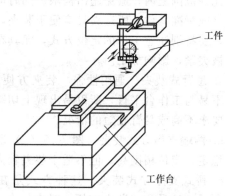

图 7-18　用百分表找正

思考与练习

1. 简述线切割加工的工作原理。

2. 何谓快走丝和慢走丝线切割机床？试说明它们之间的特点有何不同？

3. 线切割加工时，工件的装夹方式有哪几种？

4. 练习线切割如下工件图件。

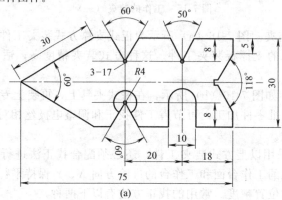

(a)

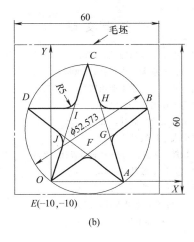

(b)

参 考 文 献

[1]　王金城. 数控机床实训技术. 北京：电子工业出版社，2006.
[2]　王军红. 数控加工工艺与编程. 北京：北京大学出版社，2008.
[3]　申晓红. 数控机床加工工艺与实施. 北京：化学工业出版社，2009.
[4]　贺曙新. 数控加工工艺. 北京：化学工业出版社，2005.
[5]　汪荣青. 数控编程与操作. 北京：化学工业出版社，2009.
[6]　汪荣青. 数控考工实训. 北京：北京大学出版社，2008.
[7]　向成刚. FANUC数控车床编程与实训. 北京：清华大学出版社，2009.
[8]　黄明吉. 数控技术概论. 北京：北京大学出版社，2008.
[9]　周晓宏. 数控加工工艺设备. 北京：机械工业出版社，2008.
[10]　王先逵. 机械加工工艺手册. 北京：机械工业出版社，2007.
[11]　周虹. 数控加工工艺与编程. 北京：人民邮电出版社，2004.